名校名师精品系列教材

U0183414

Go 语言
程序设计项目化教程

微课版

Go Programming Project Tutorial

谭旭 史律 钟祥永 ◉ 主编
杨耿 李怒 张良均 华驰 ◉ 副主编

人民邮电出版社

北 京

图书在版编目（CIP）数据

Go语言程序设计项目化教程：微课版 / 谭旭，史律，钟祥永主编. -- 北京：人民邮电出版社，2023.6
名校名师精品系列教材
ISBN 978-7-115-61396-7

Ⅰ．①G… Ⅱ．①谭… ②史… ③钟… Ⅲ．①程序语言－程序设计－教材 Ⅳ．①TP312

中国国家版本馆CIP数据核字(2023)第048865号

内 容 提 要

本书切合现代职业教育计算机类专业教学实际，围绕电商平台开发案例予以深入浅出的项目化设计，夯实读者 Go 语言基础语法知识点的同时，强化其应用 Go 语言解决实际工程应用问题的能力，为"零基础"的读者提供全面的 Go 语言学习入门指导和综合应用实践。

本书覆盖 Go 语言的核心语法和特色功能应用，主要内容包括熟悉 Go 语言开发环境、学习 Go 语言基础语法、掌握 Go 语言函数应用、理解 Go 语言面向对象、体会 Go 语言高级特性、使用 Go 语言操作数据库和进阶 Go 语言 Web 框架技术。

本书提供大量实践性强的程序示例、巩固练习以及丰富的微课视频资源，可以作为高职专科和高职本科计算机类专业的教材，也适合计算机软件开发人员、从事区块链应用开发与运维工作的专业人员和广大计算机爱好者自学使用，还可以作为"1+X"区块链应用软件开发与运维职业技能等级证书的考试参考书。

◆ 主　编　谭　旭　史　律　钟祥永
　　副主编　杨　耿　李　怒　张良均　华　驰
　　责任编辑　初美呈
　　责任印制　王　郁　焦志炜
◆ 人民邮电出版社出版发行　　北京市丰台区成寿寺路 11 号
　　邮编　100164　　电子邮件　315@ptpress.com.cn
　　网址　https://www.ptpress.com.cn
　　大厂回族自治县聚鑫印刷有限责任公司印刷
◆ 开本：787×1092　1/16
　　印张：17.5　　　　　　　　　　　2023 年 6 月第 1 版
　　字数：427 千字　　　　　　　　　2023 年 6 月河北第 1 次印刷

定价：69.80 元

读者服务热线：(010)81055256　印装质量热线：(010)81055316
反盗版热线：(010)81055315
广告经营许可证：京东市监广登字 20170147 号

前言
Preface

随着人工智能、大数据、云计算、区块链、虚拟现实等新一代信息技术的加速突破创新，开发者对软件架构、软件性能、资源利用率、开发便捷度以及可扩展性的要求不断提高。传统的 C++、Java、Python 语言在编程实现新一代信息技术下的高并发、高性能软件时面临各种新的问题；特别是在响应大规模 Web 应用请求、云原生的开发、系统自动化运维以及区块链系统的实现中，传统的 Java 或 Python 语言开发往往会导致开发效率低、代码"臃肿"、产品应用性能欠缺等问题。

Go 语言由谷歌专家团队于 2009 年正式宣布推出，成为开源项目。Go 语言致力于实现跨平台特性，在 Linux、macOS 以及 Windows 系统上均可运行。由于 Go 语言天然的高并发特性，使用它编译程序的速度可媲美使用 C 或 C++编译程序的速度，同时其具备 Python 语言的简易性和优于 Java 语言的性能。借助 Go 语言我们可以构建可伸缩的应用程序，并使得应用程序更加安全。由于 Go 语言的优越性，其在百度 BFE 平台、腾讯蓝鲸平台、京东商城、小米商城、七牛云平台中得到广泛的应用。容器引擎 Docker、容器集群管理系统 Kubernetes、很多区块链项目等均基于 Go 语言开发。Stack Overflow 则直接预测，在 2023 年之后的 5 年中，Go 语言将逐步占据开发语言市场的 30%。随着 Go 语言在产业应用中所发挥的作用愈渐重要、行业普及面越来越广，Go 语言相关书籍受到热捧，而这些书籍大部分就 Go 语言的原理特性和基础语法展开讲解，面向高职专、本科技能型人才培养的 Go 语言职业教育教材较为匮乏。

深圳信息职业技术学院国家级职业教育教师教学创新团队以党的二十大精神为引领，携手腾讯云计算（北京）有限责任公司等企业筹划并组织了本书的编撰。全书以项目、任务驱动的形式组织内容，以实现电商平台开发中的功能模块为主题设计各个任务中的程序示例，将 Go 语言的语法知识和特色用法嵌入任务的实操过程中，将课程思政元素全过程、多维度地有机融入。每个项目开篇设置项目导读模块，以成果导向教育（Outcomes-Based Education，OBE）形式带领读者概览项目需要完成的学习任务（含知识、技能、素质目标），项目篇尾设置项目小结和丰富的巩固练习。每个任务以"任务分析、相关知识、实操过程、进阶技能"方式编排，遵循技能型人才培养和成长的规律，并弹性满足高职专、本科学生不同层次的学习需求。有机融入思政元素和工匠精神。通过 7 个项目的学习，读者将能够轻松掌握 Go 语言的基础语法，Go 语言的函数、指针、闭包的使用方法，Go 语言针对并发、反射、结构体的高级特性应用，以及基于 GORM 的数据库操作和基于 Gin 框架的 Web 开发。本书配套完备的数字化教学资源，包括每个任务涉及的理论知识点微课视频。每个程序示例的逻辑讲解视频配合详细的教学计划，支持线上线下混合式教学的实施。本书适用于面向软件技术、区块链、人工智能、大数据、云计算、计算机应用等计算机类专业的高职专、本科学生教学，相关内容对接"1+X"区块链应用软件开发与运维职业技能等级证书的学习要求。

本书系深圳信息职业技术学院"素质赋能系列教材"之一，获得了深圳信息职业技术学院"双高计划"专项建设资金支持，在本书内容编写及配套案例资源开发过程中，编者得到了腾讯云计算（北京）有限责任公司、广东泰迪智能科技股份有限公司的大力协助，在此表示由衷的感谢。本书的顺利完稿也得益于大量国内外先进成果，在此谨向这些成果的作者以及相关文献的作者致以诚挚的谢意和崇高的敬意。

鉴于编者水平有限，书中难免存在不足之处，恳望广大读者提出宝贵意见和建议。

编者

2022 年 10 月

目录
Contents

项目 1

熟悉 Go 语言开发环境

项目导读

本项目共 2 个任务，在这 2 个任务中，我们将一同学习 Go 语言的发展历程、特性、应用领域，Go 程序运行环境以及开发工具等相关基础知识。我们还将一同实践 Go 语言在 Windows 和 Linux 操作系统中的部署并完成 Go 语言开发工具 GoLand 以及 VS Code 的部署。

本项目所要达成的目标如下表所示。

任务 1.1 安装 Go 语言环境	
知识目标	1. 熟悉 Go 语言的发展历程、特性； 2. 能够说出 Go 语言的应用领域； 3. 能够概述 Go 程序运行环境以及创建并运行 Go 程序的 4 个步骤
技能目标	1. 能够使用浏览器在 Go 语言官网下载 Windows 系统下的 Go 语言开发工具包； 2. 能够在 Windows 系统下完成 Go 语言开发工具包的安装； 3. 能够在 Windows 系统下完成 Go 程序运行所需的环境变量配置； 4. 能够使用 Linux 命令行或其他工具在 Go 语言官网下载 Linux 系统下的 Go 语言开发工具包
素质目标	1. 具备国际化视野，以及爱国情怀； 2. 具有精益求精的工匠精神
学时建议	本任务建议教学 2 个学时，其中 1 个学时完成理论教学，另 1 个学时完成实践内容讲授以及实操。教师可以结合本书配套的多媒体资源以及本书配套的习题实施线上线下混合式教学
任务 1.2 运行第一个 Go 程序	
知识目标	1. 能够阐述开发工具的用途和使用目的； 2. 能够举例描述 Go 语言开发常用的开发工具及其特点
技能目标	1. 能够从官网下载 GoLand 和 VS Code 安装包； 2. 能够在 Windows 系统中安装 GoLand； 3. 能够在 Windows 系统中安装 VS Code
素质目标	1. 具备国际化视野，以及爱国情怀； 2. 具有精益求精的工匠精神
教学建议	本任务建议教学 2 个学时，其中 0.5 个学时完成理论教学，另 1.5 个学时完成实践内容讲授以及实操。教师可以结合本书配套的多媒体资源以及本书配套的习题实施线上线下混合式教学

任务 1.1　安装 Go 语言环境

1.1.1　任务分析

Go 语言是一门由谷歌公司于 2009 年 11 月正式发布的编程语言，它正在快速发展，并逐渐成为后台服务器开发的主流语言。在本任务中我们将了解 Go 语言的发展历程，包括 Go 语言的创始者、诞生背景、名字由来，Go 语言的主要优势，以及支撑我国"建设现代化产业体系"的技术应用领域，等等。进一步地，我们将一同学习 Go 语言在 Windows 以及 Linux 系统中的安装、配置，剖析 Go 程序的基本结构。

1.1.2　相关知识

1. Go 语言的发展历程

Go 语言概况

Go 语言诞生于 2007 年，并于 2009 年正式发布。Go 语言是编程语言设计的又一次尝试，其目的是让程序开发者在开发程序时，可以在不损失应用程序性能的情况下降低代码的复杂性，其具有语言设计良好、应用程序部署简单、能够快速编译和执行的特点。Go 语言也是首门完全支持 UTF-8 编码的编程语言，其源码文件格式使用的正是 UTF-8 编码，做到了真正的国际化。

Go 语言主要发展历程如下。

2008 年初，"UNIX 之父"肯·汤普森（Ken Thompson）实现了第一版 Go 编译器。

2009 年 11 月 10 日，谷歌官方宣布 Go 语言项目开源，这天也被 Go 官方确定为 Go 语言的"诞生日"。

2012 年 3 月 28 日，Go 1 正式发布，同时 Go 官方发布了"Go 1 兼容性"承诺：只要符合 Go 1 语言规范的源码，Go 编译器将保证向后兼容（backwards compatible）。

2015 年 8 月 19 日，Go 1.5 发布，这个版本被认为是历史性的。它完全移除了 C 语言部分，完全使用 Go 语言原生的编译器，少量代码使用汇编实现，降低了 GC 停顿（STW）问题，使得 Go 语言在服务端开发方面几乎弥补了所有的缺陷。

2018 年 8 月 24 日，Go 1.11 发布，这个版本引入了新的 Go 包管理机制 Go Modules，用于解决 Go 包管理和依赖问题。

2021 年 2 月 16 日，Go 1.16 发布，这个版本将 Go Modules 做为默认包管理机制。同年 8 月 16 日 Go 1.17 发布，这个版本对编译器添加了传递函数参数和结果的新途径，使得 Go 语言程序的性能提高了约 5%，并使 amd64 平台的二进制文件大小减少了约 2%。

2022 年 3 月 15 日。Go 1.18 发布，这个版本增加了对泛型（Generics）、模糊测试（Fuzzing）、工作区（Workspaces）的支持。同年 8 月 2 日 Go 1.19 版本发布，对 Go 1.18 做了进一步的完善，并为文档注释增添了对链接、列表和更清晰的标题等语法的支持。

Go 语言的主要发展历程如图 1-1-1 所示。

2. Go 语言的特性

（1）编译快、效率高。

相较于 Java 和 C++相对较慢的编译速度，Go 语言的编译速度快是其主要的优势。Go 语言摒弃了以往典型开发语言在使用过程中出现的弊病，使得程序的开发变得更快、更加容易。

除了追求快速的编译和良好的开发体验之外，Go 语言还能保证所开发程序的运行性能，这是因为它继承了 C 语言的要点：程序要编译成高效的机器码。总而言之，Go 语言可以加快程序员的开发速度，并拥有和 C/C++语言相差无几的性能。

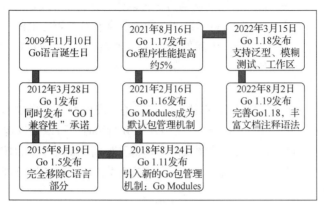

图 1-1-1　Go 语言的主要发展历程

（2）易学习、成本低。

Go 语言的语法与 C 语言的类似，但实际上它参考了多种语言的设计思想，实现了自动化的内存管理，没有构造或析构函数、运算符重载、继承和多态、异常、宏。因此，它足够简单，花几个星期学习它就能写出高性能的代码。

（3）强大的标准库。

Go 语言的标准库非常稳定且丰富多样，包括网络、系统、加密、编码、图形等各个方面。尤其是网络和系统的标准库非常实用，开发者在开发大型网络应用时，几乎无须依赖第三方库。

（4）简单的高并发。

Go 语言的 goroutine（线程并发）和 channel（goroutine 间的通信方式）的出现让并发和异步编程等问题的处理变得"优雅"和流畅。对多年使用 C、C++、Java、Python 和 JavaScript 这些语言并易受到并发和异步困扰的编程者来说，使用 Go 语言开发高并发程序的成本极低。

（5）便捷的应用。

Go 语言拥有自己的链接器，不依赖任何系统提供的编译器和链接器，其编译出来的二进制可执行文件几乎可以运行在任何系统环境中。

（6）良好的规范。

不同的程序员有着不同的代码风格，对代码风格不一致的程序员来说，审核代码是一件痛苦的事情。Go 语言带来代码规范的同时还拥有强大的编译检查、严格的编码规范和高度的稳定性，它提供了软件生命周期各个环节（如开发、测试、部署、维护等）的工具，包括 go tool、go fmt、go test 等。

（7）持续的发展。

Go 语言的创造者和开源者可以说占尽了先机。谷歌公司聚集了一批极高水准的软件工程师，在各种编程语言"称雄争霸"的局面下推出新的编程语言。从 Go 语言的发展态势来看，谷歌公司对其十分看重，Go 语言自然有一个良好的发展前景。社区的组织、维护和发展都将为 Go 语言未来进一步发展提供强有力的生态保证。

3. Go 语言的应用领域

（1）服务器。

目前大多数服务器后端还是由 C 语言或 C++开发的，从前面的 Go 语言的发展历程部分可以了解到：C 语言或 C++能做的事情，Go 语言都可以做，并且由于 Go 语言的诸多优异特性，在大多数情况下，Go 语言还可以做得更好。Go 语言目前在服务器方面的落地应用有很多，例如数据打包、日志处理、文件系统、中间件、数据库、Web 应用、应用程序接口（Application Program Interface，API）应用等。

（2）云计算。

Go 语言又叫作"云计算时代"的 C 语言，它兼备开发效率和运行效率，又具有通信顺序进程（Communicating Sequential Processes，CSP）的并行特性，可以很好地满足人们在高并发场景中的开发需求。因此，很多云计算领域的公司都开始将 Go 语言作为核心技术栈，如京东的消息推送服务和分布式文件系统都是采用 Go 语言开发的，当前流行的容器软件 Docker 也是采用 Go 语言实现的。

（3）区块链。

区块链是一种分布式账本，本质上是一个可以在多个站点、不同地理位置或者由多个机构组成的网络里进行分享的资产数据库。区块链融合了很多核心技术，目前其主流开发语言正是 Go 语言。

（4）大数据、人工智能。

Go 语言非常适合实现数据挖掘、分析和存储，与 Python 语言配合往往能够达到意想不到的效果。目前国内的 Pholcus（爬虫）、TiDB（数据库）正是使用 Go 语言开发的，并取得了较大的成果。其次在人工智能领域，主要由谷歌公司推动，目前的工作是针对 TensorFlow 编写各种 API。

4. Go 程序运行环境

程序员在编写完一段 Go 程序之后，并非立刻就能获得一个可以直接执行的文件，而需要经过一个叫作编译的过程。编译就是把高级语言变成计算机可以识别的二进制语言。因为计算机只能处理由 1 和 0 表示的代码，所以 Go 语言使用编译器来编译代码，将源码编译成二进制（或字节码）格式。在编译代码时，编译器会检查错误、优化性能并输出可在不同平台上运行的二进制文件。

因此要创建并运行 Go 程序，必须遵循以下 4 个步骤：

（1）使用文本编辑器创建 Go 源码文件。

（2）保存文件。

（3）编译程序。

（4）运行编译得到的可执行文件。

Go 程序可执行文件的运行依赖于操作系统的环境变量。环境变量相当于给系统或用户应用程序设置的一些参数，如 PATH 环境变量，它告诉系统除了在当前路径寻找程序外，还应该到 PATH 指定的路径中去寻找。以 Windows 为例，Go 语言的核心环境变量如表 1-1-1 所示。

以上涉及的与 Go 语言相关的文件或工具都在官方所提供的开发工具包内，并且安装版的开发工具包可以帮助我们自动配置大部分的环境变量，能够让初学者轻而易举地搭建 Go 语言开发环境。

project 1 熟悉 Go 语言开发环境

表 1-1-1　Go 语言的核心环境变量

环境变量	解释
GOROOT	Go 语言的实际安装路径
GOARCH	计算机的处理器架构（如 x86、ARM 等）
GOOS	计算机的操作系统（如 Windows、Linux 等）
GOBIN	编译器和链接器的安装位置，默认是 $GOROOT/bin
GOPATH	项目的工作目录，内含 3 个规定的目录：src（存放源码文件）、pkg（存放包文件）和 bin（存放可执行文件）

在 Windows 系统
中安装 Go 语言
开发环境

1.1.3　实操过程

步骤一：在 Windows 系统中安装 Go 语言开发环境

在本步骤中，我们将从 Go 语言官网上下载 Windows 系统下的 Go 语言开发工具包，并将其安装到我们的计算机上，具体操作如下。

首先访问 Go 语言官网，在官网内找到 Windows 系统下的 Go 语言开发工具包（go1.17.5.windows-amd64.msi）的下载链接，如图 1-1-2 所示。

File name	Kind	OS	Arch	Size	SHA256 Checksum
go1.17.5.src.tar.gz	Source			21MB	3defb9a09bed042403195e872dbec8e6fae1485963332279668ee52e80a95a2d
go1.17.5.darwin-amd64.tar.gz	Archive	macOS	x86-64	130MB	2db6a5d25815b56072465a2cacc8ead426c18f1d5fc26c1fc80c4f5a7188658264
go1.17.5.darwin-amd64.pkg	Installer	macOS	x86-64	131MB	7eb86164c3e6d8bbfb3a4cd30b1f1bd532505594fba2ddf6da6f9838582aab2
go1.17.5.darwin-arm64.tar.gz	Archive	macOS	ARM64	124MB	111f71166de0cb8089bb3e8f9f5b02d76a1bf1309256824a4062a47b0e5f98e0
go1.17.5.darwin-arm64.pkg	Installer	macOS	ARM64	125MB	de15dane84a371e3ee45340ababd657eeca483b35264cd112200cd1026b9e38c
go1.17.5.freebsd-386.tar.gz	Archive	FreeBSD	x86	101MB	443c1cd97684f02085014f1eb034ebc7db032ffc8a9bb9f2e6617d37eee23cc
go1.17.5.freebsd-amd64.tar.gz	Archive	FreeBSD	x86-64	127MB	17180bd04126accffd0ebf86d66ef5cbc3488b6734e93374fb00e0b0494e006d3
go1.17.5.linux-386.tar.gz	Archive	Linux	x86	101MB	4f4914303bc18f24fd137a97e595735308f5ce81323c7224c12466fd763fc59f
go1.17.5.linux-amd64.tar.gz	**Archive**	**Linux**	**x86-64**	**129MB**	bd78114b0d441b029e8fe0341f4910370925a4d270a6a5906688406750653e
go1.17.5.linux-arm64.tar.gz	Archive	Linux	ARM64	98MB	6f95ce3da40d9ce1355e48f31fa6508382415ca4d7413b1a7a3314e6430e7e
go1.17.5.linux-armv6l.tar.gz	Archive	Linux	ARMv6	98MB	aa1f6c653b4fe72f159333362a10aca37aa938bde8adc9c6eaf2a8e87d1e47de
go1.17.5.linux-ppc64le.tar.gz	Archive	Linux	ppc64le	96MB	3d4be616e568f0a02cb7f7769bcaafda4b0969ed0f9bb4277619930b96847e70
go1.17.5.linux-s390x.tar.gz	Archive	Linux	s390x	101MB	8087d4fe991e82804e6485c26568c2e0ee0bfda00cb9015dc06cb6bf84ef40b
go1.17.5.windows-386.zip	Archive	Windows	x86	115MB	2fb9948ee14a906b14f5cbebdfab63cd6828b0b618160847ecd3c3470a26fe
go1.17.5.windows-386.msi	Installer	Windows	x86	101MB	338f42011f44c7e921b4e850a6217aa810526d09dc169bf02530accff47f4e38
go1.17.5.windows-amd64.zip	Archive	Windows	x86-64	143MB	671faf99cd5d1d7e40936c0a94363c64d654fae0148a2af4bbc262555620b9
go1.17.5.windows-amd64.msi	**Installer**	**Windows**	**x86-64**	**124MB**	93de2b6b56b21940be061a9c5d68c8b32ca4dff6f947c3d2ae8d3e54728f6d18
go1.17.5.windows-arm64.zip	Archive	Windows	ARM64	111MB	45e88676b68a9cf364be469b5a27965397f4e339aa622c2f52c10433c56e5030
go1.17.5.windows-arm64.msi	**Installer**	**Windows**	**ARM64**	**97MB**	136f26e57fa4bd960a341d7c9f2bbef06a27e2e7aacef717d422051814fcb59b

图 1-1-2　Windows 系统下的 Go 语言开发工具包下载界面

单击链接下载后，获得 Go 语言开发工具包，双击它进入安装程序的欢迎页，单击 "Next" 按钮。在弹出的 Go 语言用户许可协议界面，选择同意协议才可以安装该开发工具包，否则无法进行安装。因此直接勾选"I accept the terms in the License Agreement"复选框，然后单击"Next"按钮即可，如图 1-1-3 所示。

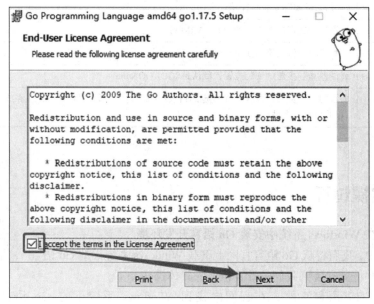

图 1-1-3　Go 语言用户许可协议界面

接下来将设置 Go 语言开发工具包的安装路径。在 Windows 系统中，默认情况下将其安装到 C:\Program Files\Go\目录下。当然，也可以自行选择其他的安装目录，在确认无误后单击"Next"按钮，如图 1-1-4 所示。

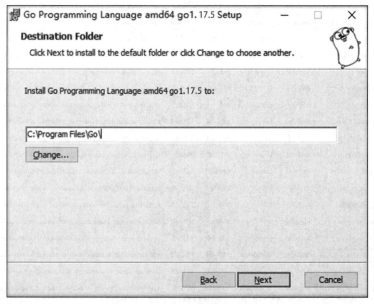

图 1-1-4　选择安装目录

Go 语言开发工具包的安装没有其他需要设置的复杂选项，因此直接单击"Install"按钮便可开始安装，如图 1-1-5 所示。

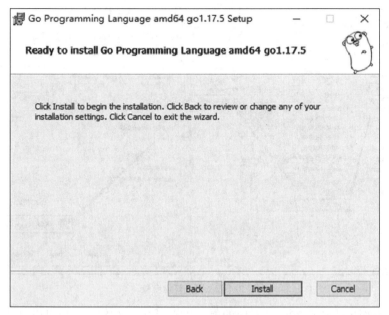

图 1–1–5 确认安装

等待程序完成安装，然后单击"Finish"按钮退出安装程序，如图 1-1-6 所示。

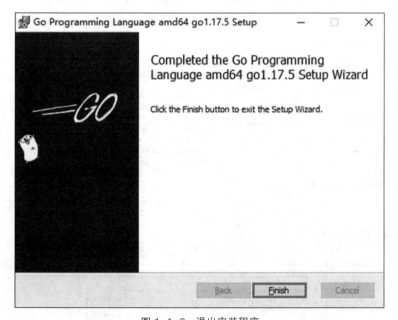

图 1–1–6 退出安装程序

Go 语言开发工具包程序安装完成后，并不代表 Go 语言开发环境就可以使用了。我们还需要配置 GOPATH 环境变量，之后才可以使用 Go 语言进行开发。

GOPATH 是 Go 语言的工作目录，是一个用来存放代码包的路径，使用 Go 语言编写的程序都会被存放在该工作目录下，因此配置一个合适的 GOPATH 工作目录是非常有必要的。

GOPATH 的配置很简单，在桌面或者资源管理器中右击"此电脑"（或者"我的电脑"），然后单击"属性"→"高级系统设置"→"环境变量"按钮，如图 1-1-7 所示。

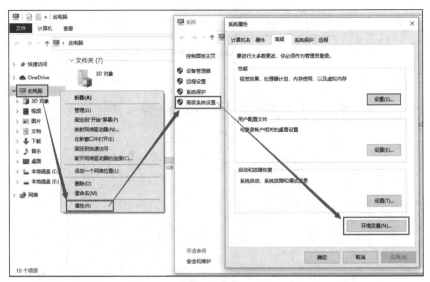

图 1-1-7 打开环境变量

在弹出的界面里找到 GOPATH 对应的项，单击"编辑"按钮之后就可以对其进行修改了，如图 1-1-8 所示。若 GOPATH 变量不存在，可以单击"新建"，并在弹出的界面中将变量名填写为 GOPATH，变量值设置为任意目录均可（尽量选择空目录），如 E:\Go，配置完成后单击"确定"按钮即可。

图 1-1-8 编辑 GOPATH 环境变量

步骤二：对安装的 Go 语言开发环境进行验证

在步骤一中，我们完成了 Go 语言开发工具包的安装和环境变量的配置，接下来我们应当进行验证，以此来确保 Go 语言开发环境的正确安装和配置，具体操作如下。

打开 Windows 系统的命令提示符（或 Windows PowerShell）窗口，通过输入 go env 命令来测试 Go 语言开发环境是否安装成功，如图 1-1-9 所示。

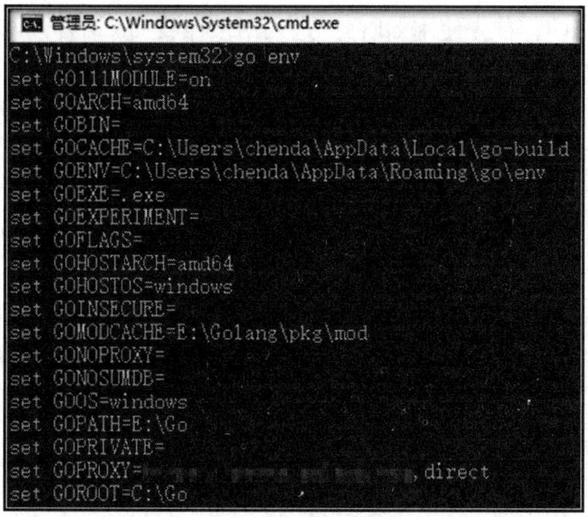

图 1-1-9　通过命令提示符窗口测试开发环境是否安装成功

Go 语言内含一套完整的命令操作工具，go 命令就是其中之一（具体的应用会在后续的项目中讲解）。env 是 environment 的缩写，配合 go 命令可以对本机的 Go 语言开发环境进行查看，开发者可以以此为根据去判断步骤一的安装是否成功。

1.1.4　进阶技能

进阶一：在 Linux 系统中安装 Go 语言开发环境

在本进阶中，我们将从 Go 语言官网上获取 Linux 系统下的 Go 语言开发工具包，并将其安装到我们的计算机上，具体操作如下。

首先访问 Go 语言官网，在官网内找到 Linux 系统下的 Go 语言开发工具包的下载链接，右击下载链接，选择"复制链接地址"取得 Linux 系统下的 Go 语言开发工具包的下载链接，如图 1-1-10 所示。

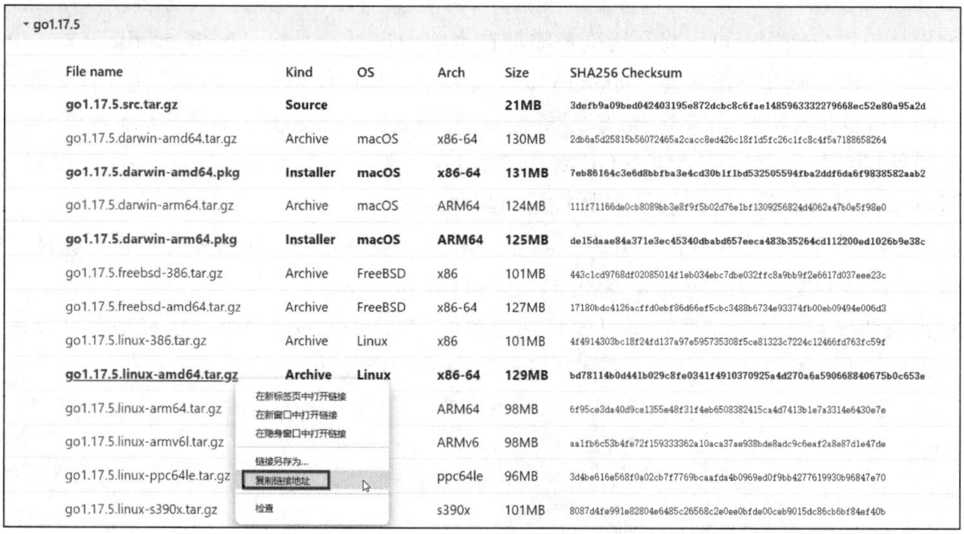

在 Linux 系统中安装 Go 语言开发环境

File name	Kind	OS	Arch	Size	SHA256 Checksum
go1.17.5.src.tar.gz	**Source**			**21MB**	3defb9a09bed042403195e872dcbc8c6fae1485963332279668ec52e80a95a2d
go1.17.5.darwin-amd64.tar.gz	Archive	macOS	x86-64	130MB	2db6a5d25815b56072465a2cacc8ed426c18f1d5fc26c1fc8c4f5a7188658264
go1.17.5.darwin-amd64.pkg	**Installer**	**macOS**	**x86-64**	**131MB**	7eb86164c3e6d8bbfba3e4cd30b1f1bd532505594fba2ddf6da6f9838582aab2
go1.17.5.darwin-arm64.tar.gz	Archive	macOS	ARM64	124MB	111f71166da0cb8089bb3e8f9f5b02d76e1bf1309256824d4062a47b0e5f98a0
go1.17.5.darwin-arm64.pkg	**Installer**	**macOS**	**ARM64**	**125MB**	de15daae84a371e3ec45340dbabd657eeca483b35264cd112200ed1026b9e38c
go1.17.5.freebsd-386.tar.gz	Archive	FreeBSD	x86	101MB	443c1cd9768df02085014f1eb034ebc7dbe032ffc8a9bb9f2e6617d037eee23c
go1.17.5.freebsd-amd64.tar.gz	Archive	FreeBSD	x86-64	127MB	17180bdc4126acffd0ebf86d66ef5cbc3488b6734e93374fb0eb09494e006d3
go1.17.5.linux-386.tar.gz	Archive	Linux	x86	101MB	4f4914303bc18f24fd137a97e595735308f5ce81323c7224c12466fd763fc59f
go1.17.5.linux-amd64.tar.gz	**Archive**	**Linux**	**x86-64**	**129MB**	bd78114b0d441b029c8fe0341f4910370925a4d270a6a590668840675b0c653e
go1.17.5.linux-arm64.tar.gz	Archive	Linux	ARM64	98MB	6f95ce3da40d9ca1355e48f31f4eb6508382415ca4d7413b1e7a3314e6430e7e
go1.17.5.linux-armv6l.tar.gz	Archive	Linux	ARMv6	98MB	aa1fb6c53b4fe72f159333362a10aca37ae938bde8adc9c6eaf2a8e87d1e47de
go1.17.5.linux-ppc64le.tar.gz	Archive	Linux	ppc64le	96MB	3d4be616e568f0a02cb7f7769bcaafda4b0969ed0f9bb4277619930b96847e70
go1.17.5.linux-s390x.tar.gz	Archive	Linux	s390x	101MB	8087d4fe991e82804e6485c26568c2e0ee0bfde00ceb9015dc86cb6bf84ef40b

图 1-1-10　获取 Linux 系统下的 Go 语言开发工具包下载链接

然后在 Linux 终端中，首先使用 cd 命令进入用来存放 Go 语言开发工具包的目录，这里以存放在/mnt 目录中为例。

```
cd /mnt
```

其次，将复制得到的下载链接作为 wget 命令的参数，对 Go 语言开发工具包进行下载。

```
wget https://golang.google.cn/dl/go1.17.5.linux-amd64.tar.gz
```

再次，使用 tar 命令解压刚刚下载的 Go 语言开发工具包，解压成功后会在当前目录下新增一个 go 目录。

```
tar -C /usr/local -xzf go1.17.5.linux-amd64.tar.gz
```

至此，Go 语言开发工具包的安装就完成了。使用 cd 命令进入 go 目录，然后执行 bin/go version 命令，可以查看当前 Go 语言的版本。

```
cd /usr/local/go
bin/go version
```

虽然目前已经可以使用 Go 语言开发环境，但是为了方便使用，还需要配置环境变量。在 Linux 系统中，环境变量配置文件是/etc/profile，因此我们可以使用 vi 编辑器，打开环境变量配置文件并编辑。

```
vim /etc/profile
```

在环境变量配置文件的末尾添加环境变量设置，首先设置 GOROOT 的值为 Go 语言开发工具包的安装目录。

```
export GOROOT=/usr/local/go
```

其次配置 PATH 变量，这是为了方便在任意目录下使用 Go 语言命令和 Go 程序可执行文件。需要在 PATH 上追加如下内容。

```
export PATH=$PATH:$GOROOT/bin
```

除了在环境变量配置文件中配置环境变量，我们还可以选择在用户环境变量配置文件中配置。

```
~/.bash_profile
```

或

```
~/.bashrc
```

如果是单用户使用，可以将环境变量添加在当前用户目录下的 ".bash_profile" 文件中。如果是多用户使用，则建议添加在 "/etc/profile" 文件中。最后使用 source 命令让配置文件生效。

```
source /etc/profile
```

此时就可以在任意目录下使用 Go 语言命令了。

进阶二：对安装的 Go 语言开发环境进行验证

在 Linux 系统中安装 Go 语言开发工具包并配置环境变量后，还需要对其进行验证，以此来确保 Go 语言开发环境的正确安装和配置，具体操作如下。

将目录切换到任意目录（这里以根目录为例），然后输入 go 命令，查看是否可以正常运行，如果出现如下内容即代表 Go 语言开发环境安装配置成功。

```
Go is a tool for managing Go source code.
Usage:
    go <command> [arguments]
The commands are:
    bug        start a bug report
    build      compile packages and dependencies
```

```
        clean       remove object files and cached files
    ......
```

任务 1.2　运行第一个 Go 程序

1.2.1　任务分析

在进行信息系统开发的过程中，除了语言开发环境以外，优秀的开发工具也是必不可少的。自 Go 语言于 2009 年 11 月正式宣布推出以来，各类开发工具得以面世，而且随着党的二十大提出"加快实施创新驱动发展战略"，越来越多的国产开发工具得以涌现。这些开发工具通过建立统一的标准，可以提升编程效率，极大程度地帮助我们进行 Go 语言项目开发。

在本任务中，我们将认识几款主流的开发工具，并选取 GoLand 和 VS Code 进行安装、使用讲解。

1.2.2　相关知识

1. 什么是开发工具

开发工具，顾名思义就是用于开发应用程序的集成开发软件，是助力软件生命周期管理的计算机工具，能够很方便地编译、执行程序代码。合适的开发工具可以大幅度提高项目的开发效率。

初识 Go 程序

2. 开发工具有哪些

Go 语言的开发工具有很多，常见的有以下几种。

（1）GoLand。

GoLand 是 JetBrains 公司针对 Go 语言所开发的一款商业集成开发环境（Integrated Development Environment，IDE），每位用户都有 30 天的免费试用期。企业用户可以通过购买统一授权来获得长期使用权，校园用户可以通过教育认证来获得使用权，其他用户可以选择社区版来使用有限的功能。GoLand 整合了 IntelliJ IDEA 平台，并提供针对 Go 语言的编码辅助和工具集成，对代码编写、自动补全和运行调试都有极大的帮助，是大多数开发者的首选工具。GoLand 图标如图 1-2-1 所示。

图 1-2-1　GoLand 图标

（2）LiteIDE。

LiteIDE 是一款由国人设计、开发的 Go 语言集成开发环境，在编辑、编译、运行 Go 程序和项目管理方面都有非常好的支持。并且其基于 QT 框架、Kate 语法和 SciTE 工具开发，使它成为了一款非常好用的轻量级 Go 语言开发工具。LiteIDE 包含跨平台开发及其他必要的特性，同时包含抽象语法树视图的功能，可以清楚地纵览项目中的常量、变量和函数，并且支持在各个 Go 语言集成开发环境之间随意切换以及交叉编译的功能。LiteIDE 图标如图 1-2-2 所示。

图 1-2-2　LiteIDE 图标

（3）VS Code+Go 语言插件。

VS Code 的全称是 Visual Studio Code，它是由微软公司开发的一款免费开发工具。简单、轻快、开放是它的代名词，它支持多种语言，默认提供 Go 语言的语法高亮，在安装 Go 语言插件之后，还支持智能提示、编译、运行等诸多实用功能。VS Code 图标如图 1-2-3 所示。

（4）Eclipse+GoEclipse 插件。

Eclipse 是开放式 IDE 的鼻祖，是一个开源、免费的平台，安装不同的插件即可运行不同的语言。该平台提供了 GoEclipse 插件，基于它可以使用 Eclipse 去开发、运行 Go 程序。Eclipse 图标如图 1-2-4 所示。

图 1-2-3　VS Code 图标

图 1-2-4　Eclipse 图标

（5）Vim。

Vim 是从 vi 发展出来的 Linux 平台的文本编辑器。它可以主动通过字体颜色辨别语法的正确性，具有代码补全、编译及错误跳转等诸多功能，是很多程序员在 Linux 系统下必备的一款开发工具。Vim 图标如图 1-2-5 所示。

（6）Emacs。

Emacs 是一款运行在 Linux 和 UNXI 系统下的文本编辑器，具有强大的可扩展性。它不仅是一个编辑器，还是一个集成（开发）环境。Emacs 图标如图 1-2-6 所示。

图 1-2-5　Vim 图标

图 1-2-6　Emacs 图标

1.2.3　实操过程

在 Windows 系统中安装 GoLand

步骤一：在 Windows 系统中安装 GoLand

在本步骤中，我们将从 JetBrains 官网下载 Windows 版本的 GoLand，并将其安装到我们的计算机上，具体操作如下。

首先访问 JetBrains 官网，在官网上找到 Windows 版本的下载链接，单击链接，下载 GoLand 安装包，如图 1-2-7 所示。

下载完成后，直接双击运行该安装包。首先看到的是一个欢迎界面，直接单击"Next"按钮，接下来是自定义安装目录，可以使用程序提供的默认目录，也可以自行选择合适的安装目录，这里以 E:\GoLand 为例，如图 1-2-8 所示。

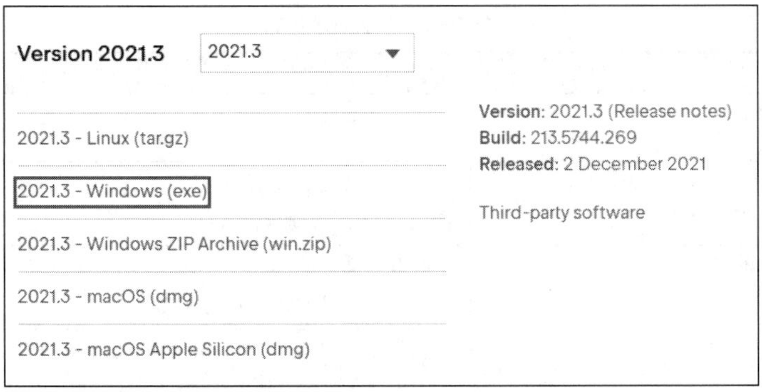

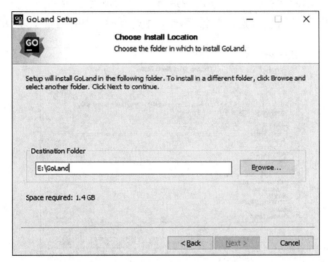

图 1-2-7　Windows 版本 Goland 安装包下载界面

图 1-2-8　选择安装目录

选择好安装目录之后，单击"Next"按钮进入安装选项界面，如图 1-2-9 所示。

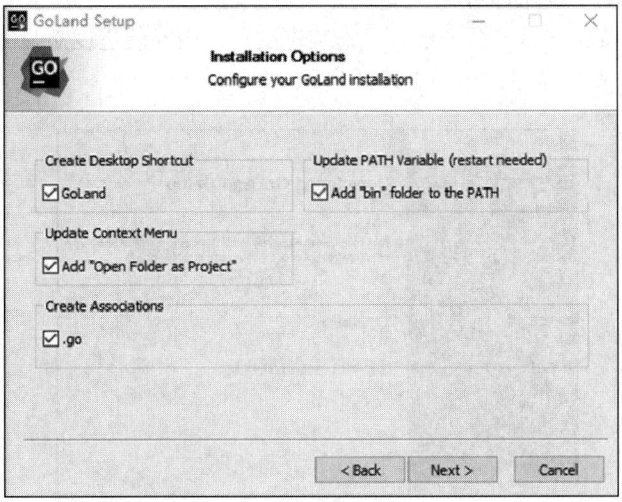

图 1-2-9　安装选项界面

安装选项界面提供的是一些安装选项，它们的解释如表 1-2-1 所示。

表 1-2-1　安装选项解释

选项	解释
Create Desktop Shortcut GoLand	创建 GoLand 桌面快捷方式
Update PATH Variable (restart needed) Add "bin" folder to the PATH	更新 PATH 变量（需要重启） 将 bin 文件夹添加到 PATH 中
Update Context Menu Add "Open Folder as Project"	更新上下文菜单 添加"以项目方式打开文件夹"
Create Associations .go	创建关联（即.go 文件默认使用 GoLand 打开）

　　我们可以根据需求对这些安装选项进行选择，默认情况下全部勾选。当安装选项确认无误之后，单击"Next"按钮进入选择开始菜单文件夹界面，如图 1-2-10 所示。

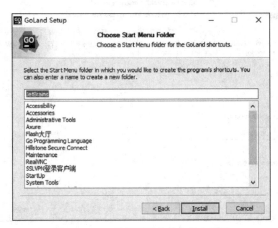

图 1-2-10　选择开始菜单文件夹界面

　　这是在开始菜单中为 GoLand 的快捷方式选择一个文件夹，默认情况下是不需要修改的，因此直接单击"Install"按钮即可。

　　单击"Install"按钮之后，会出现一个安装进度条，当安装进度条显完成安装之后会自动跳转到完成 GoLand 安装界面，如图 1-2-11 所示。

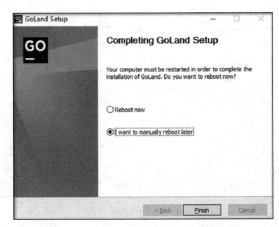

图 1-2-11　完成 GoLand 安装界面

出现完成 GoLand 安装界面就代表 GoLand 安装已经完成。此时英文提示的意思是："你的电脑必须重新启动才能完成 GoLand 的安装。你想现在重启吗？"因为 GoLand 不需要重启也可以直接启动，所以我们可以直接选择"I want to manually reboot later"并单击"Finish"按钮结束 GoLand 的安装。

双击 GoLand 图标，在弹出的界面中选择"Activation code"单选项，导入证书，然后单击"Activate"按钮进行 GoLand 激活，如图 1-2-12 所示。

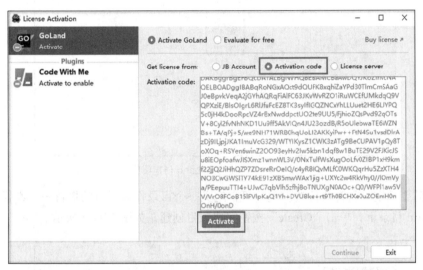

图 1-2-12 使用证书激活 GoLand

当 GoLand 激活完成后，会显示激活的详细信息。单击"Continue"按钮即可，如图 1-2-13 所示。

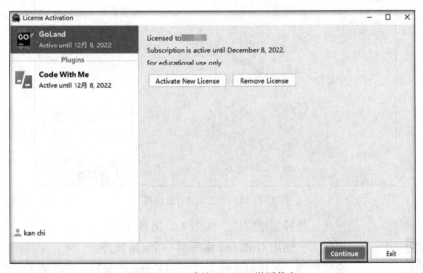

图 1-2-13 确认 GoLand 激活信息

此时 GoLand 已经成功激活。在开始编程之前需要先创建一个项目，单击"New Project"按钮创建项目，如图 1-2-14 所示。

图 1-2-14   使用 GoLand 创建项目

此时需要选定项目存放位置。用户可自定义一个目录作为项目的根目录，本任务项目存放在 E:\learn 目录下，单击"Create"按钮完成项目创建，如图 1-2-15 所示。

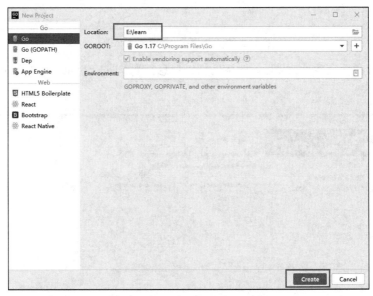

图 1-2-15   选定项目存放位置

至此，项目创建完成，如图 1-2-16 所示。

步骤二：使用 GoLand 编写第一个 Go 程序

通过步骤一，我们已经完成了 GoLand 的安装，并创建了一个项目，因此现在可以在 learn 项目中使用 Go 语言编写代码了。

首先，在 learn 文件夹上右击，然后单击"New"→"Go File"命令来创建 Go 源文件，如图 1-2-17 所示。

使用 GoLand 编写
第一个 Go 程序

图 1-2-16　项目创建完成

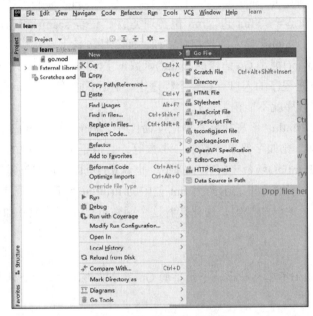

图 1-2-17　创建 Go 源文件

　　弹出"New Go File"对话框，提示我们为这个文件命名，这里输入 1.2-hello.go，意为创建一个名为 1.2-hello 的 Go 源文件，如图 1-2-18 所示。

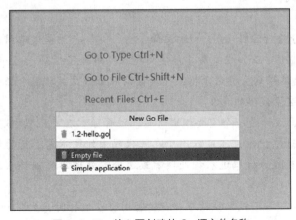

图 1-2-18　输入要创建的 Go 源文件名称

此时，屏幕的右边会出现可以供我们编写代码的区域，在其中输入如下代码。

程序示例：【例 1-2-1】使用 GoLand 编写的第一个 Go 程序

```
1  package main        //指定文件所在的包
2  import "fmt"         //导入 fmt 包
3  func main()  {
4      fmt.Println("不忘初心、牢记使命 !")
5  }
```

程序解读：

上述 Go 语言程序中，package main 用于指定文件所在的包，在 Go 语言中，所有的文件都需要指定其所在的包（package）。包有两种类型，一种是 main 包，需要在代码的开头使用 package main 进行声明，另一种是非 main 包，声明方法类似，使用"package+包名"进行声明。

而 import "fmt"则是导入 fmt 包，fmt 包实现类似 C 语言 scanf()和 printf()的格式化输入/输出。需要注意的是，import 导入的是相对路径，而不是包名。

接下来的 func main()则是 Go 语言的 main()函数（主函数）。在 Go 语言中，main()是一个非常特殊的函数，它是程序的入口。在整个程序中，有且仅能有一个 main()函数，如果出现了多个 main()函数，程序就不能正常运行。

程序第 4 行 fmt.Println("不忘初心、牢记使命!")中，Println()是 fmt 包中的一个函数，它用来格式化输出数据，比如字符串、整数、小数等，类似于 C 语言中的 printf()函数。在此程序中，我们使用 Println()函数来打印字符串，也就是()里面使用""包裹的部分。点号"."是 Go 语言运算符的一种，这里表示调用 fmt 包中的 Println()函数。注意 Println()的首字母是大写的，根据 Go 语言的语法规则，这意味着这个函数可以在它的包外面被调用，正如我们调用的那样。

提示

观察例 1-2-1，我们不难总结出一个简单的 Go 程序结构，它由以下几个部分组成：

（1）包声明。

（2）导入包。

（3）函数。

（4）变量。

（5）语句和表达式。

（6）注释。

Go 语言的注释分为行注释（//）和块注释（/*...*/）。行注释通常用来注释单行的代码或对代码进行单行文字描述，正如程序第 4 行使用行注释解释了代码 package main 的作用是"指定文件所在的包"；块注释则主要用于格式化大段的代码或文字描述，正如程序第 1～3 行就使用了块注释来解释这段代码的意义。

在计算机语言中，注释是一个重要组成部分。注释通常在源代码中起到解释代码的作用，增强程序的可读性和可维护性；也可以用于在源代码中处理不需运行的代码段，实现调试程序的功能执行。注释在随源代码进入预处理器或编译器处理后会被移除，不会在目标代码中保留其相关信息。

此外，需要注意，"{"不能单独放在一行，否则会在运行时产生"syntax error: unexpected semicolon or newline before {"的错误。

代码编写完成之后，在代码编写区域右击，选择"Run 'go build 1.2-hello.g...'"命令，可运行该程序，如图 1-2-19 所示。

程序运行结果如图 1-2-20 所示，可以看到界面最下面的控制台成功显示"不忘初心、牢记使命!"。至此，我们编写的第一个 Go 语言程序便成功运行了。

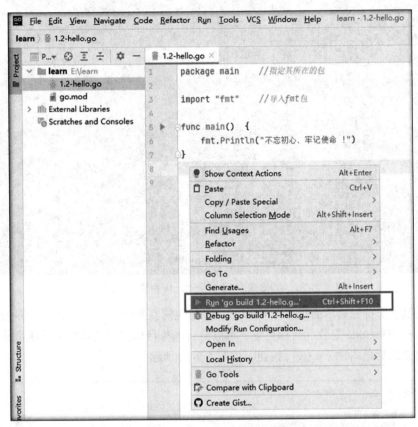

图 1-2-19 运行 1.2-hello.go 程序

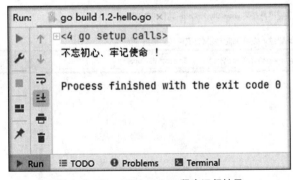

图 1-2-20 1.2-hello.go 程序运行结果

1.2.4 进阶技能

进阶一：在 Windows 系统中安装 Visual Studio Code（简称 VS Code）
在本进阶内容中，我们将从 VS Code 官网上下载 Windows 版本的 VS

在 Windows 系统中
安装 VS Code

Code，并将其安装到我们的计算机上，具体操作如下。

　　首先访问 VS Code 官网，在官网上单击"Download for Windows"按钮下载 VS Code 安装包，如图 1-2-21 所示。

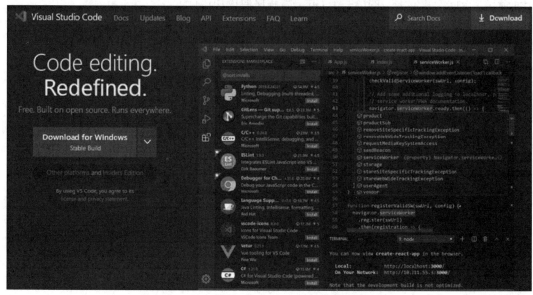

图 1-2-21　Windows 版本的 VS Code 安装包下载界面

　　双击安装包，首先显示的是"许可协议"，选择我同意此协议，然后单击"下一步"按钮。接着需要选择 VS Code 安装的目标位置，可以自行选择目标位置或者使用默认目标位置，当确定目标位置之后单击"下一步"按钮，如图 1-2-22 所示。

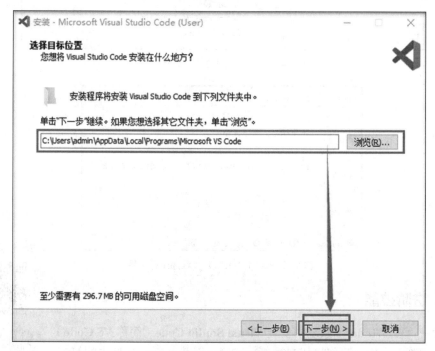

图 1-2-22　选择目标位置界面

　　进入选择开始菜单文件夹界面，界面会提示是否要在开始菜单里面创建文件夹，以及确定需要创建的文件夹名称，保持默认即可，然后单击"下一步"按钮，如图 1-2-23 所示。

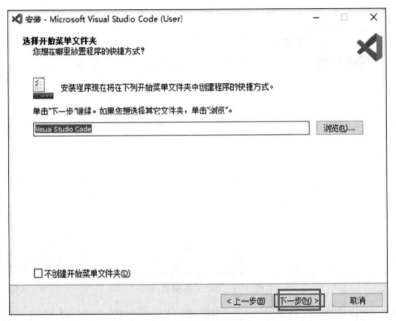

图 1-2-23　选择开始菜单文件夹界面

　　进入选择附加任务界面，可以根据提示自行选择需要的附加快捷方式，然后单击"下一步"按钮，如图 1-2-24 所示。

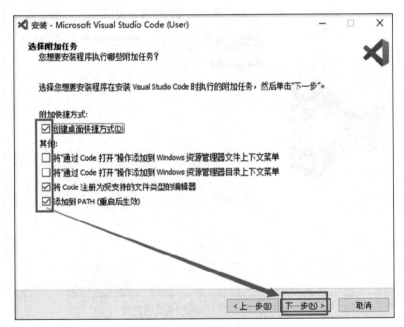

图 1-2-24　选择附加任务界面

　　接下来会提示确认安装信息。如果安装信息有误，可以单击"上一步"按钮返回、进行修改；如果无误，则可以单击"安装"按钮，等待进度条显示完成安装，如图 1-2-25 所示。

图 1-2-25　正在安装界面

进度条显示完成安装之后，程序安装结束，单击"完成"，便可以启动 VS Code，如图 1-2-26 所示。

图 1-2-26　VS Code 安装完成界面

第一次启动时，VS Code 会引导用户对其进行配置，用户可以根据自己的喜好进行配置，如图 1-2-27 所示。

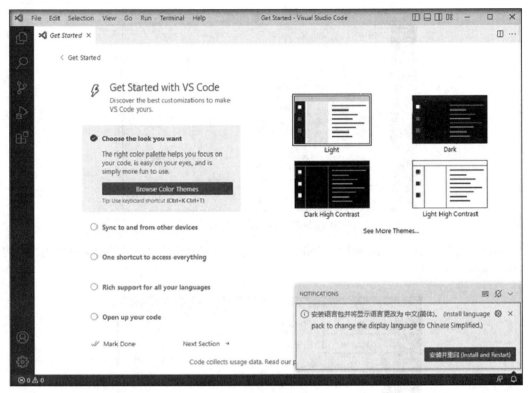

图 1-2-27　配置 VS Code

进阶二：安装 VS Code 的 Go 插件

通过进阶一，我们完成了 VS Code 的安装，然而我们仅获得了一个强大的编辑器，还不能进行 Go 语言程序开发。在本进阶中，我们将从 VS Code 扩展里面安装 Go 插件，以此来更好地使用 VS Code 编写 Go 程序，具体操作如下。

首先，单击左侧的扩展图标，在搜索文本框中输入 go 后按"Enter"键，随后可以看到很多关于 Go 语言的插件，选择第一个插件并安装，如图 1-2-28 所示。

图 1-2-28　搜索并安装 Go 插件

正常情况下，在安装插件的过程中不会出现任何提示。当安装完成之后，"安装"按钮会变成齿轮图标，如图 1-2-29 所示。

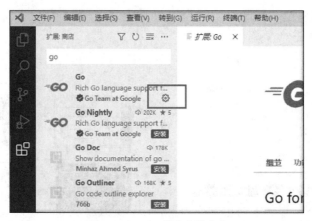

图 1-2-29　Go 插件安装完成

同理，安装 Code Runner 插件。Code Runner 是一种能够让用户一键快捷运行各类代码的插件，如图 1-2-30 所示。

图 1-2-30　搜索并安装 Code Runner 插件

与 Go 插件安装过程一样，当"安装"按钮变成齿轮图标就代表插件安装完成了，如图 1-2-31 所示。

图 1-2-31　Code Runner 插件安装完成

最后，为了方便使用，我们可以安装一个简体中文语言包。在搜索文本框输入 Chinese（Simplified）进行搜索安装即可，步骤和上述过程类似。

使用 VS Code 编写
Go 程序

进阶三：使用 VS Code 编写 Go 程序

当安装完 Go 插件之后，就可以使用 VS Code 编写 Go 语言程序了，具体步骤如下。

首先单击"文件"→"新建文本文件"命令，如图 1-2-32 所示。

图 1-2-32 新建文本文件

在代码编辑区域中写入如下代码。

程序示例：【例 1-2-2】使用 VS Code 编写的第一个 Go 程序

```
1  package main
2  import "fmt"
3  func main() {
4      fmt.Println("读书是学习，使用也是学习，而且是更重要的学习。")
5  }
```

当输入以上代码之后，VS Code 不会有任何的特殊显示，这是因为代码默认存储在 Untitled-1.txt 临时文件之中，如图 1-2-33 所示。

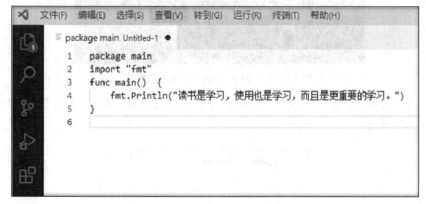

图 1-2-33 Untitled-1.txt 临时文件

按下键盘上的"Ctrl+S"组合键对文件进行保存，修改文件名为 1.2-hello.go。这里以保存到 C:\learn 目录下为例，如图 1-2-34 所示。

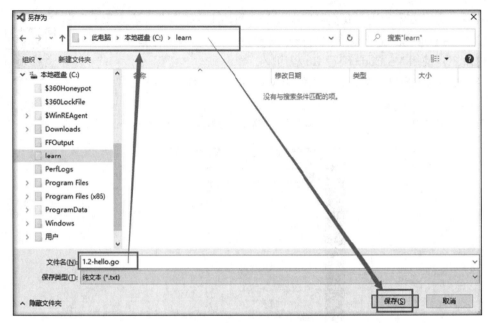

图 1-2-34　保存为 Go 文件

此时，再回到 VS Code 界面，可以看到刚刚输入的代码已经被不同程度地高亮显示。

Go Modules 从 Go 1.16 版本开始，成为默认包管理工具。Go Modules 会将项目（文件夹）下的所有依赖整理成一个 go.mod 文件，实现不在 GOPATH 目录下创建项目。由于 learn 文件夹并不在 GOPATH 目录下，因此需要使用 Go Modules 工具对 learn 文件夹进行初始化，项目初始化操作命令的格式是"go mod init 项目名称"。进入 learn 目录，使用命令行执行 go mod init learn 命令完成 go.mod 的创建，如图 1-2-35 所示。

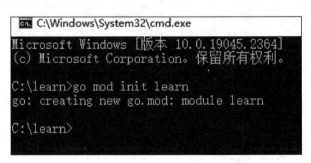

图 1-2-35　对 learn 文件夹进行初始化

命令执行完成后，会在 learn 文件夹下出现一个 go.mod 文件，表示项目初始化成功，go.mod 文件如图 1-2-36 所示。

图 1-2-36　go.mod 文件

此时便可以在 learn 目录下运行 Go 程序。进入 VS Code 代码编辑界面，右击，选择"Run Code"运行程序。当程序运行后，会在"输出"中显示"读书是学习，使用也是学习，而且是更重要的学习。"，这就代表 VS Code 可以运行 Go 程序了，如图 1-2-37 所示。

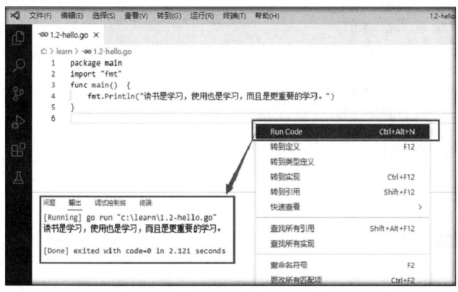

图 1-2-37 选择 "Run Code" 运行程序

在 VS Code 中也可以使用终端运行程序。单击"终端"，输入 go run "c:\learn\1.2-hello.go" 命令即可运行程序，如图 1-2-38 所示。

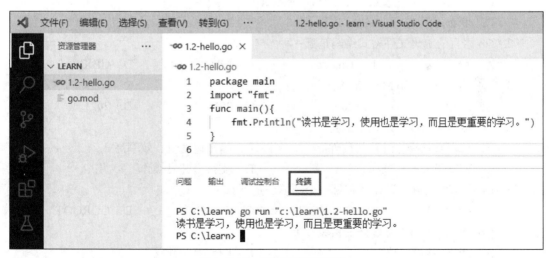

图 1-2-38 使用终端运行程序

程序解读：

go run 命令把编译和执行合为一步完成。更准确地说，它把编译过程隐藏了起来，但编译过程依然存在。工作目录被设置为当前目录，可执行文件被放在临时文件中执行，因此并不会在当前目录中留下可执行文件。

【项目小结】

本项目主要带领大家了解、进入 Go 语言世界，并以 2 个简单的 Go 程序作为引入。本项目主要知识点归纳如下：

（1）Go 语言的发展历程。

（2）Go 语言的特性。

（3）Go 语言的应用领域。

（4）Go 语言开发环境的配置。

（5）Go 程序的开发工具。

（6）Go 程序的运行方式。

（7）Go 程序结构。

（8）通过 go run 命令简单接触 go 命令。

【巩固练习】

一、选择题

1. 以下哪位不是 Go 语言的创始人？（　　）

　　A. 丹尼斯·里奇（Dennis Ritchie）

　　B. 肯·汤普逊（Ken Thompson）

　　C. 罗伯特·格里塞默（Robert Griesemer）

　　D. 罗布·派克（Rob Pike）

2. Go 语言的源码文件格式编码是哪一种？（　　）

　　A. ASCII　　　　　B. Unicode　　　　　C. UTF-8　　　　　D. GBK

3. 哪一年引入了 Go Modules 管理机制？（　　）

　　A. 2012　　　　　B. 2015　　　　　C. 2018　　　　　D. 2021

4. 以下哪一项不是 Go 语言的特性？（　　）

　　A. 可以直接操作计算机硬件　　　　　B. 编译速度快、效率高

　　C. 拥有强大的标准库　　　　　D. 支持高并发操作

5. Go 语言的实际安装路径在哪一个环境变量下？（　　）

　　A. GOPATH　　　　　B. GO_HOME　　　　　C. GOBIN　　　　　D. GOROOT

6. Go 语言通常用于哪些开发领域？（　　）

　　A. 服务器后端开发　　　　　B. 网页前端开发

　　C. 区块链平台开发　　　　　D. Pholcus 爬虫软件

7. 以下哪些命令不能查看 Go 语言环境变量？（　　）

　　A. set GOENV　　　　　B. echo %PATH%

　　C. go env　　　　　D. export GOPATH

8. Go 语言程序的开发工具有哪些？（　　）

　　A. GoLand　　　　　B. VS Code　　　　　C. Sublime　　　　　D. Notepad++

9. 以下选项中哪些不是 Go 文件的扩展名？（　　　）

　　A. .go　　　　　　　　B. .g3x　　　　　　　　C. .do　　　　　　　　D. .gz

10. 关于 Go 语言的注释，以下选项中正确的是？（　　　）

　　A. Go 语言注释分为单行注释和多行注释

　　B. 单行注释使用#开头

　　C. 单行注释使用//开头

　　D. 多行注释以/*开头，并以*/结尾，且不可以嵌套使用

二、简答题

1. 请简述 Go 程序从创建到运行的 4 个步骤。

2. 请简述 Go 语言所具有的特性。

3. 请简述一个 Go 程序通常由哪些组成。

三、程序改错题

请找出以下程序的错误。

```
package main
import "fmt"
func main()
{
    fmt.Println("细节决定成败!")
}
```

四、编程题

编写一个程序，打印自己的座右铭。

项目 2

学习 Go 语言基础语法

项目导读

本项目共 4 个任务，在这 4 个任务中，我们将一起学习 Go 语言基础语法，我们将使用关键字、标识符、常量、变量以及不同的数据类型等来完成程序的设计。本项目的重点内容为 Go 语言数组、切片、map 等扩展数据类型的使用。我们还将学习使用 if 和 switch 语句实现程序流程的选择以及使用 for 循环语句来实现程序的循环。

本项目所要达成的目标如下表所示。

任务 2.1 创建商品信息	
知识目标	1. 能够说出 Go 语言的关键字与标识符的定义； 2. 能够概述 Go 语言常量、变量是什么以及不同的定义格式； 3. 能够说出 Go 语言数据类型有哪些以及各自的特点； 4. 能够说出 Go 语言运算符的作用，并列举出常见运算符
技能目标	1. 能够使用开发工具定义常量和变量； 2. 能够对 Go 语言的数据类型进行判断； 3. 能够对 Go 语言的数据进行运算； 4. 能够对 Go 语言的字符串进行拼接； 5. 能够对 Go 语言的数据类型进行转换
素质目标	1. 具备精益求精的工匠精神，具备良好的代码编写风格以及习惯； 2. 具备爱国情怀，具备新一代信息技术技能型人才的综合素养
教学建议	本任务建议教学 2 个学时，其中 1 个学时完成理论教学，另 1 个学时完成实践内容讲授以及实操。教师可以结合配套的多媒体资源以及本书配套的习题实施线上线下混合式教学
任务 2.2 创建商品类型	
知识目标	1. 能够说出 Go 语言数组的定义与声明方式； 2. 能够说出 Go 语言切片的使用场景，并掌握切片的使用方法； 3. 能够说出 Go 语言的 map
技能目标	1. 能够正确书写 Go 语言数组定义、初始化、赋值等语句； 2. 能够正确书写 Go 语言切片定义、初始化、动态扩容等语句； 3. 能够正确书写 Go 语言的 map 语句
素质目标	1. 具备精益求精的工匠精神，具备良好的代码编写风格以及习惯； 2. 具备爱国情怀，具备新一代信息技术技能型人才的综合素养

教学建议	本任务建议教学 2 个学时，其中 1 个学时完成理论教学，另 1 个学时完成实践内容讲授以及实操。教师可以结合配套的多媒体资源以及本书配套的习题实施线上线下混合式教学
任务 2.3　选择商品类型	
知识目标	1. 能够说出 Go 语言的 3 种 if 语句的分支结构格式； 2. 能够描述 Go 语言使用 if 语句的注意事项； 3. 能够描述 Go 语言 switch 语句的使用场景； 4. 能够概述 Go 语言 switch 语句的基础语法
技能目标	1. 能够正确使用 Go 语言的 if 语句，完成程序的判断流程； 2. 能够正确使用 Go 语言的 switch 语句，完成程序的判断流程； 3. 能够使用 Go 语言的条件判断运算符； 4. 能够使用 Go 语言的条件判断进行变量赋值； 5. 能够使用 Go 语言的 fallthrough
素质目标	1. 具备精益求精的工匠精神，具备良好的代码编写风格以及习惯； 2. 具备爱国情怀，具备新一代信息技术技能型人才的综合素养
教学建议	本任务建议教学 2 个学时，其中 1 个学时完成理论教学，另 1 个学时完成实践内容讲授以及实操。教师可以结合配套的多媒体资源以及本书配套的习题实施线上线下混合式教学
任务 2.4　打印商品详情	
知识目标	1. 能够说出 Go 语言 for 循环的实现方法； 2. 能够说出 Go 语言 for 循环的循环结构； 3. 能够辨认 Go 语言 for 循环的基础语法； 4. 能够说出 Go 语言 for 循环的 3 种循环方式
技能目标	1. 能够正确使用 Go 语言的 for 循环遍历 map； 2. 能够使用 Go 语言的 break、goto 等控制 for 循环； 3. 能够正确写出 Go 语言的 for 循环嵌套语句，解决实际问题； 4. 能够正确使用 Go 语言的 for 循环完成数组或切片的排序
素质目标	1. 具备精益求精的工匠精神，具备良好的代码编写风格以及习惯； 2. 具备爱国情怀，具备新一代信息技术技能型人才的综合素养
教学建议	本任务建议教学 3 个学时，其中 1.5 个学时完成理论教学，另 1.5 个学时完成实践内容讲授以及实操。教师可以结合配套的多媒体资源以及本书配套的习题实施线上线下混合式教学

任务 2.1　创建商品信息

2.1.1　任务分析

中国式现代化指引我们不断厚植现代化的物质基础，不断夯实人民幸福生活的物质条件。电子商务已经全面融入我国生产生活各领域，成为提升人民生活品质和推动社会发展的重要力量。电商平台中琳琅满目的商品都包含基本的商品信息，包括商品的名称、价格和数量。通过 Go 语言创建商品信息的过程中，我们将使用关键字、标识符、常量、变量以及各种不同的数据类型等，例如通过字符串描述商品的名称，通过整型数据定义商品的数量，通过浮点型数据定义商品的单价，等等。

在本任务中，我们将通过程序实现电商平台中商品信息的创建以及描述，通过不同的变量描述商品的名称、价格和数量，通过编写程序计算商品的总价，通过数据类型的转换以及字符串的拼接实现不同信息的打印。

基本运算

2.1.2　相关知识

1. 关键字与标识符

关键字，即被 Go 语言赋予了特殊含义的单词，我们在编写程序的过程中不能将关键字作为标识符使用。为了简化在编译过程中的代码解析，Go 语言中的关键字只有 25 个，如表 2-1-1 所示。

表 2-1-1　Go 语言中的关键字

编号	关键字	编号	关键字	编号	关键字
1	break	10	struct	19	range
2	default	11	chan	20	type
3	func	12	else	21	continue
4	interface	13	goto	22	for
5	select	14	package	23	import
6	case	15	switch	24	return
7	defer	16	const	25	var
8	go	17	fallthrough		
9	map	18	if		

标识符是指 Go 语言对各种变量、方法、函数等命名时使用的字符序列，标识符由若干个英文字母、数字和下画线组成，且第一个字符必须是英文字母。标识符的命名需要遵守以下基本规则：

（1）由 26 个英文字母、0~9、_ 组成。

（2）不能以数字开头，例如 var 1num int 是错误的。

（3）Go 语言中严格区分大小写。

（4）标识符不能包含空格。

（5）不能以系统保留的关键字作为标识符，如 break、if 等。

（6）标识符的命名要尽量采取简短且有意义的词。

（7）不能和标准库中的包名重复。

2. 变量和常量

（1）变量。

Go 语言变量的命名遵从标识符的基本规则。变量声明有 3 种格式，分别是标准格式、批量格式和简短格式。

① 标准格式（以关键字 var 开头，后置变量类型）。

```
var 变量名 变量类型
```

② 批量格式（存放一组变量定义）。

```
var (
    变量名 1 变量类型
    变量名 2 变量类型
    变量名 3，变量名 4 变量类型
)
```

③ 简短格式（定义在函数内部的显式初始化，不提供数据类型）。

```
变量名 := 变量值
变量名 1，变量名 2 := 变量值 1，变量值 2
```

简短格式被广泛用于大部分局部变量的声明和初始化，而标准格式的声明语句往往用于需要显式指定变量类型的地方。在变量声明时也可以赋予变量一个初始化值，变量的标准初始化格式如下。

```
var 变量名 变量类型 = 初始化值
```

（2）常量。

常量是一个简单值的标识符，在程序运行时它的值不会被改变。常量的数据类型只可以是布尔型、数字型（整型、浮点型和复数型）和字符串型，标准格式如下。

```
const 常量名[常量类型] = 值
```

在 Go 语言中，编译器可以根据变量和常量的值来推断其类型，定义格式可以分为显式类型定义和隐式类型定义。

① 显式类型定义。

```
const 常量名[常量类型] = 值
```

② 隐式类型定义。

```
const 常量名 = 值
```

常量声明语句和变量类似，支持批量格式声明，格式如下。

```
const (
    常量名 1 = 值
    常量名 2 = 值
    常量名 3 = 值
)
```

3. 数据类型

声明函数和变量时会用到数据类型，数据类型的出现是为了把数据分成内存大小不同的数据，编程的时候就可以根据需要充分利用内存。Go 语言数据类型分为基本数据类型和组合数据类型，如表 2-1-2 所示。

表 2-1-2　Go 语言数据类型

分类	数据类型	解释
基本数据类型	布尔型	布尔型的值只可以是常量 true 或者 false
	数字型	整型（int）、浮点型（float32、float64）、复数型
	字符串型（string）	字符串就是一串固定长度的字符连接起来的字符序列
组合数据类型	派生类型	指针类型（pointer） 数组类型（array） 结构体类型（struct） 通道类型（channel） 函数类型 切片类型（slice） 接口类型（interface） 集合类型（map）

基本的数字型又分为整型和浮点型，整型以及浮点型根据其存储空间以及是否带符号又有更细的划分，如表 2-1-3 所示。在实际使用过程中，程序员应当根据需要使用不同的数据类型。

表 2-1-3　数据类型中数字型的细分

类型	解释
uint8	无符号 8 位整型（0～255）
uint16	无符号 16 位整型（0～65535）
uint32	无符号 32 位整型（0～4294967295）
uint64	无符号 64 位整型（0～18446744073709551615）
int8	有符号 8 位整型（-128～127）
int16	有符号 16 位整型（-32768～32767）
int32	有符号 32 位整型（-2147483648～2147483647）
int64	有符号 64 位整型（-9223372036854775808～9223372036854775807）
float32	IEEE-754 32 位浮点型数据
float64	IEEE-754 64 位浮点型数据
complex64	32 位实数和虚数
complex128	64 位实数和虚数
byte	类似 uint8
rune	类似 int32
uintptr	无符号整型，用于存放一个指针

4. 运算符

运算符用于在程序运行时执行变量、常量间的数学或逻辑运算，Go 语言内置的运算符包括算术运算符、关系运算符、逻辑运算符、位运算符、赋值运算符和其他运算符。

算术运算符要求两个运算数的类型必须相同且为基本数据类型，其中自增和自减两个运算符在 Go 语言中可以构成单独的语句。算术运算符如表 2-1-4 所示。

表 2-1-4　算术运算符

运算符	描述	示例	示例结果
+	相加	1+1	2
-	相减	1-1	0
*	相乘	1*1	1
/	相除	1/2	0
%	求余（取模）	1%2	1
++	自增	a=1 a++ （等价于 a=a+1）	a=2
--	自减	a=1 a-- （等价于 a=a-1）	a=0
+	正号	+1	1
-	负号	-1	-1
+	字符串相加（连）	"hello"+"World"	helloWorld

关系运算符涉及两个值的比较，返回结果为布尔值。关系运算符如表 2-1-5 所示。

表 2-1-5　关系运算符

运算符	描述	使用规则	示例
==	等于	检查两个值是否相等，如果相等返回 true，否则返回 false	(1 == 1) 为 true (1 == 2) 为 false
!=	不等于	检查两个值是否不相等，如果不相等返回 true，否则返回 false	(1 != 2) 为 true (1 != 1) 为 false
>	大于	检查左边值是否大于右边值，如果是，则返回 true，否则返回 false	(1 > 0) 为 true (1 > 2) 为 false
<	小于	检查左边值是否小于右边值，如果是，则返回 true，否则返回 false	(1 < 2) 为 true (1 < 0) 为 false
>=	大于等于	检查左边值是否大于等于右边值，如果是，则返回 true，否则返回 false	(1 >= 1) 为 true (1 >= 2) 为 false
<=	小于等于	检查左边值是否小于等于右边值，如果是，则返回 true，否则返回 false	(1 <= 2) 为 true (1 <= 0) 为 false

逻辑运算符用来判断变量或值之间的逻辑关系，判断的结果仍为布尔值。逻辑运算符如表 2-1-6 所示。

表 2-1-6　逻辑运算符

运算符	描述	使用规则	示例
&&	逻辑与	逻辑 AND 运算符。如果两边的操作数都是 true，则条件为 true，否则为 false（一假为假）	var a bool = true var b bool = false (a && a) 为 true (a && b) 为 false (b && b) 为 false
||	逻辑或	逻辑 OR 运算符。如果两边的操作数有一个为 true，则条件 true，否则为 false（一真为真）	var a bool = true var b bool = false (a || a) 为 true (a || b) 为 true (b || b) 为 false
!	逻辑非	逻辑 NOT 运算符。如果条件为 true，则逻辑 NOT 条件为 false，否则为 true（结果取反）	var a bool = true var b bool = false (! a) 为 false (! b) 为 true

位运算符以一个二进制位上的值作为操作数，通过不同的位运算符可以实现清零、判断奇偶、翻转指定位、数值交换等操作。位运算符如表 2-1-7 所示。

表 2-1-7　位运算符

运算符	描述	使用规则	示例
&	按位与	两位全为 1，结果为 1，否则为 0（全 1 为 1）	0 & 0 = 0 0 & 1 = 0 1 & 1 = 1 1 & 0 = 0

续表

运算符	描述	使用规则	示例
|	按位或	两位有一个为 1，结果为 1，否则为 0（有 1 为 1）	0 | 0 = 0 0 | 1 = 1 1 | 1 = 1 1 | 0 = 1
^	按位异或	两位一个为 0，一个为 1，结果为 1，否则为 0（相同为 0，不同为 1）	0 ^ 0 = 0 0 ^ 1 = 1 1 ^ 1 = 0 1 ^ 0 = 1
<<	左移	右边的数指定移动的位数，符号位不变，低位补 0	1 << 2 = 4
>>	右移	低位溢出，符号位不变，并用符号位补溢出的高位	1 >> 2 = 0

赋值运算符用于为变量赋值，其运算顺序是从右到左，赋值运算符如表 2-1-8 所示。

表 2-1-8　赋值运算符

运算符	描述	使用规则	示例
=	等于	简单的赋值运算符，将等号右边表达式的值赋给等号左边	c = a + b 将 a + b 表达式结果赋值给 c
+=	加等于	相加后再赋值	a += b 等价于 a = a + b
-=	减等于	相减后再赋值	a -= b 等价于 a = a - b
*=	乘等于	相乘后再赋值	a *= b 等价于 a = a * b
/=	除等于	相除后再赋值	a /= b 等价于 a = a / b
%=	取模等于	求余后再赋值	a %= b 等价于 a = a % b
<<=	左移等于	左移后赋值	a <<= 2 等价于 a = a << 2
>>=	右移等于	右移后赋值	a >>= 2 等价于 a = a >> 2
&=	按位与等于	按位与后赋值	a &= 2 等价于 a = a & 2
^=	按位异或等于	按位异或后赋值	a ^= 2 等价于 a = a ^ 2
|=	按位或等于	按位或后赋值	a |= 2 等价于 a = a | 2

Go 语言中，其他运算符包括两种，一种是用于返回变量的实际地址，另一种是用于创建指针变量，其他运算符如表 2-1-9 所示。

表 2-1-9　其他运算符

运算符	描述	示例
&	返回变量的存储地址	&a; 取出变量 a 的实际地址
*	指针变量	*a; 定义一个名为 a，类型为指针的变量

在实际编程的过程中，我们根据需要选择使用不同的运算符。此外，不同的运算符具有

不同的优先级，因此在使用的过程中还需要注意优先级的问题，优先级数字大的运算符会先被执行。运算符优先级如表 2-1-10 所示。

表 2-1-10　运算符优先级

优先级	运算符
5	* / % << >> & &^
4	+ -	^
3	== != < <= > >=
2	&&
1	||

2.1.3　实操过程

创建商品信息

步骤一：创建商品信息

在本步骤中，我们编写程序为商品信息设计不同的常量和变量，并打印其中一些常量以及变量的数据类型和数值，涉及的知识点主要包括常量和变量、数据类型的判断，如例 2-1-1 所示。

程序示例：【例 2-1-1】创建商品信息

```
1  package main
2  import (
3      "fmt"
4      "reflect"
5  )
6  //通过常量定义书数量为 6 本，默认数据类型为 int
7  const BOOK_NUMBER = 6
8  //通过常量定义笔的价格为 5 元，并指明该常量的数据类型为 float32
9  const PEN_PRICE float32 = 5
10 //通过隐式常量定义电脑价格为 3000 元，数据类型为 float64
11 const COMPUTER_PRICE = 3000.0
12 //通过批量格式定义 3 个常量，数据类型为 string 已经隐式指明
13 const (
14     BOOK_NAME string = "go 语言"
15     PEN_NAME = "中华"
16     COMPUTER_NAME = "华为"
17 )
18 func main(){
19     //通过批量格式声明 int 类型的 bookNum、penNum 变量
20     var (
21         bookNum int
22         penNum int
23     )
24     //定义布尔型变量 isEmpty，用于反馈库存是否为 0
25     var isEmpty bool
26     //为布尔型变量 isEmpty 赋值 false
27     isEmpty = false
```

```
28      //通过简短格式定义变量 isOnsell
29      isOnsell := true
30      //通过标准格式定义并初始化变量 bikePrice
31      var bikePrice float64 = 200
32      //通过简短格式定义变量 bikeName
33      bikeName := "永久"
34      //通过简短格式为变量赋值
35      bookNum,penNum = 50,50
36      computerNum,bikeNum := 5,10
37      fmt.Println("常量 BOOK_NUMBER 的数据类型为: ",reflect.TypeOf(BOOK_NUMBER))
38      fmt.Println("常量 PEN_PRICE 的数据类型为: ",reflect.TypeOf(PEN_PRICE))
39      fmt.Println("常量 COMPUTER_PRICE 的数据类型为: ",reflect.TypeOf (COMPUTER_PRICE))
40      fmt.Println("常量 PEN_NAME 的数据类型为: ",reflect.TypeOf(PEN_NAME))
41      fmt.Println("变量 bikeName 的数据类型为: ",reflect.TypeOf(bikeName))
42      fmt.Println("变量 bikePrice 的数据类型为: ",reflect.TypeOf(bikePrice))
43      fmt.Println("变量 bikeNum 的数据类型为: ",reflect.TypeOf(bikeNum))
44      fmt.Println("变量 isOnsell 的数据类型为: ",reflect.TypeOf(isOnsell))
45      fmt.Println("变量 isEmpty 的数值为: ",isEmpty)
46      fmt.Println("书的数量为:", bookNum)
47      fmt.Println("笔的数量为:",penNum)
48      fmt.Println("电脑的数量为:",computerNum)
49  }
```

以上程序的运行结果如图 2-1-1 所示。

```
常量BOOK_NUMBER的数据类型为 : int
常量PEN_PRICE的数据类型为 :  float32
常量COMPUTER_PRICE的数据类型为 : float64
常量PEN_NAME的数据类型为:  string
变量bikeName的数据类型为 :  string
变量bikePrice的数据类型为 :  float64
变量bikeNum的数据类型为 :  int
变量isOnsell的数据类型为 :  bool
变量isEmpty的数值为 :  false
书的数量为: 50
笔的数量为: 50
电脑的数量为: 5

Process finished with the exit code 0
```

图 2-1-1 例 2-1-1 的程序运行结果

程序解读：

在本程序中，我们可以看到，在 main()函数之前通过单个声明的方式声明了常量 "BOOK_NUMBER" "PEN_PRICE" "COMPUTER_PRICE"。在声明常量 "PEN_PRICE" 数据类型的过程中，我们显式地指定了其数据类型为 float32，在定义常量 "COMPUTER_PRICE" 数据类型过程中，由于其赋值 3000.0 为浮点数，相当于隐式指明其数据类型为浮点型，并且在未做说明的情况下直接将其定义为 float64。在声明常量"BOOK_NUMBER"的过程中，我们并未显式地指明其数据类型，其值为 6 已经隐式地定义了其数据类型为整型。在 main()函数之前，我们还通过批量格式一次性声明了 3 个常量："BOOK_NAME""PEN_NAME""COMPUTER_NAME"。这 3 个常量也没有显式地指明其类型，但由于赋值的时候使用了双引号，其数据类型已经隐式指明为字符串型。

在 main()函数中，我们通过批量和单个声明的方式定义了多个不同数据类型的变量，可以参见例 2-1-1 中的注释，我们在今后的程序设计过程中可以模仿这种方式并灵活应用。需要特别指出的是，我们在程序中使用了 Go 语言自带的 reflect 包中的 TypeOf()函数来返回一个变量或是常量的数据类型。关于函数的定义及使用，我们将在本书后续的项目中进行学习。

提示

（1）在上述程序中，我们可以看到所有的常量名用的都是大写字母，在 Go 语言中，我们通常使用大写字母定义常量。

（2）在上述程序中，我们可以看到所有变量如"bookNum""bikeName"，都有大写字母在变量名称的中间出现。在 Go 程序设计过程中，当两个或多个单词拼接表示变量名或者函数名时，我们约定俗成地将第一个单词首字母小写，将后面的单词首字母大写。这样的命名方式叫作"驼峰命名法"，大家在编写程序的过程中，要培养精益求精的工匠精神，编写出漂亮并且符合规范的代码。

（3）上述程序中所声明的字符串常量"BOOK_NAME""PEN_NAME""COMPUTER_NAME"在程序中虽未被使用，但对于程序的运行并没有产生任何影响。在 Go 程序中，所声明的常量可以不使用，但所声明的变量必须使用，否则程序在编译的过程中将会报错。

步骤二：计算商品总价

在电商平台中，我们通常会把商品都放入购物车，购物车会对所选商品的总价进行计算并反馈给用户。接下来我们将通过程序来计算 50 本书和 50 支笔的总价，本步骤中将每本书的单价设为 6.5 元，每支笔的单价设为 4.5 元，如例 2-1-2 所示。

计算商品总价

程序示例：【例 2-1-2】计算商品总价

```
1  package main
2  import "fmt"
3  func main(){
4      //通过批量格式声明 int 类型的 bookNum、penNum 变量
5      var (
6          bookNum int
7          penNum int
8      )
9      bookNum,penNum = 50,50  //赋值书和笔的数量都为 50
10     bookPrice := 6.5
11     penPrice := 4.5
12     //通过使用算术运算符中的+、*计算出所有商品的总价，通过简短格式将其赋值给 sum
13     sum := bookNum*bookPrice + penNum*penPrice
14     //通过 fmt 输出结果到控制台
15     fmt.Printf("商品总价为：%.2f\n",sum)
16 }
```

运行上述程序后，我们得到图 2-1-2 所示的报错信息。

```
# command-line-arguments
.\case2-2.go:14:16: invalid operation: bookNum * bookPrice (mismatched types int and float64)
.\case2-2.go:14:35: invalid operation: penNum * penPrice (mismatched types int and float64)

Compilation finished with exit code 2
```

图 2-1-2　运行例 2-1-2 过程中的报错信息

这是因为 Go 语言中不允许两种不同数据类型的变量一同运算。我们有两种处理方式：第一种，在定义 bookNum、penNum 的时候就将变量声明为 float64 类型；第二种，我们可以进行数据类型的转换，在运算的过程中通过 float64(bookNum) 将 bookNum 强制转换为 float64 类型的数据。修改过后的代码如下。

```
1   package main
2   import "fmt"
3   func main(){
4       //通过批量格式声明整型的 bookNum、penNum 变量
5       var (
6           bookNum int
7           penNum int
8       )
9       //赋值变量值为 50
10      bookNum,penNum = 50,50
11      bookPrice := 6.5
12      penPrice := 4.5
13      //通过使用算术运算符中的+和*计算出所有商品的总价，通过简短格式将其赋值给 sum
14      sum := float64(bookNum)*bookPrice + float64(penNum)*penPrice
15      //通过 fmt 输出结果到控制台
16      fmt.Printf("商 品 总 价 为 : %.2f\n",sum)
17  }
```

以上程序的运行结果如图 2-1-3 所示。

程序解读：

在上述程序中，变量 sum 的计算使用了表 2-1-4 中的运算符，通过运算符与变量构成的表达式得到最终结果。我们使用了系统自带的 fmt.Printf() 函数打印格式化输出的结果，其中的参数 ".2f\n" 表示保留两位小数并且输出完毕后换行。

```
商 品 总 价 为 : 550.00

Process finished with the exit code 0
```

图 2-1-3　修改后的例 2-1-2 的程序运行结果

2.1.4　进阶技能

进阶一：字符串的拼接

在电商平台中，如果我们需要打印所有商品的名称，就需要用字符串拼接的方法将多个字符串变量进行组合，最终通过 fmt.Printf() 函数打印出来。在 Go 语言中，我们可以使用 "+" 和字节缓冲两种方式来实现字符串的拼接，如例 2-1-3 所示。

程序示例：【例 2-1-3】打印特惠商品和奖品名称

```
1  package main
2  import (
3      "bytes"
4      "fmt"
5      "reflect"
6  )
7  func main() {
8      //定义 3 种产品的名称
9      product1 := "手机"
10     product2 := "电视"
11     product3 := "平板电脑"
12     //用 "+" 拼接字符串并打印特惠商品名称
13     fmt.Println("今日特惠的商品有"+"\""+product1+"\""+",\""+product2+ "\"")
14     //定义字节缓冲变量 showInfo
15     var showInfo  bytes.Buffer
16     //通过字节缓冲组合字符串
17     showInfo.WriteString("今日大奖为")
18     showInfo.WriteString(product3)
19     fmt.Println(reflect.TypeOf(showInfo))
20     fmt.Println(showInfo.String())
21  }
```

打印特惠商品和
奖品名称

以上程序运行的结果如图 2-1-4 所示。

程序解读：

在上述程序中，我们定义了 3 个字符串变量，在第一次调用 fmt.Println()函数的时候，我们使用了 "+" 进行字符串拼接。需要注意的是，为了在打印信息中显示引号，我们在字符串内的引号前使用了转义符 "\"，否则引号在程序编译的时候会被认为是代码的一部分。在程序编写有歧义的地方，我们都会使用转义符，例如 "\n"。在程序的后半部分，我们调用了系统自带的数据类型 bytes.Buffer 来处理字符串，使用了 WriteString()函数顺序写入字符串，最后通过 reflect.TypeOf()函数显示了 showInfo 的数据类型。

```
今日特惠的商品有"手机","电视"
bytes.Buffer
今日大奖为平板电脑

Process finished with the exit code 0
```

图 2-1-4　例 2-1-3 的程序运行结果

进阶二：数值转换为字符串

在电商平台中，有时我们需要将价格一同打印，例如：购物车中一共有 55 本书，共计 200 元，我们要计算并打印均价（每本书的价格），最终在程序运行后输出一段文字 "55 本书的价格为 200："，如例 2-1-4 所示。

程序示例：【例 2-1-4】打印商品均价以及总价

```
1  package main
2  import (
3      "fmt"
```

打印商品均价以及
总价

```
4        "strconv"
5    )
6  func main() {
7        //定义变量 totalPrice、bookNum，并初始化赋值
8        var totalPrice float64 = 200
9        var bookNum int = 55
10       //定义浮点型变量 avgPrice
11       var avgPrice float64
12       //将整型转换为浮点型，通过使用算术运算符计算每本书的价格，并赋值给浮点型变量 avgPrice
13       avgPrice= totalPrice/float64(bookNum)
14       //打印结果，保留 1 位小数
15       fmt.Printf("每本书价格为：%.1f\n",avgPrice)
16       fmt.Printf(strconv.Itoa(55)+"本书的价格为："+strconv.FormatFloat(totalPrice,
'f',-1,32))
17  }
```

以上程序的运行结果如图 2-1-5 所示。

程序解读：

在 Go 语言中，我们无法将数值和字符串进行直接拼接。本程序中，我们使用了系统自带的 strconv.Itoa() 函数将整型数值，即书的总数 "55" 转换为字符串，使用 strconv.FormatFloat() 函数将书的总价 totalPrice 的数据类型由浮点型转换为字符串型，该函数只支持对 64 位数据的操作，所以我们在定义总价的时候将 totalPrice 定义为 float64。

```
每本书价格为：3.6
55本书的价格为：200
Process finished with the exit code 0
```

图 2-1-5　例 2-1-4 的程序运行结果

任务 2.2　创建商品类型

2.2.1　任务分析

电商平台中的商品都具有基本的商品属性，例如：冰箱、彩电、洗衣机属于家电类，笔记本、钢笔、文具盒属于文具类。商品之间存在一定的联系，在创建商品类型过程中，我们将根据商品属性定义商品类型。

在本任务中，我们将通过程序实现电商平台中商品类型的创建，涉及的知识点主要包括数组、切片、map。通过数组和切片、map 中的 key/value 对商品类型分类。在进阶技能中，通过多维数组和切片对商品排序，通过多层 map 嵌套对商品类型分类。

2.2.2　相关知识

1. 数组

数组（array）是一个由固定长度的特定类型元素组成的序列，例如由一个或者多个整数、字符串等自定义数据类型组成。在 Go 语言中，由于数组的长度是固定的，所以在编程时很少

直接使用数组，更多使用下文介绍的切片（slice），但是在理解切片工作原理之前需要先理解数组，因此先主要为大家讲解数组的使用知识点。

（1）标准格式声明数组。

```
var variable_name [size]type
```

（2）初始化数组。

复合数据类型

```
var variable_name=[size]type{value,value}
//数组个数无法确定时，... 代替数组长度，编译器会根据元素个数自行推断
var variable_name=[...]type{value,value}
```

在上述的语法格式中，各个标识符的含义如下。

① variable_name：数组声明及使用时的变量名。

② size：数组的元素数量，初始化数组时变量个数不能大于它。

③ type：任意的基本数据类型，也可以是数组本身，以实现多维数组。

④ value：初始化数组的值，数据类型与 type 一致，其个数不能大于 size。

数组的每个元素都可以通过索引来访问，索引的范围从 0 开始到数组长度减 1 结束，内置 len() 函数可以返回数组元素的个数，代码如下。

```
variable_name[0]
variable_name[len(variable_name)-1]
```

2. 切片

在 Go 语言中，由于数组的长度是固定的，在特定场景下，数组就不太适用了。Go 语言提供了一种灵活且功能强悍的内置类型——切片，也叫动态数组。切片的长度是不固定的，可以追加元素，在追加时可能使切片的容量增大，可以从数据中声明新的切片或者生成新的切片。

（1）声明新的切片。

```
var name []type
```

其中 name 表示切片的变量名，type 表示切片中元素的数据类型。[]中的切片不需要指定长度，数组则需要。

（2）在数组中生成新的切片。

```
slice[开始位置:结束位置]
```

语法说明如下：

① slice 表示切片的对象。

② 开始位置对应目标切片的开始索引。

③ 结束位置对应目标切片的结束索引。

从数组中生成新的切片拥有如下特征：

① 切片数量为结束位置索引-开始位置索引。

② 当开始位置为默认时，表示从整个连续区域的开头到指定的结束位置。

③ 当结束位置为默认时，表示从指定的开始位置到整个连续区域的末尾。

④ 开始位置与结束位置同时为默认时，与切片本身等效。

⑤ 两者同时为 0 时，表示为空切片，一般用于切片复位。

（3）使用 make() 函数构造切片。

```
make([]type,size,cap)
```

其中 type 指切片元素的数据类型；size 指切片的长度；cap 指切片的容量，该参数可以省略，在省略时默认等于 size，在不省略时需要保证 cap 大于等于 size，这个值设定后不影响 size，只是为了提前分配空间，解决多次分配空间造成的性能问题。

（4）使用 append()函数为切片动态添加元素。

```
append(name,value)
append(name,[]type[value,value,value]...)
```

append()函数可以为切片追加单个或多个元素，同时也可以追加切片。需要注意的是，使用 append()函数为切片动态添加元素时，如果空间不足以容纳足够多的元素，切片就会进行“扩容”，此时新切片的长度会发生改变。需扩展的容量小于 1024 个元素时，按当前切片容量（cap）的 2 倍进行扩容；需扩展的容量大于 1024 个元素时，按 cap 容量的 1/4 进行扩容。

（5）使用 copy()函数复制切片。

```
copy(destSlice,srcSlice)
```

srcSlice 为数据来源切片，destSlice 为复制的目标切片，目标切片必须分配过空间且足够承载复制的元素个数，并且来源切片和目标切片的类型必须一致。copy()函数中来源切片和目标切片可以共享同一个底层数组，甚至重叠也没有问题。

3. map

map 是特殊的数据结构，是一种无序的 key/value 的集合，能够通过 key 快速检索数据值（value）。map 这种数据结构在其他编程语言中被称为字典或者哈希表。

（1）声明 map。

```
var name map[key_type]value_type
```

语法说明如下：

① name 为 map 变量名。

② key_type 为键类型。

③ value_type 为键对应的值类型。

（2）用切片作为 map 的值。

```
var name map[key_type][]value_type
```

value_type 定义为[]value_type，实现用切片作为 map 的值。

2.2.3 实操过程

通过数组和切片
实现商品类型分类

步骤一：通过数组和切片实现商品类型分类

在本步骤中，我们将编写程序对商品类型进行分类，以电商平台中的图书为例，对图书的不同特性进行整理、归纳，涉及的知识点主要包括数组定义、初始化和赋值，切片定义、初始化和动态扩容，等等，如例 2-2-1 所示。

程序示例：【例 2-2-1】通过数组和切片实现商品类型分类

```
1  package main
2  import "fmt"
3  func main() {
4     //声明一个元素数量为 4 的数组变量 bookType,通过索引方式赋值文学、人文社科、自然科学和艺
术四大类
5     var bookType[4]string
```

```
6        //为索引 0 赋值 "文学"
7        bookType[0] = "文学"
8        //为索引 1 赋值 "人文社科"
9        bookType[1] = "人文社科"
10       //为索引 2 赋值 "自然科学"
11       bookType[2] = "自然科学"
12       //为索引 3 赋值 "艺术"
13       bookType[3] = "艺术"
14       //声明一个元素数量为 3 的数组变量 literatures 并初始化特性为文学类的变量元素
15       var literatures = [3]string{"《宋词选》", "《徐霞客游记》", "《鲁迅杂文选读》", "
《家》", "《平凡的世界》"}
16       //通过[...]声明数组变量 humanities 并初始化特性为人文社科类的变量元素,编辑器会根据元素
个数自行推断
17       var humanities = [...]string{"《实践论》", "《论语译注》", "《资治通鉴选》", "《简
单的逻辑学》", "《简明世界历史读本》", "《史记选》"}
18       //声明自然科学类的切片 naturalSciences 并初始化变量元素
19       var naturalSciences = []string{"《天工开物》", "《十万个为什么》", "《科学发现纵
横谈》", "《数学家的眼光》"}
20       //声明艺术类的切片 art,使用切片动态添加元素的特性,通过 append()函数添加变量元素
21       var art []string
22       art = append(art, "《世界美术名作二十讲》", "《京剧欣赏》", "《中乐寻踪》", "《交
响音乐欣赏》", "《设计，无处不在》")
23       //声明图书种类数量的切片 bookNum,元素数据类型为 int,使用切片动态添加元素的特性,增加每
种图书的数量
24       var bookNum []int
25              bookNum  =  append(bookNum,  len(literatures),  len(humanities),
len(naturalSciences), len(art))
26       //声明图书价格的切片 bookPrice,元素数据类型为 float64,使用切片动态添加元素的特性,设置
平均价格
27       var bookPrice []float64
28       bookPrice = append(bookPrice, 58.99, 69.90, 39.00, 15.20)
29       fmt.Println("图书种类分为: ", bookType)
30       //打印图书种类的数量以及平均价格
31       fmt.Printf("文学类：%s,种类数量：%d,平均价格：%.2f\n", literatures, bookNum[0],
bookPrice[0])
32        fmt.Printf("人文社科类：%s,种类数量：%d,平均价格：%.2f\n", humanities,
bookNum[1], bookPrice[1])
33        fmt.Printf("自然科学类：%s,种类数量：%d,平均价格：%.2f\n", naturalSciences,
bookNum[2], bookPrice[2])
34        fmt.Printf("艺术类：%s,种类数量：%d,平均价格：%.2f\n", art, bookNum[3],
bookPrice[3])
35  }
```

运行上述程序后，我们发现图 2-2-1 所示的报错信息。

```
# command-line-arguments
.\case4.go:17:68: array index 3 out of bounds [0:3]
```

图 2-2-1　例 2-2-1 的报错信息

这是因为第 15 行在数组初始化时，数组 literatures 预设置元素数量为 3，赋值时传入数组的元素个数为 5，导致索引溢出。数组无法灵活扩容，在定义数组元素数量后，赋值元素的个数必须小于或者等于预设置元素数量，修正后的第 15 行代码如下。

```
14      //声明一个元素数量为 5 的数组变量 literatures 并初始化特性为文学类的变量元素
15      var literatures=[5]string{"《宋词选》","《徐霞客游记》","《鲁迅杂文选读》","《家》","《平凡的世界》"}
```

以上程序的运行结果如图 2-2-2 所示。

程序解读：

（1）在上述程序第 5 行中，我们使用 var 定义了一个元素数量为 4 的字符串型数组 bookType，在第 7～13 行使用索引方式对数组 bookType 的元素进行赋值。

（2）在修正后的程序第 15 行中，我们使用 var 定义了一个元素数量为 5 的字符串型数组 literatures，并对其进行初始化变量元素，在第 17 行使用[...]对数组 humanities 中存在的元素数量进行自行推断，第 19 行使用 var 声明切片 naturalSciences 并初始化变量元素。

（3）在上述程序第 21～28 行中，我们分别声明字符串型切片 art、整型切片 bookNum、float64 类型切片 bookPrice，随后调用 append()函数向切片中添加变量元素，第 29～34 行使用 fmt.Printf()函数打印商品类型分类信息。

```
图书种类分为：［文学 人文社科 自然科学 艺术］
文学类：［《宋词选》 《徐霞客游记》 《鲁迅杂文选读》 《家》 《平凡的世界》］,种类数量：5,平均价格：58.99
人文社科类：［《实践论》 《论语译注》 《资治通鉴选》 《简单的逻辑学》 《简明世界历史读本》 《史记选》］,种类数量：6,平均价格：69.90
自然科学类：［《天工开物》 《十万个为什么》 《科学发现纵横谈》 《数学家的眼光》］,种类数量：4,平均价格：39.00
艺术类：［《世界美术名作二十讲》 《京剧欣赏》 《中乐寻踪》 《交响音乐欣赏》 《设计,无处不在》］,种类数量：5,平均价格：15.20

Process finished with the exit code 0
```

图 2-2-2   例 2-2-1 的程序运行结果

提示

（1）数组是固定长度的。数组长度也是数组类型的一部分，例如[3]string 和[4]string 是两种不同类型的 string 数组。

（2）切片可以改变长度。切片是轻量级的数据结构，也是 Go 语言中常见的数据结构，可以称为动态数组。

（3）数组不可以动态扩展大小，切片可以动态扩展大小。当元素数量超过切片容量时，切片会申请一块新的内存，然后将切片数据复制到新的内存区域，其前后内存地址将会发生改变。

通过 map 实现商品类型分类

步骤二：通过 map 实现商品类型分类

在步骤一中，我们使用了数组、切片对图书进行了分类，同一个数组中的元素有着相同的特性，并且数组只能通过索引方式修改/查看/更新元素值，无法通过某个变量来获取一些元素。接下来，我们将通过 map 实现商品类型分类，涉及的知识点为 map。如例 2-2-2 所示。

程序示例：【例 2-2-2】通过 map 实现商品类型分类

```
1   package main
2   import (
3       "fmt"
4       "reflect"
5   )
```

```
6  func main(){
7      //声明文学类的切片 literatures 并初始化赋值
8      var literatures=[]string{"《宋词选》","《徐霞客游记》","《鲁迅杂文选读》","《家》","《平凡的世界》"}
9      //声明人文社科类的切片 humanities 并初始化赋值
10     var humanities=[]string{"《实践论》","《论语译注》","《资治通鉴选》","《简单的逻辑学》","《简明世界历史读本》","《史记选》"}
11     //声明自然科学类的切片 naturalSciences 并初始化赋值
12     var naturalSciences = []string{"《天工开物》", "《十万个为什么》", "《科学发现纵横谈》", "《数学家的眼光》"}
13     //声明艺术类的切片 art,使用切片动态添加元素的特性,通过 append() 函数添加变量元素
14     var art []string
15     art = append(art, "《世界美术名作二十讲》", "《京剧欣赏》", "《中乐寻踪》", "《交响音乐欣赏》", "《设计,无处不在》")
16     //声明 map 的 key/value 类型
17     var bookMap map[string][]string
18     //通过 make() 函数初始化 bookMap 集合,构造内存地址
19     bookMap=make(map[string][]string)
20     //通过 key/value 映射文学类、人文社科类、自然科学类、艺术类的 value
21     bookMap["文学"]=literatures
22     bookMap["人文社科"]=humanities
23     bookMap["自然科学"]=naturalSciences
24     bookMap["艺术"]=art
25     fmt.Println("图书分类:", reflect.ValueOf(bookMap).MapKeys())
26     fmt.Println("文学类:",bookMap["文学"])
27     fmt.Println("人文社科类:",bookMap["人文社科"])
28     fmt.Println("自然科学类:",bookMap["自然科学"])
29     fmt.Println("艺术类:",bookMap["艺术"])
30 }
```

以上程序的运行结果如图 2-2-3 所示。

```
图书分类:［文学 人文社科 自然科学 艺术］
文学类:［《宋词选》《徐霞客游记》《鲁迅杂文选读》《家》《平凡的世界》］
人文社科类:［《实践论》《论语译注》《资治通鉴选》《简单的逻辑学》《简明世界历史读本》《史记选》］
自然科学类:［《天工开物》《十万个为什么》《科学发现纵横谈》《数学家的眼光》］
艺术类:［《世界美术名作二十讲》《京剧欣赏》《中乐寻踪》《交响音乐欣赏》《设计,无处不在》］

Process finished with the exit code 0
```

图 2-2-3　例 2-2-2 的程序运行结果

程序解读:

（1）在上述程序第 8～12 行中，我们使用 var 声明了 3 个字符串型切片并对元素进行了初始化赋值，第 14～15 行声明字符串型切片，并调用 append() 函数对切片添加变量元素。

（2）在上述程序第 17 行中，我们使用 var 声明 map，key 为字符串型变量，value 为字符串型切片，第 19 行使用 make() 函数对第 17 行声明的 map 进行初始化，并构建内存地址。

（3）在上述程序第 21～24 行中，我们通过 key/value 对 map 中字符串型变量 key 与字符

串型切片 value 进行映射。

（4）在上述程序第 25 行中，我们使用了 reflect.ValueOf()中的 MapKeys()函数输出 map 中的 key，第 26～29 行分别打印 map 中 key 映射的 value。

💡提示

（1）map 是引用类型，声明 map 之后默认的 value 为 nil，不指向任何内存地址，因此无法赋值，需要通过 make()函数分配内存地址后再进行赋值。

（2）同为引用类型的切片可以通过 append()函数向 nil 切片添加新元素，这是因为 append()函数在底层为切片重新分配了相关数组，让 nil 切片指向了具体的内存地址。

（3）在上述程序中，定义 bookMap 的 key 为字符串型的变量，value 为字符串型的切片，在赋值时需要注意 key 和 value 的类型。

使用二维数组与
切片排序商品信息

2.2.4　进阶技能

进阶一：多维数组与切片排序

在电商平台中，我们都是以行和列的布局来展示商品的，这样不仅使页面简洁、美观，还能让用户较为清晰地选择商品。上述程序示例都是以行方式展示所有元素，在下面的程序示例中，我们将根据表 2-2-1 所示的布局方式，使用二维数组对商品排序并打印内容，如例 2-2-3 所示。

表 2-2-1　二维数组布局方式示意

白洋淀纪事	青春之歌	创业史	艺海拾贝
我与地坛	草房子	焰火	呼兰河传

程序示例：【例 2-2-3】使用二维数组与切片排序商品信息

```
1   package main
2   import "fmt"
3   func main(){
4       //声明一个 2 行 4 列的二维数组 literature
5       var literature[2][4]string
6       literature[0][0]="白洋淀纪事"
7       literature[0][1]="青春之歌"
8       literature[0][2]="创业史"
9       literature[0][3]="艺海拾贝"
10      literature[1][0]="我与地坛"
11      literature[1][1]="草房子"
12      literature[1][2]="焰火"
13      literature[1][3]="呼兰河传"
14      fmt.Println("数组 literature 中: ")
15      //打印第一行第四列的图书名称
16      fmt.Printf("\t 第一行第四列的图书名称为：《%s》\n",literature[0][3])
17      //打印第二行第三列的图书名称
18      fmt.Printf("\t 第二行第三列的图书名称为：《%s》\n",literature[1][2])
19      //声明一个二维切片 literatureScience，并初始化赋值第一行元素
```

```
20    var literatureScience=[][]string{{"稻草人","诗经选","古文观止","文心"},{}}
21    //通过 append() 函数对第二行添加 4 列元素
22    literatureScience[1]=append(literatureScience[1],"赵树理选集")
23    literatureScience[1]=append(literatureScience[1],"老残游记")
24    literatureScience[1]=append(literatureScience[1],"甲骨文的故事")
25    literatureScience[1]=append(literatureScience[1],"闻一多诗选")
26    fmt.Println("切片 literatureScience 中: ")
27    //打印第一行第四列的图书名称
28    fmt.Printf("\t 第一行第四列的图书名称为: 《%s》\n",literatureScience[0][3])
29    //打印第二行第三列的图书名称
30    fmt.Printf("\t 第二行第三列的图书名称为: 《%s》\n",literatureScience[1][2])
31 }
```

以上程序的运行结果如图 2-2-4 所示。

程序解读:

（1）在上述程序第 5 行中，我们使用 var 声明了一个 2 行 4 列的二维数组 literature，第 6～13 行通过索引方式对声明的 2 行 4 列数组元素赋值，第 16～18 行使用 fmt.Printf()函数打印二维数组中第一行第四列和第二行第三列的元素，其中\t 表示水平制表符，%s 表示字符串型占位符。

（2）在上述程序第 20 行中，我们声明了一个二维切片 literatureScience，并初始化赋值第一行元素，第 21～25 行使用 append()函数对二维切片 literatureScience 的第二行添加 4 列元素，其中 literatureScience[1]表示二维切片的第二行，第 28～30 行使用 fmt.Printf()函数打印二维切片中的第一行第四列和第二行第三列的元素。

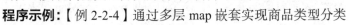

```
数组literature中:
    第一行第四列的图书名称为: 《艺海拾贝》
    第二行第三列的图书名称为: 《焰火》
切片literatureScience中:
    第一行第四列的图书名称为: 《文心》
    第二行第三列的图书名称为: 《甲骨文的故事》

Process finished with the exit code 0
```

图 2-2-4 例 2-2-3 的程序运行结果

进阶二: 多层 map 嵌套

在电商平台中，数据的信息量较大，当需要检索特定元素时，数组和切片仅通过索引的方式难以快速检索到目标元素，使用 key/value 方式则可以根据 key 匹配对应的元素。在下面的程序示例中，我们将通过多层 map 嵌套的方式实现商品类型分类并打印内容，如例 2-2-4 所示。

通过多层 map 嵌套
实现商品类型分类

程序示例:【例 2-2-4】通过多层 map 嵌套实现商品类型分类

```
1  package main
2  import (
3      "fmt"
4      "reflect"
5  )
6  func main(){
7      //声明一个文学类的切片 literatures 并初始化赋值
```

```
8      var literatures = []string{"《宋词选》","《徐霞客游记》","《鲁迅杂文选读》","《家》","《平凡的世界》"}
9      //声明一个人文社科类的切片 humanities 并初始化赋值
10     var humanities = []string{"《实践论》","《论语译注》","《资治通鉴选》","《简单的逻辑学》","《简明世界历史读本》","《星火燎原精选本》","《史记选》","《颜氏家训译注》","《哲学鸟飞罗系列》"}
11     //声明多层 map 嵌套 bookRegion,并通过 make() 函数初始化
12     var bookRegion = make(map[string]map[string][]string)
13     //声明 map 的 key/value
14     var bookMap map[string][]string
15     //通过 make() 函数初始化 bookMap, 构造内存地址
16     bookMap = make(map[string][]string)
17     //通过 key/value 映射文学类、人文社科类的 value
18     bookMap["文学"] = literatures
19     bookMap["人文社科"] = humanities
20     //将类型为 map 的变量 bookMap 作为 value 映射到 bookRegion 的 key 中
21     bookRegion["图书"] = bookMap
22     //打印图书区域下的分类
23     fmt.Printf("图书区域下的分类：%s\n",reflect.ValueOf(bookRegion["图书"]).MapKeys() )
24     //打印图书区域下文学类的 value
25     fmt.Printf("图书区域下的文学类图书：%s\n",bookRegion["图书"]["文学"])
26  }
```

以上程序的运行结果如图 2-2-5 所示。

程序解读：

（1）在上述程序第 8~10 行中，我们使用 var 声明了字符串类型切片 literatures、humanities 并初始化赋值。

（2）在上述程序第 12 行中，我们使用 var 声明了多层 map 嵌套集合 bookRegion，外层 map 以字符串型变量为 key，以 map 类型变量为 value，内层 map 以字符串型变量为 key，以字符串型切片为 value。

（3）在上述程序第 14 行中，我们使用 var 声明了以字符串型变量为 key、字符串型切片为 value 的 map bookMap，第 16~21 行使用 make() 函数初始化 bookMap 集合，将字符串型切片 literatures、humanities 以及 map bookMap 作为 value 映射到多层 map 嵌套集合 bookRegion 的相应 key 中。

（4）在上述程序第 23~25 行中，我们使用 fmt.Printf() 函数打印 bookRegion 中的 key 以及 value；reflect.ValueOf(bookRegion["图书"]).MapKeys() 为反射函数用法，将在后续项目中详细介绍；bookRegion["图书"]["文学"] 表示打印 key 为"图书"对应的 map bookMap 下 key 为"文学"的 value。

```
图书区域下的分类：[文学 人文社科]
图书区域下的文学类图书：[《宋词选》 《徐霞客游记》 《鲁迅杂文选读》 《家》 《平凡的世界》]

Process finished with the exit code 0
```

图 2-2-5 例 2-2-4 的程序运行结果

进阶三：切片与数组的转换

在电商平台中，我们通过数组、切片方式分类商品，由于数组与切片类型不同，无法正常将数组元素与切片元素互换，例 2-2-5 通过 copy() 函数实现数组与切片的转换，以实现商品信息备份。

通过切片与数组的
转换实现商品信息
备份

程序示例：【例 2-2-5】商品信息备份

```
1  package main
2  import "fmt"
3  func main(){
4      //定义元素数量为3的文学类数组 literatures 并初始化数组元素
5      var literatures = [3]string{"《宋词选》","《徐霞客游记》","《鲁迅杂文选读》"}
6      //定义切片 literaturesBackup，构造内存长度元素数量为3
7      literaturesBackup := make([]string,3)
8      //copy()函数将数组元素复制到 literaturesBackup 切片中，将数组直接复制到切片是无法通过
编译的，所以我们要使用[:]将数组伪装为切片后再复制
9      copy(literaturesBackup,literatures[:])
10     fmt.Println(literaturesBackup)
11     //声明自然科学类切片 naturalSciences 并初始化赋值
12     var naturalSciences = []string{"《天工开物》", "《十万个为什么》", "《科学发现纵
横谈》", "《数学家的眼光》"}
13     //定义元素数量为4的数组 naturalSciencesBackup
14     naturalSciencesBackup := [4]string{}
15     //copy()函数将切片元素复制到伪装为切片的数组中
16     copy(naturalSciencesBackup[:],naturalSciences)
17     fmt.Println(naturalSciencesBackup)
18  }
```

以上程序的运行结果如图 2-2-6 所示。

程序解读：

在上述程序中，我们在第 5 行使用 var 声明了元素数量为 3 的文学类数组 literatures 并初始化数组元素，第 7 行使用 make() 函数构造内存长度为 3 的切片 literatureBackup，第 9 行使用 copy() 函数将数组元素复制到切片中，第 12 行使用 var 声明了自然科学类切片 naturalSciences 并初始化赋值，第 14 行定义元素数量为 4 的数组 naturalScienceBackup，第 16 行使用 copy() 函数将切片元素复制到伪装为切片的数组中，第 10 行和第 17 行打印切片与数组中元素值。

```
[《宋词选》 《徐霞客游记》 《鲁迅杂文选读》]
[《天工开物》 《十万个为什么》 《科学发现纵横谈》 《数学家的眼光》]

Process finished with the exit code 0
```

图 2-2-6 例 2-2-5 的程序运行结果

💥**提示**

（1）数组与切片相互转换时，需要使用[:]将数组伪装为切片后再进行赋值，否则无法通过编译。

（2）数组与切片相互转换时，数组与切片中的元素类型必须相同。

任务 2.3　选择商品类型

2.3.1　任务分析

电商平台中的商品类型繁多，为了方便用户挑选，平台需要根据商品的类型实现筛选功能。在 Go 语言中，对不同类型的商品进行选择时，需要用到 if 语句和 switch 语句，它们能够通过不同的条件去筛选商品的类型，最终帮助用户确定要购买的商品。

在本任务中，我们将会学习 if 语句和 switch 语句的相关理论知识及使用方法，使用 if 语句与 map 根据商品名称判断商品的类型，使用 switch 语句根据商品的价格判断商品的配置。

流程控制语句

2.3.2　相关知识

1. if 语句

与其他编程语言一样，使用 Go 语言的编程者需要通过流程控制语句来控制程序的逻辑走向和执行次序。在 Go 语言中，if 关键字构成的条件判断语句实现程序的条件判断，不同的 if 语句的分支结构格式如下。

（1）单分支。

```
if 条件表达式 {
    执行代码
}
```

（2）双分支。

```
if 条件表达式 {
    执行代码
}else{
    执行代码
}
```

（3）多分支。

```
if 条件表达式 {
    执行代码
}else if 条件表达式 {
    执行代码
}
......
else{
    执行代码
}
```

if 语句一般由关键字 if、条件表达式和由花括号包裹的代码块组成。所谓代码块，就是包含若干表达式和语句的序列。在 Go 语言中，代码块必须由花括号包裹。另外，条件表达式是指其运算结果类型是布尔型的表达式。

（4）if 语句使用注意事项。

① if 语句不需要将条件包含在圆括号()中。

② 无论代码块内有几条语句，花括号{}都是必须存在的。

③ 左花括号{必须与 if 或者 else 处于同一行。

④ 在 if 之后、条件表达式之前，可以添加初始化变量的语句，使用 ";" 间隔。

⑤ 在有返回值的函数中，不允许将 "最终的" return 语句包含在 if...else...结构中，否则会编译失败。

2. switch 语句

switch 语句常基于大量的不同条件来执行不同动作，每一个条件对应一个 case 分支。switch 语句的执行过程从上至下，直到找到匹配项，匹配项后面不需要再加 break（break 在任务 2.4 会进行详细讲解）。每一个 switch 语句只能包含一个可选的 default 分支，若没有找到匹配项，会默认执行 default 分支中的代码块，基础语法如下。

（1）有表达式。

```
switch 表达式{
case value1, value2:
//case 后的条件可以是多个值
    执行代码 1
case value3:
    执行代码 2
……
default:
    //若以上条件都不满足，则执行下面的语句
    执行代码 n
}
```

（2）无表达式。

```
switch {
case 条件表达式 1:
    执行代码 1
case 条件表达式 2:
    执行代码 2
……
default:
    //若以上条件都不满足，则执行下面的语句
    执行代码 n
}
```

2.3.3　实操过程

步骤一：通过 if 语句根据商品名称判断商品类型

在本步骤中，程序实现的功能是根据商品名称判断商品类型，涉及的知识点主要为 if 语句。通过 if 语句对输入的内容进行判断，设计流程图如图 2-3-1 所示。

根据流程图不难看出，if 语句的判断条件是查看元素是否在 map 中，为此设计程序如例 2-3-1 所示。

通过 if 语句根据商品
名称判断商品类型

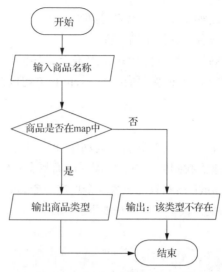

图 2-3-1　通过 if 语句判断商品类型

程序示例：【例 2-3-1】通过 if 语句根据商品名称判断商品类型

```
1  package main
2  import "fmt"
3  func main() {
4     var commoditylMap map[string]string
5     // 创建 map
6     commoditylMap = make(map[string]string)
7     // 向 map 中插入 key / value, 添加各个商品的类型
8     commoditylMap["中国古代服饰研究"] = "书籍"
9     commoditylMap["华为平板 "] = "数码产品"
10    commoditylMap["格力空调 "] = "家电"
11    commoditylMap["九阳电饭煲"] = "厨房电器"
12    // 查看元素是否在 map 中
13    commodity, ok := commoditylMap["中国古代服饰研究"]
14    // 如果 ok 为真, 则表示元素存在, 否则不存在
15    if ok {
16       fmt.Println("中国古代服饰研究的类型是: ",commodity)
17    } else {
18       fmt.Println("该类型不存在")
19    }
20 }
```

以上程序的运行结果如图 2-3-2 所示。

程序解读：

在上述程序中，我们首先定义 map 类型变量 commoditylMap，然后在此变量中插入 4 个 key/value，最后查找 key 为 "中国古代服饰研究" 的 value，程序最终的执行结果为书籍。

```
中国古代服饰研究的类型是:  书籍

Process finished with the exit code 0
```

图 2-3-2　例 2-3-1 的程序运行结果

步骤二：通过 switch 语句根据商品名称判断商品类型

在本步骤中，程序实现的功能是根据商品名称判断商品类型，涉及的知识点主要是 switch 语句，设计流程图如图 2-3-3 所示。

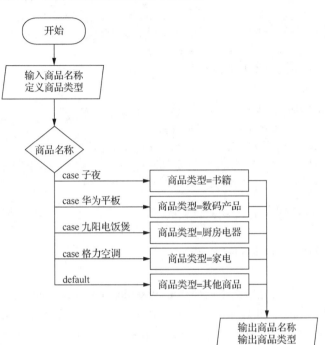

通过 switch 语句
根据商品名称判断
商品类型

图 2-3-3　通过 switch 语句判断商品类型

从图 2-3-3 中可以看出，当商品名称与类型匹配上之后，会执行对应的分支语句，然后结束程序。如果都没有匹配上，则会执行 default 语句。设计程序如例 2-3-2 所示。

程序示例：【例 2-3-2】通过 switch 语句根据商品名称判断商品类型

```
1   package main
2   import "fmt"
3   func main() {
4       // 定义局部变量，classification 用于存放商品类型，commodity 代表用户当前选择的商品名称
5       var classification string
6       var commodity string = "子夜"
7       switch commodity {
8       case "子夜":
9           classification = "书籍"
10      case "华为平板":
11          classification = "数码产品"
12      case "九阳电饭煲":
13          classification = "厨房电器"
14      case "格力空调":
15          classification = "家电"
```

```
16      default:
17          classification = "其他商品"
18      }
19      switch {
20      case classification == "书籍":
21          fmt.Printf("您选择的图书是: %s\n", commodity)
22      case classification == "数码产品":
23          fmt.Printf("您选择的数码产品是: %s\n", commodity)
24      case classification == "厨房电器":
25          fmt.Printf("您选择的厨房电器是: %s\n", commodity)
26      case classification == "家电":
27          fmt.Printf("您选择的家电是: %s\n", commodity)
28      default:
29          fmt.Printf("您选择的商品是: %s\n", commodity)
30      }
31      fmt.Printf("您的商品类型是: %s\n", classification)
32  }
```

以上程序的运行结果如图 2-3-4 所示。

程序解读：

在上述程序中，我们首先定义了局部变量 classification 和 commodity，然后通过 switch 语句对 commodity 进行判断，此处 switch 语句中共定义了 5 种商品类型，分别为书籍、数码产品、厨房电器、家电以及其他商品，根据代码对 commodity 进行判断，最终 classification 的值为"书籍"。第二个 switch 语句中展示了无表达式的 switch 语句，根据 classification 的值输出商品名称，最终打印判断结果。

图 2-3-4　例 2-3-2 的程序运行结果

提示

switch/case 语句之后是一个表达式，case 语句后的各个表达式值的数据类型必须和 switch 语句的表达式的数据类型一致，并且可以带多个表达式，使用逗号间隔，表达式如果是常量，则不能重复。switch 语句之后也可以不带表达式，使用方法类似于 if...else...分支，switch 语句之后还可以直接声明一个变量，以分号结束。如果在 case 语句中增加 fallthrough，则会强制执行后面的 case 语句，并且不会判断下一条 case 的表达式结果是否为真，也叫 switch 穿透。

2.3.4　进阶技能

进阶一：在 if 语句的条件表达式中使用关系运算符

在开发电商平台的过程中，我们对 if 语句的不当使用会造成阅读和维护困难，进而导致程序错误的出现。接下来，我们将学习优化 if...else...代码的方案，并通过运算符调整商品价格。

以商品价格为例，当商品价格大于 100 元的时候，让商品价格下降 1 元，并判断商品数量是否等于 10，如果商品数量等于 10 则商品数量加 1；当商品价格小于等于 100 的时候，则商品价格和数量都不变。设计流程图如图 2-3-5 所示，并根据流程图设计程序如例 2-3-3 所示。

使用 if 语句判断商品价格

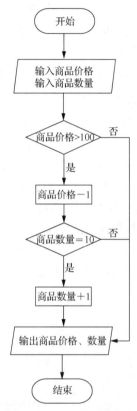

图 2-3-5　判断商品价格

程序示例：【例 2-3-3】使用 if 语句判断商品价格

```go
1  package main
2  import "fmt"
3  var price float64
4  var number int
5  func main() {
6      //商品价格
7      price = 123.45
8      //商品数量
9      number = 10
10     //判断商品价格是否大于100
11     if price >100  {
12         price--
13         //判断商品数量是否等于10
14         if number== 10{
15             number++
16         }
17         fmt.Println(price)
```

```
18          fmt.Println(number)
19     }
20 }
```

以上程序的运行结果如图 2-3-6 所示。

程序解读：

在上述程序第 11～19 行中，我们使用了 if 语句嵌套，首先外层的 if 语句会判断 price 是否大于 100，当 price 大于 100 的时候（即此时条件为真），会对 price 进行减 1 的操作，其次执行内嵌的 if 语句，并在内嵌的 if 语句执行结束后打印 price 和 number 的值。内嵌的 if 语句会判断 number 是否等于 10，当 number 等于 10 的时候会对 number 进行加 1 操作。

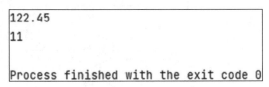

图 2-3-6 例 2-3-3 的程序运行结果

添加 else 分支判断商品价格并打印商品信息

在例 2-3-3 中，程序中仅实现了 if 分支的内容，即当商品价格小于等于 100 的时候不执行任何的操作。但在现实情况中，当一个条件不满足的时候，往往会执行另一种方案，因此我们可以在 if 分支之上添加 else 分支，设计流程图如图 2-3-7 所示，并根据流程图设计程序如例 2-3-4 所示。

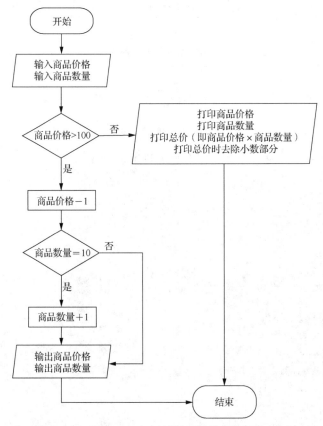

图 2-3-7 添加 else 分支判断商品价格并打印商品信息

程序示例：【例 2-3-4】添加 else 分支判断商品价格并打印商品信息

```
1   package main
2   import "fmt"
3   var price float64
4   var number int
5   func main() {
6       //商品价格
7       price = 23.45
8       //商品数量
9       number = 10
10      //判断商品价格是否大于100
11      if price > 100 {
12          price--
13          //判断商品数量是否等于10
14          if number== 10{
15              number++
16          }
17          fmt.Println(price)
18          fmt.Println(number)
19      }else{
20          fmt.Println(int(price))
21          fmt.Println(number)
22          fmt.Println(int(price)*number)
23      }
24  }
```

以上程序的运行结果如图 2-3-8 所示。

程序解读：

（1）在上述程序第 19 行中，else 分支是在 if 分支的条件不成立的情况下需要执行的操作。因此当商品价格小于等于 100 的时候，会执行 else 分支里面的语句。

（2）在上述程序第 22 行中，我们使用 int()函数将 price 从 float64 类型转换为整型，实现 prcie 去除小数部分的操作。需要注意的是，整型数据和浮点型数据是不能直接运算的，需要先进行类型转换。在使用 int()函数转换数据类型的时候，并非采用数学上的"四舍五入"原理，而是直接丢弃小数部分。

（3）由于 else 分支的条件也可以使用 if 语句实现，因此我们不难从上述程序中看出 if 语句还支持"串联"。上述程序相当于把多条 if 语句串联在了一起，这种情况多用于对多个条件的综合判断。

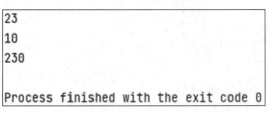

图 2-3-8　例 2-3-4 的程序运行结果

在上述程序中，我们使用了单独的语句来声明变量并为它赋值，我们还可以把这样的变量赋值直接加入 if 子句，在 if 子句中对 price 变量进行声明（注意：未声明变量不能直接使用）。

为此，在原有基础上设计一个当商品价格等于 100 时求出商品价格和最大商品数量的程序，设计流程图如图 2-3-9 所示，并根据流程图设计程序如例 2-3-5 所示。

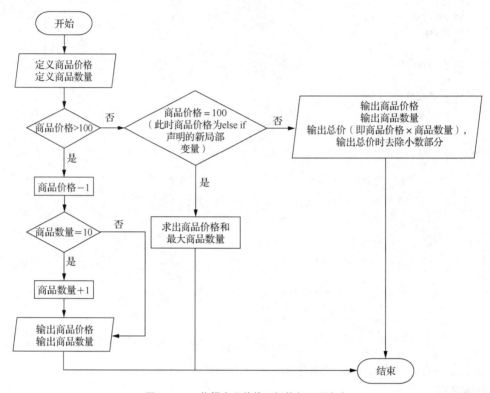

图 2-3-9　依据商品价格区间执行不同内容

在 if 子句中对变量赋值并打印商品信息

程序示例：【例 2-3-5】在 if 子句中对变量赋值并打印商品信息

```go
1  package main
2  import (
3      "fmt"
4      "math"
5  )
6  var price float64
7  var number int
8  func main() {
9      //商品价格
10     price = 23.45
11     //商品数量
12     number = 10
13     //判断商品价格是否大于100
14     if price >100 {
15         price--
16         //判断商品数量是否等于10
17         if number == 10{
18             number++
19         }
20         fmt.Println(price)
21         fmt.Println(number)
```

```
22      }else if price := 100.0;price == 100{
23          fmt.Println(price)
24          fmt.Println(float64(number))
25          fmt.Println(math.Max(price, float64(number)))
26      }else{
27          fmt.Println(int(price))
28          fmt.Println(number)
29          fmt.Println(int(price)*number)
30      }
31  }
```

以上程序的运行结果如图 2-3-10 所示。

程序解读：

（1）在上述程序第 22 行中，price:=100.0 被称为 if 语句的初始化子句，它应被放置在 if 关键字和条件表达式之间，并用空格与前者分隔，用英文分号 ";" 与后者分隔。":=" 为简短格式的变量声明语句，即 price:=100.0 表示在声明变量 price 的同时为它赋值 100.0。此时，值为 100.0 的 price 会被视为一个新的变量,但它的作用域仅在其所在的 if 语句代表的代码块中,即值为 100.0 的变量 price 对该 if 语句之外的代码来说是不可见的,因此在第 23～30 行以外的 price 的值为 23.45。

（2）在上述程序第 25 行中，使用了 math 包中的 Max()函数（关于包的详细内容会在项目 3 当中进行学习，这里了解即可），该函数是 Go 语言预先定义好的内置函数，用于求出两个 float64 类型数据中的最大值。因此对于整型的 number 变量需要使用 float64()函数来进行数据类型转换。

（3）通过程序解读（1）可以知道第 22 行的 price 是一个新的变量，虽然它与第 6 行定义的 price 的类型是一样的，但是程序并没有报错，这是因为涉及另外一个知识点：变量的重声明（关于变量的重声明会在后续项目中学习和使用，这里了解即可）。

```
100
10
100

Process finished with the exit code 0
```

图 2-3-10 例 2-3-5 的程序运行结果

进阶二：fallthrough 的使用

switch/case 语句在匹配成功后不会执行后续其他 case 语句，如果我们需要无条件强制执行后面的 case 语句，则可以使用 fallthrough 关键字。如例 2-3-6 所示。

fallthrough 的使用

程序示例：【例 2-3-6】fallthrough 的使用

```
1   package main
2   import "fmt"
3   func main() {
4       switch {
5       //false, 肯定不会执行
6       case false:
7           fmt.Println("case 1 为 false")
8           fallthrough
```

```
9        //true, 肯定执行
10       case true:
11           fmt.Println("case 2 为 true")
12           fallthrough
13       //由于上一个 case 中有 fallthrough, 即使是 false, 也强制执行
14       case false:
15           fmt.Println("case 3 为 false")
16           fallthrough
17       default:
18           fmt.Println("默认 case")
19       }
20   }
```

以上程序的运行结果如图 2-3-11 所示。

程序解读：

在上述程序中，switch 语句省略了条件表达式，表达式由其下面的 case 语句给出。

```
case 2为 true
case 3为 false
默认 case

Process finished with the exit code 0
```

图 2-3-11 例 2-3-6 的程序运行结果

进阶三：根据价格判断商品配置

在电商平台的订单系统中，我们会在程序中设定好商品相应配置的价格范围，最终实现根据输入价格判断商品属于什么配置。为此，设计流程图如图 2-3-12 所示，并根据流程图设计程序，如例 2-3-7 所示。

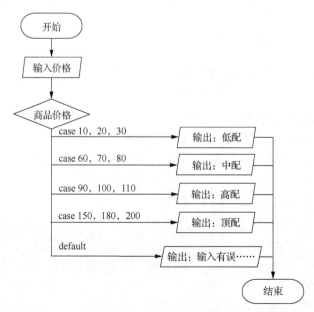

图 2-3-12 根据价格判断配置

程序示例：【例 2-3-7】根据商品价格判断商品配置

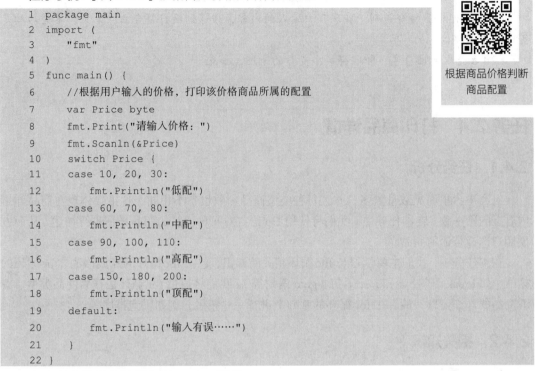

根据商品价格判断
商品配置

```
1  package main
2  import (
3      "fmt"
4  )
5  func main() {
6      //根据用户输入的价格，打印该价格商品所属的配置
7      var Price byte
8      fmt.Print("请输入价格: ")
9      fmt.Scanln(&Price)
10     switch Price {
11     case 10, 20, 30:
12         fmt.Println("低配")
13     case 60, 70, 80:
14         fmt.Println("中配")
15     case 90, 100, 110:
16         fmt.Println("高配")
17     case 150, 180, 200:
18         fmt.Println("顶配")
19     default:
20         fmt.Println("输入有误……")
21     }
22 }
```

以上程序的运行结果如图 2-3-13 所示。

程序解读：

在上述程序中，我们把价格为 10 元、20 元、30 元的商品设定为低配，价格为 60 元、70元、80 元的商品设定为中配，价格为 90 元、100 元、110 元的商品设定为高配，价格为 150元、180 元、200 元的商品设定为顶配，其他价格数值则反馈输入有误，当程序执行后，程序会根据输入价格判断商品属于什么配置。

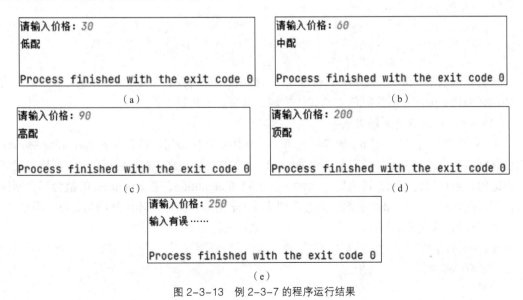

图 2-3-13　例 2-3-7 的程序运行结果

💡提示

（1）Scanln()函数会识别、获取用户输入的内容，当遇到换行符会立即结束，不论后续是否还存在需要输入的内容。

（2）&是取地址符号，即取得某个变量的地址，如&a。

任务 2.4　打印商品详情

2.4.1　任务分析

电商平台里商品数量繁多，并且每种类型商品参数也各不相同，这主要体现在商品详情内容上的不一致。在本任务中，我们将使用 Go 语言对每种商品的商品详情进行描述，从而方便用户选择合适的商品。

在本任务中，我们主要学习与 for 循环相关的知识，包括 for 循环的经典语法、for 循环的拓展（如 break 语句、continue 语句、goto 语句等）。我们将通过 for 循环去搜索商品类型、查看商品的详细信息，最后在 for 循环的基础上进行一些拓展，例如冒泡排序等。

2.4.2　相关知识

1. for 循环

循环控制

不同于其他编程语言，Go 语言没有 while 关键字，不存在 while 循环，Go 语言中的循环逻辑是通过 for 关键字实现的。for 循环是一个循环控制结构，可以执行指定次数的循环，从而让程序多次执行相同的代码块。在 Go 语言中，for 循环是唯一的循环结构，for 循环使用较多的地方就是遍历数组或切片。

（1）for 循环经典语法。

```
for init; condition; post {
    执行代码
}
```

在上述语法中，init 一般为赋值表达式，给控制变量赋初值；condition 为条件表达式，为循环控制条件；post 一般为赋值表达式，控制变量增量或减量。

（2）for 循环的 3 种循环方式。

① 常见的 for 循环，即 for 循环经典语法，支持初始化语句。首先对表达式 init 赋初值；然后判别赋值表达式 init 是否满足给定的 condition，若其值为真，满足循环条件，则执行循环体内语句；最后执行 post，进入第二次循环，再判别 condition，若 condition 的值为真，则执行循环体内语句，若 condition 的值为假，则终止 for 循环，执行循环体外语句，以此类推。

② 条件表达式控制循环。

```
for 条件表达式{
    执行代码
}
```

这种循环类似于 C 语言中的 while 循环，当满足条件时会进入循环。进入循环后，当条件不满足时会跳出循环。

③ 无限循环。

```
for {
    执行代码
}
```

这种循环会不断执行花括号中的代码，也称作死循环，通常会配合 break 关键字使用。

2. break 语句

break 语句可以用来结束 for 循环，无论 for 循环还有几次执行，当遇到 break 语句时都会立即停止，并且可以在 break 语句后面添加标签，表示退出标签对应的代码块。break 语句后面如果不带标签，则默认跳出最内层的 for 循环。

3. continue 语句

continue 语句可以立即结束当前循环体中的逻辑，开始下一次循环。和 break 语句类似，continue 语句后面也可以添加标签，表示开始标签所对应的循环。

4. goto 语句

goto 语句用于代码间的无条件跳转。

2.4.3　实操过程

步骤一：根据商品名称查看商品详情

电商平台中商品类型繁多，有时需要根据商品名称查看商品详情。为此，我们设计一个名为 commodity1Map 的 map 存储数据，然后使用 for 循环打印输出，流程图如图 2-4-1 所示，程序如例 2-4-1 所示。

根据商品名称查看商品详情

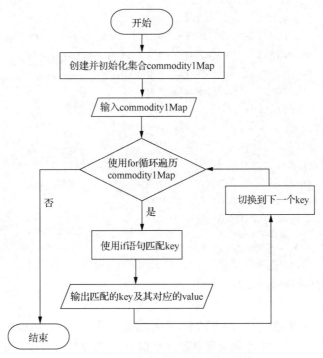

图 2-4-1　根据商品名称查看商品详情

程序示例：【例 2-4-1】根据商品名称查看商品详情

```
1  package main
2  import "fmt"
3  func main() {
4      var commoditylMap map[string]string
5      // 创建 map
6      commoditylMap = make(map[string]string)
7      // 向 map 中插入 key/value，添加各个商品的类型
8      commoditylMap["中国古代服饰研究"] = "书籍"
9      commoditylMap["华为平板"] = "数码"
10     commoditylMap["格力空调"] = "家电"
11     commoditylMap["九阳电饭煲"] = "厨房电器"
12     // 使用 key 输出商品详情
13     for key := range commoditylMap {
14         if key == "中国古代服饰研究" {
15             fmt.Println(key, "的商品类型是", commoditylMap[key])
16             fmt.Println("商品类别:", commoditylMap[key])
17             fmt.Println("图书名称:", key)
18             fmt.Println("图书作者: 沈从文")
19             fmt.Println("图书分类: 艺术")
20         } else if key == "华为平板" {
21             fmt.Println(key, "的商品类型是", commoditylMap[key])
22             fmt.Println("商品类别:", commoditylMap[key])
23             fmt.Println("商品名称:", key)
24             fmt.Println("商品厂商: 华为")
25             fmt.Println("商品分类: 平板")
26         } else if key == "格力空调" {
27             fmt.Println(key, "的商品类型是", commoditylMap[key])
28             fmt.Println("商品类别:", commoditylMap[key])
29             fmt.Println("商品名称:", key)
30             fmt.Println("商品厂商: 格力")
31             fmt.Println("商品分类: 空调")
32         } else if key == "九阳电饭煲" {
33             fmt.Println(key, "的商品类型是", commoditylMap[key])
34             fmt.Println("商品类别:", commoditylMap[key])
35             fmt.Println("商品名称:", key)
36             fmt.Println("商品厂商: 九阳")
37             fmt.Println("商品分类: 电饭煲")
38         }
39     }
40 }
```

以上程序的运行结果如图 2-4-2 所示。

程序解读：

在上述程序中，我们通过 Go 语言的 for 循环去查询商品详情，通过 map 定义 4 种商品的信息，分别为书籍、数码、家电和厨房电器，根据 if 判断商品的名称，确认商品名称之后打

印对应商品的详细信息。程序中使用了 range 关键字，每一次迭代，range 会产生一对 commoditylMap 的 key 和 value，在本例中只使用了 key，因此 value 没有写出。

```
中国古代服饰研究 的商品类型是 书籍
商品类别：书籍
图书名称：中国古代服饰研究
图书作者：沈从文
图书分类：艺术
华为平板 的商品类型是 数码
商品类别：数码
商品名称：华为平板
商品厂商：华为
商品分类：平板
格力空调 的商品类型是 家电
商品类别：家电
商品名称：格力空调
商品厂商：格力
商品分类：空调
九阳电饭煲 的商品类型是 厨房电器
商品类别：厨房电器
商品名称：九阳电饭煲
商品厂商：九阳
商品分类：电饭煲

Process finished with the exit code 0
```

图 2-4-2　例 2-4-1 的程序运行结果

步骤二：计算商品总价

用户在电商平台选定要购买的商品后，就需要计算出商品总价。为此，我们设计一个名为 commoditylMap 的 map 去存储商品的价格，然后使用 for 循环对价格进行累加求和，流程图如图 2-4-3 所示，程序如例 2-4-2 所示。

计算商品总价

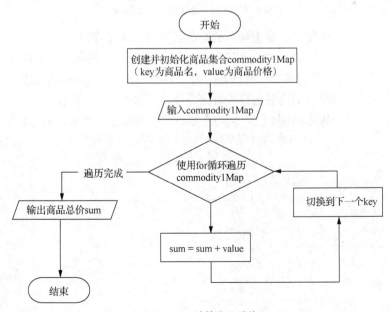

图 2-4-3　计算商品总价

程序示例：【例 2-4-2】计算商品总价

```
1  package main
2  import "fmt"
3  func main() {
4      var commoditylMap map[string]int
5      // 创建 map
6      commoditylMap = make(map[string]int)
7      //向 map 中插入 key/value，添加各个商品的价格
8      commoditylMap["海尔冰箱"] = 1500
9      commoditylMap["小天鹅洗衣机"] = 800
10     commoditylMap["海信电视"] = 1200
11     commoditylMap["美的热水器"] = 200
12     // 计算商品总价
13     sum := 0
14     for _, i := range commoditylMap {
15         sum = sum + i
16     }
17     fmt.Println(sum)
18 }
```

以上程序的运行结果如图 2-4-4 所示。

程序解读：

在上述程序中，我们先创建商品的名称与价格的 map，然后根据 map 中商品的价格计算出商品的总价。在程序中，我们需要通过 range 取得 commoditylMap 的值，从而进行累加求和，但是 Go 语言不允许存在无用的临时变量，因此使用了空白标识符 "_" 来抛弃每次迭代产生的无用 key。

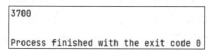

```
3700

Process finished with the exit code 0
```

图 2-4-4　例 2-4-2 的程序运行结果

根据输入的商品
名称查看商品详情

步骤三：根据输入的商品名称查看商品详情

在步骤一中，我们通过 for 循环实现了根据商品名称查看商品详情，接下来，我们将尝试通过 for 循环结合 break 语句、goto 语句以及 map 等方法，根据输入的商品名称查看商品详情，如例 2-4-3 所示。

程序示例：【例 2-4-3】根据输入的商品名称查看商品详情

```
1  package main
2  import "fmt"
3  func main() {
4      var commodityName string
5      var commoditylMap map[string]string
6      // 创建集合
7      commoditylMap = make(map[string]string)
8      // 向集合插入 key/value 对，添加各个商品的类型
9      commoditylMap["雾"] = "书籍"
10     commoditylMap["雨"] = "书籍"
11     commoditylMap["家"] = "书籍"
12     commoditylMap["电"] = "书籍"
```

```
13      for country := range commoditylMap {
14          fmt.Println("请输入商品名称:")
15          fmt.Scanln(&commodityName)
16          if commodityName == "雾" {
17              goto book
18          } else if commodityName == "雨" {
19              goto book
20          } else if commodityName == "家" {
21              goto book
22          } else if commodityName == "电" {
23              goto book
24          } else if commodityName == "无" {
25              fmt.Println("输入有误,请重新输入!!!")
26              break
27          }
28      book:
29          fmt.Println("商品类别:", commoditylMap[country])
30          fmt.Println("商品名称:", commodityName)
31          fmt.Println("图书作者: 巴金")
32          fmt.Println("图书分类: 文学")
33          fmt.Printf("\n")
34          break
35      }
36  }
```

以上程序的运行结果如图 2-4-5 所示。

程序解读:

在上述程序中,我们使用 Go 语言的 for 循环结合 break 语句、goto 语句以及 map 等相关知识,实现通过输入的商品名称查看商品的详情。此处共配置了 4 种商品的详情信息,分别是《雾》《雨》《家》和《电》,当输入这 4 种商品名称的时候,程序便会展示相关商品的详情信息,如果输入其他商品,会提示重新输入。

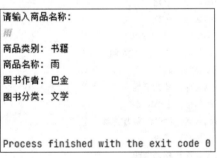

图 2-4-5　例 2-4-3 的程序运行结果

2.4.4　进阶技能

进阶一: 循环嵌套

在电商平台中,商品类型及商品名称数不胜数,Go 语言可以通过 for 语句的循环嵌套去搜索、查询商品的详细信息,下面我们将一起学习如何实现 for 语句的循环嵌套,如例 2-4-4 所示。

根据商品名称查询
商品类型和价格

程序示例：【例 2-4-4】根据商品名称查询商品类型和价格

```
1  package main
2  import (
3     "fmt"
4  )
5  func main() {
6     commodityName := map[string]string{"书籍": "子夜", "数码": "华为平板", "家电": "格力空调", "厨房电器": "九阳电饭煲"}
7     priceMap := map[string]float32{"子夜": 49.99, "华为平板": 2788.88, "格力空调": 3999.99, "九阳电饭煲": 379.8}
8     n := make(map[string]string)
9     for Type, Name1 := range commodityName {
10        fmt.Println("请输入商品名称:", Name1)
11        for Name2 := range priceMap {
12           if Name1 == Name2 {
13              n[Name1] = Name2
14              fmt.Println("商品类型:", Type)
15              fmt.Println("商品名称:", Name1)
16              fmt.Println("商品价格:", priceMap[Name1])
17           }
18        }
19     }
20 }
```

以上程序的运行结果如图 2-4-6 所示。

程序解读：

在上述程序第 6～7 行中，我们使用 map 定义了商品信息。在第 9～19 行中，我们使用循环嵌套实现根据商品名称去查询商品类型和价格。

```
请输入商品名称: 子夜
商品类型: 书籍
商品名称: 子夜
商品价格: 49.99
请输入商品名称: 华为平板
商品类型: 数码
商品名称: 华为平板
商品价格: 2788.88
请输入商品名称: 格力空调
商品类型: 家电
商品名称: 格力空调
商品价格: 3999.99
请输入商品名称: 九阳电饭煲
商品类型: 厨房电器
商品名称: 九阳电饭煲
商品价格: 379.8

Process finished with the exit code 0
```

图 2-4-6　例 2-4-4 的程序运行结果

进阶二：商品价格冒泡排序

在电商平台中，商品价格各有差异，在筛选商品时，我们可以根据商品价格进行排序，以便于我们根据自身需求去选择商品。Go 语言可以通过 for 循环对商品价格进行排序，实现升序或者降序，下文中我们将介绍使用循环嵌套完成排序的方法，如例 2-4-5 所示。

对商品价格进行
冒泡排序

程序示例：【例 2-4-5】根据商品价格排序

```
1  package main
2  import "fmt"
3  func main() {
4      //使用切片定义 4 种不同商品的价格
5      slice := []float64{888.8, 686.8, 999.9, 345.9}
6      fmt.Println("排序前: ", slice)
7      //冒泡排序，规律：先内层（每一轮）再外层，内层 len(slice)-1-i 次,外层 len(slice)-1
8      for i := 0; i < len(slice)-1; i++ {
9          for j := 0; j < len(slice)-1-i; j++ {
10             if slice[j] > slice[j+1] {
11                 temp := slice[j]
12                 slice[j] = slice[j+1]
13                 slice[j+1] = temp
14             }
15         }
16     }
17     fmt.Println("排序后: ", slice)
18 }
```

以上程序的运行结果如图 2-4-7 所示。

程序解读：

在上述程序中，我们首先定义了 4 种商品的价格，然后使用循环嵌套进行排序。以第一轮排序为例，首先从第一个元素开始并与第二个元素进行比较，如果第一个元素的值比第二个元素的值大就进行交换，然后比较第二个元素和第三个元素（无论前两个元素是否交换），直到所有的相邻元素比较完毕，则第一轮结束。当除了最后一个元素之外的所有元素都重复以上步骤之后便完成了对商品价格的排序。该方法也被称为冒泡排序，是交换排序的一种。

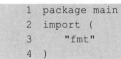

```
排序前:  [888.8 686.8 999.9 345.9]
排序后:  [345.9 686.8 888.8 999.9]

Process finished with the exit code 0
```

图 2-4-7　例 2-4-5 的程序运行结果

进阶三：给商品添加编号信息

在电商平台中，商品过多将导致管理不便，因此可以使用 Go 语言中 for 循环遍历数组的方法对商品添加编号，从而对商品进行管理，下文中我们将介绍 for 循环遍历数组的使用方法，如例 2-4-6 所示。

给商品添加编号
信息

程序示例：【例 2-4-6】给商品添加编号信息

```
1  package main
2  import (
3      "fmt"
4  )
```

```
5  func main() {
6      //定义数组，并初始化 4 种商品的名称
7      commodityName := [4]string{"雾", "雨", "家", "电"}
8      //创建 map
9      commodityNumName := make(map[int]string)
10     //遍历数组，添加编号信息
11     for Num, Name := range commodityName {
12         Num++
13         commodityNumName[Num] = Name
14     }
15     //打印结果
16 myfor:
17     for Num, Name := range commodityNumName {
18         fmt.Println("商品编号:", Num)
19         fmt.Println("商品名称:", Name)
20         fmt.Printf("\n")
21         continue myfor
22     }
23 }
```

以上程序的运行结果如图 2-4-8 所示。

程序解读：

在上述程序中，我们首先初始化了 4 种商品的名称，然后通过 Go 语言的 for 循环去遍历数组，并添加编号信息，商品编号从 1 开始。

图 2-4-8　例 2-4-6 的程序运行结果

【项目小结】

本项目通过电商平台中的商品案例，带领大家学习了基本数据类型、组合数据类型、运算以及程序控制结构。本项目知识点归纳如下：

（1）关键字与标识符。

（2）变量和常量的概念。

（3）基本数据类型。

（4）运算符和表达式。

（5）组合数据类型。

（6）程序控制结构。

【巩固练习】

一、选择题

1. 下面不属于 Go 语言关键字的是（　　）。

　　A. func　　　　　　B. class　　　　　　C. map　　　　　　D. interface

2. 下面 Go 语言声明变量方式中，语法错误的是（　　）。

　　A. var str string　　B. str := ""　　　　C. var str = ""　　　D. str =""

3. 下面关于 Go 语言常量，说法正确的是（　　）。

　　A. 常量与变量一样声明，可以直接使用:=语法声明

　　B. 常量不可以保证编译阶段就计算出表达式的值

　　C. 常量可以是任意的数据类型

　　D. Go 语言中可以通过 const 关键字定义常量

4. 下面不属于 Go 语言运算符的是（　　）。

　　A. 算术运算符　　　B. 关系运算符　　　C. 基础运算符　　　D. 位运算符

5. 下面关于 Go 语言数组，说法正确的是（　　）。

　　A. 数组可以由不同类型数据组合

　　B. 数组的索引从 1 开始计算

　　C. 数组中元素可以为任何数据类型

　　D. 数组索引引用超过指定范围时，数值为空

6. 下面关于 Go 语言切片，说法正确的是（　　）。

　　A. 切片的长度可以改变

　　B. 切片中能够访问任意长度值，访问索引超过切片时为空

　　C. 切片是引用类型

　　D. 切片可以通过 append()函数扩展元素

7. 下面关于 Go 语言的 map，说法正确的是（　　）。

　　A. map 是无序的 key/value 集合

　　B. map 既可以通过 index 获取数值，也可以通过 key 检索数值

　　C. map 是一种引用类型，长度不固定

　　D. map 的 key 只可以为字符串型或整型

8. 下面关于条件判断语句，说法正确的是（　　）。

　　A. if 语句中左花括号{可以不与表达式同一行

　　B. else 与匹配的左花括号{必须在同一行

　　C. if 表达式前可以添加执行语句

　　D. switch 语句基于不同条件执行不同动作

9. 下面关于循环语句，说法正确的有（　　　）。

　　A. 循环语句既支持关键字 for，也支持关键字 while 和 do-while

　　B. 关键字 for 的基本使用方法与 C/C++中没有任何差异

　　C. for 循环支持 continue 语句和 break 语句来控制循环

　　D. for 循环不支持以逗号为间隔的多个赋值语句，必须使用平行赋值的方式来初始化多个变量

10. 关于 switch 语句，下面说法正确的有（　　　）。

　　A. 条件表达式必须为常量或者整型

　　B. 单个 case 语句中，可以出现多个结果选项

　　C. 需要用 break 语句来明确退出一个 case 语句

　　D. 只有在 case 语句中明确添加 fallthrough 关键字，才会继续执行紧跟的下一个 case 语句

二、填空题

1. 在横线上，使用 var 关键字分别通过标准格式声明字符串型变量 a，批量格式声明浮点型变量 b、整型变量 c。

```
package main
func main(){

    _____
    _____
    _____
    _____

}
```

2. 在横线上，使用 var 关键字声明元素数量为 3 的字符串型数组 strList、整型切片 numList。

```
package main
func main(){

    _____
    _____

}
```

3. 在横线上，使用 var 关键字声明元素数量为 3 的字符串型数组 strList，并初始化元素值 "好好学习""天天向上""做社会主义接班人"；定义整型切片 numList，并初始化元素值为 1、2、3。

```
package main
func main(){

    _____
    _____

}
```

4. 在横线上，使用 var 关键字声明整型切片 numList，通过 append()函数添加元素值 1、2、3 到切片 numList 中。

```
package main
func main(){

    _____
    _____

}
```

5. 在横线上，使用 var 关键字声明 key 为字符串型、value 为整型的 map digit，添加元素值 "one" 为 1、"two" 为 2、"three" 为 3。

```
package main
func main(){



}
```

6. 下面程序的运行结果是＿＿＿＿＿＿＿。

```
for i := 0; i < 5; i++ {
    fmt.Printf("%d ", i)
}
```

7. 下面程序的运行结果是＿＿＿＿＿＿＿。

```
func main() {
    x := []string{"a", "b", "c"}
    for v := range x {
        fmt.Print(v)
    }
    for v := range x {
        fmt.Print(x[v])
    }
}
```

8. 下面程序的运行结果是＿＿＿＿＿＿＿。

```
func main() {
x := []string{"a", "b", "c"}
    for _, v := range x {
        fmt.Print(v)
    }
}
```

9. 下面程序的运行结果是＿＿＿＿＿＿＿。

```
func main() {
    strs := []string{"one", "two", "three"}
    for _, s := range strs {
        go func() {
            time.Sleep(1 * time.Second)
            fmt.Printf("%s ", s)
        }()
    }
    time.Sleep(3 * time.Second)
}
```

三、简答题

1. Go 语言中变量的声明有几种方式？分别是哪几种？
2. Go 语言中数据类型分为几类？分别是哪几类？
3. Go 语言中运算符优先级最高的是什么？优先级最低的是什么？
4. Go 语言中数组和切片的区别是什么？
5. Go 语言中 break 语句和 continue 语句的区别是什么？

四、程序改错题

1. 修改下面代码，使其正常运行。

```go
package main
import (
    "fmt"
)
func main() {
    var f int
    f =100.50
    fmt.Println(f)
}
```

2. 修改下面代码，使其正常运行。

```go
package main
import (
    "fmt"
)
func main() {
    var strList=[2]string{"好好学习","天天向上","社会主义接班人"}
    var numList=[]int{60,70,85.5,99.9}
    fmt.Println(strList,numList)
}
```

3. 修改下面代码，使其正常运行。

```go
package main
import (
    "fmt"
)
func main() {
    var mapCreated map[string]int
    mapCreated['key1'] = 4.5
    mapCreated['key2'] = 3.14
    fmt.Println(mapCreated)
}
```

4. 修改下面代码，使其正常运行。

```go
package main
import (
    "fmt"
)
func main() {
    var str ="enter"
    if str = "enter"
    {
        fmt.Println("欢迎进入")
    else
        fmt.Println("期待进入")
    }
}
```

5. 修改下面代码，使其正常运行。

```go
package main
import (
    "fmt"
```

```
)
func main() {
    mapList = map[string]int{
        "one": 15.92,
        "two": 3.14,
    }
    for key, value in range mapList {
        fmt.Println(key, value)
    }
}
```

五、编程题

1. 从键盘输入 3 个数分别为 a、b、c，打印其中最大的数。

2. 输入一个数，判断它能否被 3 或者 5 整除，如至少能被这两个数中的一个整除则将此数打印，否则不打印，编出能实现上述要求的程序。

3. 输入 1~7 的某个数，打印表示一星期中相应的某一天的单词，如 Monday、Tuesday 等。使用 switch 语句实现。

4. 打印 2~100 的质数。

5. 打印九九乘法表。

项目 3

掌握 Go 语言函数应用

项目导读

本项目共 4 个任务，在这 4 个任务中，我们将一同学习 Go 语言的函数定义、函数创建、函数变量、指针创建、匿名函数的使用、包管理、测试函数的使用和延迟语句的使用等内容。我们会通过理论结合案例的形式学习不同环境下函数的使用规则及方法，通过组建商城购物流程来充分学习 Go 语言中关于函数部分的内容。

本项目所要达成的目标如下表所示。

任务 3.1	创建商城购物车
知识目标	1. 能够概括函数的使用环境及特性，并掌握函数创建及函数定义中各参数的作用； 2. 能够说出函数变量的定义及不同声明格式； 3. 能够概括指针的使用环境，并说明指针各个操作符的作用及不同意义
技能目标	1. 能够通过定义函数的方式来实现基本的数学运算； 2. 能够在定义函数时通过不同方式传参； 3. 能够将指针与函数结合使用实现取赋值操作
素质目标	1. 具备一丝不苟的工匠精神； 2. 具有多元化、多角度综合思考以及创新能力
教学建议	本任务建议教学 3 个学时，其中 1.5 个学时完成理论教学，另 1.5 个学时完成实践内容讲授及实操。教师可以结合配套的多媒体资源以及本书配套的习题实施线上线下的混合式教学

任务 3.2	打印购物车商品信息
知识目标	1. 能够说出 Go 语言中关于访问权限的限制及规则； 2. 能够描述匿名函数的声明格式及使用环境； 3. 能够描述闭包的声明格式及特殊环境； 4. 能够说出函数多种返回值的方法及不同传参方法； 5. 能够概括关于包的概念、各个目录的作用以及不同包之间的调用规则
技能目标	1. 能够通过定义不同返回值的方法给变量传参； 2. 能够使用匿名函数来完成正常传参及赋值操作； 3. 能够通过闭包的方式生成数列； 4. 能够通过编写不同规则的包来区分 Go 语言中定义的访问规则
素质目标	1. 具备一丝不苟的工匠精神； 2. 具有多元化、多角度综合思考以及创新能力

续表

教学建议	本任务建议教学 3 个学时，其中 2 个学时完成理论教学，另 1 个学时完成实践内容讲授及实操。教师可以结合配套的多媒体资源以及本书配套的习题实施线上线下的混合式教学

任务 3.3 修改购物车商品信息

知识目标	1. 能够描述变参函数的使用场景及声明格式； 2. 能够描述递归函数的使用场景及形成环境； 3. 能够说出递归函数的声明方法及参数意义
技能目标	1. 能够区分可变参数的不同定义方法； 2. 能够区分可变参数的不同传参方式生成的结果； 3. 能够通过定义递归函数的方式计算数字阶乘； 4. 能够通过定义递归函数的方式计算斐波那契序列
素质目标	1. 具备一丝不苟的工匠精神； 2. 具有多元化、多角度综合思考以及创新能力
教学建议	本任务建议教学 2 个学时，其中 1 个学时完成理论教学，另 1 个学时完成实践内容讲授及实操。教师可以结合配套的多媒体资源以及本书配套的习题实施线上线下的混合式教学

任务 3.4 删除购物车商品信息

知识目标	1. 能够概述 defer 语句的定义及使用环境； 2. 能够说出 Go 语言中自带的 Test 功能测试函数作用； 3. 能够概述单元测试、性能测试、覆盖率测试的意义
技能目标	1. 能够通过将 defer 放置在不同位置，实现不同的打印效果； 2. 能够编写单元测试函数； 3. 能够编写性能测试函数； 4. 能够编写覆盖率测试函数
素质目标	1. 具备一丝不苟的工匠精神； 2. 具有多元化、多角度综合思考以及创新能力
教学建议	本任务建议教学 2 个学时，其中 1 个学时完成理论教学，另 1 个学时完成实践内容讲授及实操。教师可以结合配套的多媒体资源以及本书配套的习题实施线上线下的混合式教学

任务 3.1 创建商城购物车

3.1.1 任务分析

电商平台中的商品类型及数量数不胜数，我们在开发电商平台时，经常需要统计商品类型和商品数量。在代码开发过程中，我们会遇到很多和上述统计功能类似的操作，这些操作通常由同一段代码完成，函数的使用可以避免重复编写这些代码，从而保证代码的简洁性，达成代码的高质量开发和应用。函数的作用就是把相对独立的某个功能抽象出来，使之成为一个独立的代码功能单元。

在本任务中，我们将会通过编写函数实现电商平台中商品数量或类型的统计功能。Go 语言中对于函数的定义有自己的规范，通过本任务，我们将掌握函数的定义、函数的创建、函数的变量、指针作为函数的参数等知识。

函数

3.1.2. 相关知识

1. 函数定义

在之前的学习中，我们会发现 Go 程序都有一个 main()函数，实际上，我们还可以通过添加其他函数来实现不同功能。Go 语言标准库提供了多种可用的内置函数，例如 len()函数可以接收不同类型参数并返回该类型参数的长度。如果我们传入的是字符串，则返回字符串的长度，如果传入的是数组，则返回数组中包含的元素个数。

在 Go 语言中，函数构成了代码执行的逻辑结构，函数的基本组成为：关键字 func、函数名、参数列表、返回列表、函数体。实际上，每一个程序都包含很多函数，函数是基本的代码块。因为 Go 语言是编译型语言，所以函数编写的顺序是无关紧要的。

编写函数的主要目的是将一个需要很多行代码的复杂问题分解为一系列简单的任务来解决，同一个任务（函数）可以被多次调用，这有助于代码的重用。当函数执行到代码块最后一行"}"或者 return 语句时会退出，return 语句可以不带或带多个返回值，这些值将作为结果返回给调用者使用，return 语句还可以用来结束 for 循环或者一个进程。

Go 语言中的函数拥有诸多特性，同时也会有很多限制条件，这就要求我们在使用时需要重点注意。

（1）Go 语言函数的支持特性。

① 支持参数数量不固定（可变参数）。

② 支持匿名函数及闭包。

③ 支持函数本身作为值传递。

④ 支持函数的延迟执行。

⑤ 支持把函数作为接口调用。

⑥ 无须前置声明。

⑦ 不支持命名嵌套定义。

⑧ 不支持同名函数重载。

⑨ 不支持默认参数。

⑩ 支持命名返回值。

⑪ 支持多返回值。

（2）Go 语言里面的 3 种函数。

① 命名函数。

② 匿名函数或者 Lambda()函数。

③ 方法。

2. 函数创建

（1）函数声明。

在 Go 语言中，函数的声明以关键字 func 为标识，具体格式如下。

```
func 函数名(参数列表) (返回列表){
    函数体
}
```

上述语法说明如下。

① func：func 为关键字。

② 函数名：函数名由字母、数字和下画线构成，但是函数名不能以数字开头，且在同一个包内函数名不可重复。注意：可简单地将包理解为文件夹，在任务 3.2 中会详细介绍包的相关概念。

③ 参数列表：参数列表中的每个参数都由参数名称和参数类型两部分组成，每个参数都被视为函数的局部变量。函数的参数数量可以不固定，Go 语言函数支持可变参数。

④ 返回列表：返回列表中的每个参数由返回的参数名称和参数类型组成，也可称为返回值类型列表。有些函数不需要返回值，这种情况下返回列表不是必需的。

⑤ 函数体：函数体指函数的主体代码逻辑，若函数有返回列表，则函数体中必须有 return 语句来返回该列表。

（2）函数参数。

函数可以有一个或者多个参数，函数参数分为形式参数和实际参数两种。Go 语言的函数还支持可变参数（简称"变参"），接受变参的函数可以拥有不定数量的参数。

① 形式参数：在定义函数时，用于接收外部传入数据的参数被称为形式参数，简称"形参"。

② 实际参数：在调用函数时，传给形参的实际数据被称为实际参数，简称"实参"。

（3）函数参数的传递方式。

函数参数的传递方式有两种，分别是值传递和引用传递。值传递是指在调用函数时将实参复制一份传递到函数中，这样在函数中如果对参数进行修改，将不会影响到实参。引用传递是指在调用函数时将实参的地址传递到函数中，若在函数中对参数进行修改，将影响到实参。在默认情况下，Go 语言所使用的是值传递，即在调用过程中不会影响到实参。Go 语言函数调用需遵守如下形式。

① 函数名称必须匹配。

② 实参与形参必须一一对应，如顺序、个数、类型等。

3. 函数变量

在 Go 语言中，函数也是一种数据类型，我们可以将其保存在变量中，可以通过 type 定义这种变量的类型。拥有相同参数和相同返回值的函数属于同一种类型，这种设计的优点是：既然函数是一种数据类型，我们就可以将其作为值进行传递。

函数变量的声明格式如下。

```
var 变量名称 func()
```

4. 指针创建

（1）声明指针。

在 Go 语言中，还有一种数据类型我们会经常见到，就是指针类型。Go 语言中的指针是一种地址值，这个地址值代表了计算机内存中的某个位置，指针变量就是存放该地址值的变量。一个指针变量就指向一个值的内存地址，我们在使用指针之前需要先声明指针，指针声明格式如下。

```
var var_name *var_type
```

其中，var_name 为指针变量名，var_type 为指针类型，*用于指定变量是一个指针。指针类型可以是我们前文中学到的变量与常量的数据类型，例如整型、浮点型等。

（2）取变量地址。

一个指针变量可以指向任何一个值的内存地址，它所指向值的内存地址在 32 位和 64 位计算机上分别占用 4 个和 8 个字节，占用字节的大小与所指向值的大小无关。指针变量名通常被定义为 ptr(指代 point)，当一个指针被定义后没有赋值任何地址时，它的默认值为 nil。每个变量在运行时都会拥有一个地址，这个地址代表变量在内存中的位置，Go 语言通过在变量名前面添加"&"操作符来获取变量的内存地址（取地址操作），其格式如下。

```
ptr := &v  //通过&取变量 v 的地址并赋值给 ptr
```

其中，v 代表被取地址的变量，变量 v 的地址使用变量 ptr 进行接收，假设变量 v 的类型为 T，则 ptr 的类型为*T，并称作 T 的指针类型，*代表指针。

（3）取指针地址。

指针变量存储的值为地址值，通过在指针变量前面加上"*"操作符可以获取指针地址。取地址操作符&和取值操作符*是一对互补操作符，使用&取出地址，使用*取出地址指向的内容。

变量、指针地址、指针变量、取地址、取值的相互关系和特性如下：

① 对变量进行取地址操作使用&操作符。

② 指针变量的值是地址。

③ 对指针变量进行取值操作使用*操作符，可以获得指针变量指向的原变量的值。

通过函数计算商品价格

3.1.3　实操过程

步骤一：通过函数计算商品价格

在本步骤中，我们将编写程序通过函数方式计算商品价格，通过定义加法运算掌握函数的基本使用，涉及的知识点主要包括变量的定义、函数的定义及使用，如例 3-1-1 所示。

程序示例：【例 3-1-1】通过函数计算商品价格

```
1   package main
2   import (
3       "fmt"
4   )
5   //定义一个函数，函数名为 addSub，参数为 x、y，类型为 float64，返回值为 sum，类型为 float64
6   func addSub(x float64, y float64) (sum float64) {
7       //定义函数体为加法计算，计算 x+y 的值
8       sum = x + y
9       //返回值为 sum
10      return sum
11  }
12  func main() {
13      //定义变量并赋值
14      bookPrice := 699.9
15      penPrice := 599.9
16      //调用函数，传递的参数为变量的值
17      sum := addSub(bookPrice, penPrice)
18      //输出结果
19      fmt.Println(bookPrice, "+", penPrice, "=", sum)
20  }
```

以上程序的运行结果如图 3-1-1 所示。

程序解读：

（1）在上述程序第 6～11 行中，我们定义了一个 addSub()函数，里面包含两个参数 x 和 y，数据类型都是 float64，返回参数列表为 sum。然后我们定义了函数体，函数体包含函数的主体代码逻辑，这里的主体代码逻辑是进行加法计算。

（2）在上述程序第 12～20 行中，我们首先定义了两个变量 bookPrice 和 penPrice 并赋值，随后调用函数，并将函数返回值赋值给 sum。这样在函数执行时，程序就会自动按照定义好的函数规则进行加法计算，并将计算结果返回。

```
699.9 + 599.9 = 1299.8

Process finished with the exit code 0
```
图 3-1-1　例 3-1-1 的程序运行结果

🖋**提示**

（1）在参数列表及返回值列表中，如果相邻的变量为相同的数据类型，则不必重复写出类型。如 addSub(x int, y int) 可写成 addSub(x, y int)，可将前面参数的类型省略。

（2）在定义函数体时，要明确想要执行的函数规则是什么，比如定义的是 x+y，那么后续调用函数时，只能执行 x+y，而不能执行其他值的累加。

（3）在上述程序中，我们一般将传入函数的变量 bookPrice、penPrice 称为实参，将函数中的参数 x、y 称为形参。变量 bookPrice、penPrice 通过值传递的方式将值赋给形参 x、y。

（4）addSub() 函数中的形参 x 和 y 作用域仅限于函数体内。

（5）main() 函数中定义的变量 sum 与 addSub() 函数中定义的局部变量 sum 完全无关，函数体内定义的变量，作用域仅限于函数体内。

步骤二：定义函数变量，计算商品折后价格

在本步骤中，我们将编写程序通过声明函数变量的方式计算商品折后价格，通过计算商品的"单价*折扣"来掌握函数的使用，涉及的知识点主要包括变量的定义、函数的定义及使用、数据类型转换，如例 3-1-2 所示。

计算商品折后价格

程序示例：【例 3-1-2】计算商品折后价格

```
1  package main
2  import (
3      "fmt"
4  )
5  //定义计算商品折后价格函数，包含两个 float64 类型的参数，分别表示单价和折扣，返回值为商品折后价格，为 float64 类型
6  func Total_price(price, discount float64) (real_price float64) {
7      //函数的主体代码逻辑为单价*折扣
8      real_price = price * discount
9      //返回商品折后价格
10     return real_price
11 }
12 func main() {
13     //定义商品书的原价、折扣（折扣用 float64 类型表示）
14     BOOK_price := 19.6
15     BOOK_discount := 0.8
16     //定义商品笔的原价、折扣（折扣用整型表示）
17     PEN_price := 29.1
18     PEN_discount := 7
19     //声明变量，使用定义的主体代码逻辑
20     var f1 func(price, discount float64) (real_price float64)
21     //将商品书折后价格函数赋给变量
```

```
22        f1 = Total_price
23        //通过上面定义的主体代码逻辑计算商品书的单价*折扣，并将结果赋值给商品书折后价格
24        BOOKreal_price := f1(BOOK_price, 主体代码 BOOK_discount)
25        //声明变量，使用定义的主体代码逻辑
26        var f2 func(price, discount float64) (real_price float64)
27        //将商品笔折后价格函数赋给变量
28        f2 = Total_price
29        //通过上面定义的主体代码逻辑计算商品笔的单价*折扣（其中折扣需要先由整型变成 float64 类
型，再除以 10 变成小数），并将结果赋值给商品笔折后价格
30        PENreal_price := f2(PEN_price, float64(PEN_discount)/10)
31        //分别打印商品书和商品笔的总价
32            fmt.Printf("商品书的原价是：%.2f,折扣是：%d 折，打折后的价格是：
%.2f\n",BOOK_price,int(BOOK_discount*10),BOOKreal_price)
33            fmt.Printf("商品笔的原价是：%.2f,折扣是：%d 折，打折后的价格是：
%.2f\n",PEN_price,PEN_discount,PENreal_price)
34 }
```

以上程序的运行结果如图 3-1-2 所示。

程序解读：

（1）在上述程序第 6～11 行中，我们定义了一个 Total_price()函数，里面包含 float64 类型的单价参数、折扣参数和商品折后价格返回值。因为在定义函数时相邻变量的数据类型相同就可以不用重复声明其类型，所以我们将第 6 行参数部分进行了简写。然后我们定义了函数体，函数体为函数的主体代码逻辑，在上述程序中，我们希望进行"*"运算来得到商品的折后价格，所以在函数体内使用了乘法。

（2）在上述程序第 12～33 行中，我们首先定义了商品书的原价和折扣，折扣使用 float64 类型表示，与 Total_price()函数的参数类型一致。然后声明了函数变量 f1，将定义好的 Total_price()函数赋值给变量 f1，随后通过调用 f1 返回商品折后价格。其次定义了商品笔的原价和折扣，折扣使用整型表示，与 Total_price()函数的参数类型不一致，因此在第 30 行中需先使用 float64()函数进行类型转换，然后除以 10 得到用小数表示的折扣。最后使用 fmt.Printf()函数对不同类型的数据进行格式化输出。

```
商品书的原价是：19.60,折扣是：8折，打折后的价格是：15.68
商品笔的原价是：29.10,折扣是：7折，打折后的价格是：20.37

Process finished with the exit code 0
```

图 3-1-2　例 3-1-2 的程序运行结果

💡**提示**

（1）函数变量 f1 声明后其初始值为 nil，Total_price()函数赋值给 f1 后，所有对 f1 的调用即为对 Total_price()函数的调用。

（2）函数变量可以用简短格式进行声明和初始化，即上述程序声明及赋值可以写成 f1 := Total_price。函数变量的声明和初始化推荐使用这种方式，可使代码更为简洁、美观。

3.1.4　进阶技能

进阶一：商品价格高低选择

在电商平台中，用户在选择商品时会通过对比商品价格来判断商品的性价比，这就需要对商

品价格进行比较。在 Go 语言中，我们可以通过定义 min()函数来选择最低价格的商品，商品价格高低选择程序流程图如图 3-1-3 所示，程序如例 3-1-3 所示。

商品价格高低选择

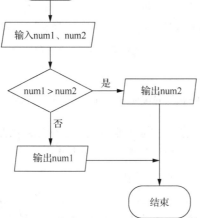

图 3-1-3　商品价格高低选择程序流程图

程序示例：【例 3-1-3】商品价格高低选择

```
1  package main
2  import (
3      "fmt"
4  )
5  //定义一个 min()函数、两个类型为 float64 的参数 num1 和 num2，返回值类型是 float64
6  func min(num1, num2 float64) float64 {
7      //声明变量
8      var result float64
9      //判断语句为 if num1 > num2
10     if num1 > num2 {
11         //将 num2 的值赋给 result
12         result = num2
13         //如果不匹配 if，则执行 else 语句
14     } else {
15         //将 num1 的值赋给 result
16         result = num1
17     }
18     //返回值为 result 的值
19     return result
20 }
21 func main() {
22     //定义局部变量
23     var BOOK_a float64 = 199.9
24     var BOOK_b float64 = 299.9
25     var ret float64
26     //调用函数并返回价格最低的那个
27     ret = min(BOOK_a, BOOK_b)
28     fmt.Println("同一商品的最低价格是: ", ret)
29 }
```

以上程序的运行结果如图 3-1-4 所示。

程序解读：

（1）在上述程序第 6～20 行中，我们定义了一个 min() 函数，意为取最小值。在定义 min()
函数时，定义了两个参数 num1 和 num2，数据类型都是 float64，返回值类型是 float64。在函数
体中定义了一个 if...else...判断语句，判断若 num1 大于 num2，则将 num2 的值赋给 result，否则
就执行 else 语句，将 num1 的值赋给 result。通过这个判断语句就能够将最小的值赋给 result。

（2）在上述程序第 21～29 行中，我们在 main() 函数中调用定义好的 min() 函数，实现输
出最低的商品价格。

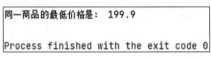

图 3-1-4　例 3-1-3 的程序运行结果

创建商城购物车

进阶二：创建商城购物车

在电商平台购物时，我们通常先将商品加入购物车，然后进行结算付
款。在 Go 语言中，我们可以通过定义函数来进行购物车的创建，如果发现
商品不在购物车中，可以执行将商品加入购物车的操作，购物车的创建程
序流程图如图 3-1-5 所示，程序如例 3-1-4 所示。

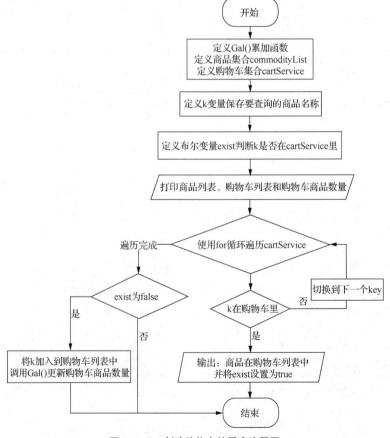

图 3-1-5　创建购物车的程序流程图

程序示例：【例 3-1-4】创建商城购物车

```
1  package main
2  import (
3      "fmt"
4  )
5  //定义一个 Gal() 的加 1 累加函数，参数是 x，数据类型是 int，返回参数是 sum，数据类型是 int
6  func Gal(x int) (sum int) {
7      sum = x + 1
8      return sum
9  }
10 //声明一个商品列表的 map，商品名称为字符串型，价格为 float64 类型
11 var commodityList = map[string]float64{
12     "《美学散步》": 19.9,
13     "《漫画的幽默》": 34.9,
14     "《我的音乐笔记》": 35.8,
15     "《艺术的故事》": 26.6,
16 }
17 //声明一个购物车列表的 map，商品名称为字符串型，价格为 float64 类型
18 var cartService = map[string]float64{
19     "《美学散步》": 19.9,
20     "《漫画的幽默》": 34.9,
21     "《艺术的故事》": 26.6,
22 }
23 func main() {
24     var k string = "《我的音乐笔记》"
25     //定义一个标志变量 exist，为布尔型，初始化为 false
26     var exist bool = false
27     //定义一个累加变量，通过 len() 函数获取 map 的长度
28     var amount int = len(cartService)
29     //分别打印初始商品列表、购物车列表和购物车商品数量
30     fmt.Println("商品列表为: ", commodityList)
31     fmt.Println("购物车列表为: ", cartService)
32     fmt.Println("购物车商品数量为: ", amount)
33     //遍历购物车列表，并将结果赋值给 item
34     for item := range cartService {
35         //定义条件判断语句，如果 item==k（即在购物车列表里可以寻找到《我的音乐笔记》），则
进行打印，并将标志变量置为 true
36         if item == k {
37             fmt.Println("商品已在购物车列表中", k)
38             exist = true
39             break
40         }
41     }
42     //如果商品《我的音乐笔记》不在购物车列表中，则将《我的音乐笔记》新增到购物车列表中
43     if !exist {
44         value := commodityList[k]
45         cartService[k] = value
46         amount = Gal(amount)
47         fmt.Println("新增商品名称为: ", k)
```

```
48        fmt.Println("购物车列表为: ", cartService)
49        fmt.Println("购物车商品数量为: ", amount)
50    }
51 }
```

以上程序的运行结果如图 3-1-6 所示。

程序解读：

（1）在上述程序第 6～9 行中，我们定义了一个累加函数用于计算商品数量。在第 11～22 行中，定义了两个 map，分别是商品列表和购物车列表，key 的数据类型为 string，value 的数据类型为 float64。

（2）在上述程序第 24～26 行中，我们定义了指定商品变量为 k，并赋值为《我的音乐笔记》，定义了标志变量 exist，初始化为 false，用于后续标记指定商品是否在购物车列表中，最后通过 len()函数获取当前 map 的长度。

（3）在上述程序第 34～39 行中，我们通过 for 循环遍历了购物车列表中的 key，通过和指定商品 k 进行对比判断指定商品是否在购物车列表中，如果在则将标志变量 exist 置为 true 并退出循环，如果不在则继续对比下一个元素。

（4）在上述程序第 43～48 行中，我们对标志变量 exist 是否为 false 进行了判断，如果为 false，说明指定商品不在购物车列表中，我们将从商品列表中取出指定商品信息，并新增到购物车列表中。最后通过调用 Gal()函数对商品数量进行加 1，并打印结果。

注：Go 语言中，列表元素的输出顺序是随机的。

```
商品列表为:   map[《我的音乐笔记》:35.8 《漫画的幽默》:34.9 《美学散步》:19.9 《艺术的故事》:26.6]
购物车列表为:  map[《漫画的幽默》:34.9 《美学散步》:19.9 《艺术的故事》:26.6]
购物车商品数量为: 3
新增商品名称为:  《我的音乐笔记》
购物车列表为:  map[《我的音乐笔记》:35.8 《漫画的幽默》:34.9 《美学散步》:19.9 《艺术的故事》:26.6]
购物车商品数量为: 4

Process finished with the exit code 0
```

图 3-1-6　例 3-1-4 的程序运行结果

提示

在两个 map 之间赋值时，不能直接赋值，而要先执行取值操作，再赋值给另一个 map；如果存在切片，则可以使用 append()函数直接赋值。

结合使用函数与指针类型

进阶三：结合使用函数与指针类型

在 Go 语言中，我们可以通过函数完成一些数据的处理，其中涉及一些变量的取值操作时，我们可以通过指针来实现这些操作，当函数与指针类型结合时，可以很方便地进行变量值的交换，如例 3-1-5 所示。

程序示例：【例 3-1-5】结合使用函数与指针类型

```
1 package main
2 import (
3     "fmt"
4 )
5 //定义交换函数，参数为 a、b，类型为指针类型
6 func swap(a, b *int) {
```

```
7      //取 a 指针的值内容，赋值给临时变量 t
8      t := *a
9      //取 b 指针的值内容，赋值给 a 指针所指向的变量
10     *a = *b
11     //将临时变量 t 的值赋给 b 指针指向的变量
12     *b = t
13  }
14  func main() {
15     //准备两个变量，分别赋值 1 和 2
16     x, y := 1, 2
17     ptr := &x
18     //打印 ptr 的类型
19     fmt.Printf("ptr type: %T\n", ptr)
20     //打印 ptr 的指针地址值
21     fmt.Printf("address: %p\n", ptr)
22     //对指针进行取值操作
23     temp := *ptr
24     //打印取值后的类型
25     fmt.Printf("temp type: %T\n", temp)
26     fmt.Printf("temp value: %d\n", temp)
27     fmt.Println("x 的初始值为：", x)
28     fmt.Println("y 的初始值为：", y)
29     //调用交换函数，交换变量值
30     swap(ptr, &y)
31     //打印变量值
32     fmt.Println("交换后 x 的值为：", x)
33     fmt.Println("交换后 y 的值为：", y)
34  }
```

以上程序的运行结果如图 3-1-7 所示。

程序解读：

（1）在上述程序第 6～13 行中，我们定义了一个 swap()函数，其带有 a 和 b 两个参数，都是*int 类型。在 swap()函数中，我们通过取值操作符*实现了交换 a 和 b 两个指针的内容。

（2）在上述程序第 16～28 行中，我们定义了两个整型变量 x 和 y，并分别赋值为 1 和 2，然后使用了取地址运算符&和取值操作符*，并打印结果。

（3）在上述程序第 30 行中，我们调用了 swap()函数，在参数中传入变量 x 和 y 的地址，最终实现了变量 x 和 y 的值的交换。

```
ptr type: *int
address: 0xc00000a098
temp type: int
temp value: 1
x的初始值为： 1
y的初始值为： 2
交换后x的值为： 2
交换后y的值为： 1

Process finished with the exit code 0
```

图 3-1-7 例 3-1-5 的程序运行结果

📢提示

在上述程序的 swap()函数中，我们可以使用多重赋值来使代码变得紧凑，代码如下。在使用多重赋值时，注意不要和多变量声明混淆。

```
func swap(a, b *int) {
    *a, *b = *b, *a
}
```

任务 3.2　打印购物车商品信息

3.2.1　任务分析

电商平台中存在琳琅满目的商品，这些商品的类型、用途、价格等都不一样，我们需要单独对每个商品的信息做定义。在 Go 语言中，我们可以通过定义函数的方式来传入商品信息，从而实现对商品信息格式的统一规划。

在本任务中，我们将通过学习匿名函数及闭包的使用来定义商品信息。在 Go 语言中，关于包的知识点十分重要，我们会在本任务进行详细介绍，其中还会涉及关于不同包之间的访问权限问题。我们在任务 3.1 中学习了函数的基本知识点，本任务也会针对函数的返回值问题再次进行探讨，所有知识点都会通过程序示例来进行展示。

3.2.2　相关知识

1. 访问权限

函数的使用

Go 语言没有像其他语言一样有 public、protected、private 等访问控制修饰符，它是通过字母大小写来控制可见性的。如果定义的常量、变量、类型、接口、结构体、函数等实体的名称是大写字母开头，则表示该实体能被其他包访问或调用（相当于 public），否则就只能在包内使用（相当于 private，变量或常量也可以由下画线开头）。Go 语言实体的访问权限总结如下：

（1）名称以小写字母开头的实体只在当前包中可见，可在当前包中直接使用；

（2）名称以大写字母开头的实体可以在其他包中可见，可导入使用。

2. 匿名函数

Go 语言支持匿名函数，旨在需要使用函数时再定义函数，匿名函数在 Go 语言中也被称作函数字面量。函数可以作为一种类型被赋值给函数类型的变量，匿名函数也往往以变量方式传递，这与 C 语言的回调函数比较类似，但 Go 语言支持随时在代码里定义匿名函数。Go 语言中的匿名函数是指不需要定义函数名的一种函数实现方式，由一个不带函数名的函数声明和函数体组成，匿名函数的定义格式如下。

```
func (参数列表)(返回列表){
    函数体
}
```

通过格式可以发现，匿名函数的定义就是没有函数名的普通函数定义。关于匿名函数，有如下两种常见使用方式。

（1）定义并同时调用匿名函数。在定义匿名函数时，可以通过在匿名函数后添加 "()" 的方式直接传入实参，从而完成匿名函数的调用过程。

（2）将匿名函数赋值给变量，通过函数变量实现调用。将匿名函数赋值给变量后，就可以直接调用函数变量来使用匿名函数。

Go 语言中除了匿名函数，还存在匿名变量，也被称为空标识符。若不想接收函数的某个返回值，可以使用匿名变量将该返回值抛弃，匿名变量由一个下画线 "_" 表示。使用匿名变量时，只需要在变量声明的地方使用下画线替换即可，但是不能将所有返回值都用匿名变量代替。

3. 闭包

Go 语言中存在一种特殊的匿名函数，即闭包。闭包是指引用了自由变量的函数，被引用的自由变量和函数一同存在，即使已经离开了自由变量的环境也不会被释放或者删除，在闭包中可以继续使用这个自由变量，因此我们可以认为：

函数 + 引用环境 = 闭包

一个函数类型就像结构体一样，可以被实例化，函数本身不存储任何信息，只有与引用环境结合后形成闭包才具有 "记忆性"，函数是编译期静态的概念，而闭包是运行期动态的概念。闭包（closure）在某些编程语言中也被称为 Lambda 表达式，是将函数内部和函数外部连接起来的 "桥梁"，可以理解成 "定义在一个函数内部的函数"。

4. 多返回值函数

在 Go 语言中定义函数时，会声明返回值参数及类型，Go 语言中支持多返回值，即我们在定义返回参数时可以定义多个，类型也可以是多个。多返回值能方便地获得函数执行后的多个返回参数。Go 语言中的多返回值有如下两种定义方式。

（1）类型返回值。

如果返回值只包含类型，则用括号将多个返回值类型括起来，用逗号分隔每个返回值类型。使用 return 语句返回时，值列表的顺序需要与函数声明时的返回参数类型顺序一致，类型返回值格式如下。

```
func 函数名(参数列表) (返回参数类型1,返回参数类型2){
    return value1,value2
}
```

但是，当出现同类型的多返回值时，我们就无法区分每个返回参数的意义了，所以这种纯类型的多返回值定义对于代码的可读性并不是很友好。

（2）命名返回值。

Go 语言还支持对返回值进行命名，这样返回值就和参数一样拥有变量名称和类型。对于命名返回值，返回值变量的默认值为该类型的默认值，即数字型的值为 0、字符串型的值为空字符串、布尔型的值为 false、指针类型的值为 nil 等。这类默认值在我们前文介绍变量类型时已经具体介绍。命名返回值格式如下。

```
func 函数名(参数列表) (返回值名称1 类型1, 返回值名称2 类型2){
    return
}
```

但是要注意，类型返回值和命名返回值两种方式只能二选一，混用时会发生编译错误。

5. 包管理

（1）GOPATH。

Go 语言通过目录结构来体现项目工程的结构关系，Go 代码必须放在工作区目录中。在 Go 语言中，我们可以把 GOPATH 直接理解为工作区，Go 语言中的很多操作基本上都是围绕 GOPATH 来进行的。GOPATH 并不是固定不变的，设置 GOPATH 的目的是告知 Go 编译器需要去哪里查找代码，包括本项目和外部项目的代码。GOPATH 包含 3 个子目录：bin 目录、pkg 目录和 src 目录，如图 3-2-1 所示。

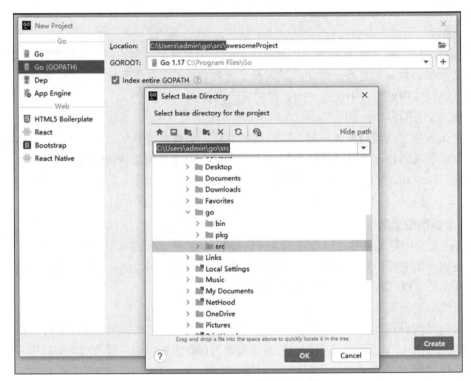

图 3-2-1　GOPATH 的各个子目录

其中各个子目录的作用如下。

① bin 目录：用于保存由 Go 程序编译源码文件生成的可执行文件。

② pkg 目录：用于存放经由 go get/install 命令构建安装后的代码包的.a 归档文件，同时也是编译生成的.lib 文件存储的地方。（go get/install 命令用于远程拉取或更新代码包及其所需的第三方依赖包，并自动完成编译和安装）

③ src 目录：用于以代码包的形式组织并保存 Go 源码文件（如.go/.c/.h/.s 等），同时也是 Go 编译时查找代码的地方。

GOPATH 是工作目录，也作为 import 包时的搜索路径，其中 src 目录必须包含所有的源码，这是 Go 命令行工具的强制规则，而 pkg 目录和 bin 目录则无须手动创建，Go 命令行工具在构建过程中会自动创建这些目录。

（2）GOROOT。

GOROOT 是 Go 语言的程序安装目录，设置 GOROOT 的目的是告知程序当前 Go 语言开发工具包的安装位置，如图 3-2-2 所示。

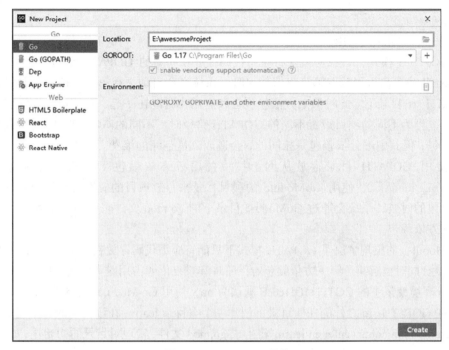

图 3-2-2　GOROOT 目录

（3）包。

Go 语言的包借助了目录树的组织形式，包的名称就是其源文件所在目录的名称，虽然 Go 语言没有强制要求包名必须和其所在的目录同名，但还是建议保持同名，这样项目结构会更清晰。包的一般用法如下：

① 包名一般是小写字母表示的，使用一个简短且有意义的名称。

② 包名一般要和所在的目录同名，也可以不同，包名中不能包含横杠和空格等特殊符号。

③ 包一般使用域名作为目录名，这样能够保证包名的唯一性，比如 GitHub 项目的包一般会放到 GOPATH/src/github.com/userName/projectName 目录下。

④ 包名为 main 的包是应用程序的入口包，编译不包含 main 包的源码文件时不会得到可执行文件。

⑤ 一个文件夹下的所有源码文件只能属于同一个包，同理，属于同一个包的源码文件不能放在多个文件夹下。

（4）包引用。

如果要在代码中引用其他包中的内容，需要使用 import 关键字导入要使用的包。具体语法如下。

```
import "包的路径/包名"
```

注意事项：

① import 导入语句通常放在源码文件开头、包声明语句的下面。

② 导入的包名需要使用双引号包裹起来。

③ 包名是从 GOPATH/src/后开始计算的，使用"/"进行路径分隔。

④ 若需要导入的包是 Go 语言标准库包，其存放在本地 GOROOT 目录中，可以直接调用，如果是远程服务器或者第三方接口的包，则需要在 import 后面加具体路径，在导入之前还需

要通过 go get 命令进行下载。

（5）Go Modules 的使用。

在 GOPATH 模式下，我们需要将应用代码存放在固定的 GOPATH/src 目录下；在执行 go get/install 命令来远程拉取第三方依赖包时，系统也会自动下载第三方依赖包并将其安装到 GOPATH/src 目录下。此时第三方依赖包会和应用代码混在一起，对项目文件管理造成麻烦。此外，当为不同的项目设置不同的 GOPATH 路径时，不同的 GOPATH 需要下载各自所需的依赖包，但其中部分依赖包是相同的，会造成磁盘空间的浪费。启用 Go Modules 之后，系统会使用 GOPATH 目录存放从网上拉取的第三方依赖包（第三方依赖包存储在 GOPATH/pkg/mod/下），使用 GoModule 的项目目录来存放项目的应用代码。当项目需要第三方依赖包的时候，系统会通过 GoModule 目录下的 go.mod 文件来引用 GOPATH/pkg/mod/下的第三方依赖包。

Go Modules 的出现解决了 GOPATH 模式下只能将应用代码存放在固定的 GOPATH/src 目录下的问题，同时也解决了第三方依赖包难以管理和重复依赖占用磁盘空间的问题。从 Go1.16 开始，Go 环境变量中的 GO111MODULE 默认为 on，使用 Go Modules 的基本步骤如下。

① 在 GOPATH/src 之外的任何目录下创建一个空目录 learn，在该目录的命令提示符窗口中输入 go mod init come.center.cn/learn，将生成 go.mod 文件，实现对目录的初始化，如图 3-2-3 所示。

图 3-2-3 目录的初始化运行结果

② 在 learn 目录下创建 demo 文件夹，在 demo 文件夹下创建 demo.go 文件，并在文件中写入如下代码。

```
1  package demo
2  import (
3      "fmt"
4  )
5  func PrintStr() {
6      fmt.Println("好好学习，天天向上")
7  }
```

③ 在 learn 目录下创建 main.go 文件，并在文件中写入如下代码。整个模块的文件结构如图 3-2-4 所示。

```
1  package main
2  import (
3      "come.center.cn/learn/demo"
4  )
```

```
5   func main() {
6       demo.PrintStr()
7   }
```

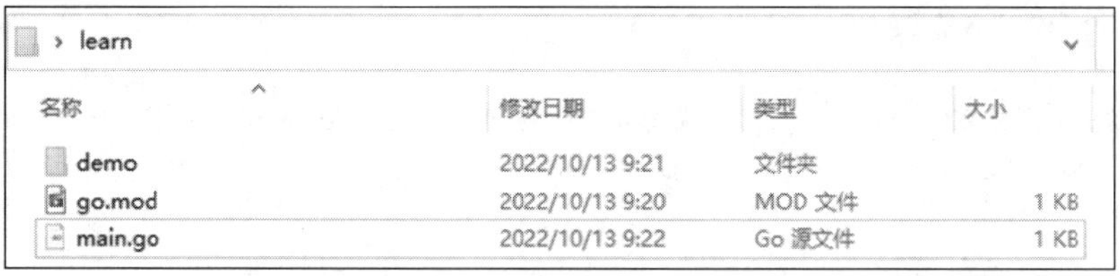

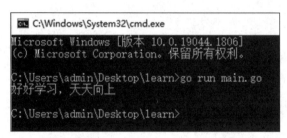

图 3-2-4　整个模块的文件结构

在命令提示符窗口中输入 go run main.go 运行程序，结果如图 3-2-5 所示。

```
C:\Windows\System32\cmd.exe
Microsoft Windows [版本 10.0.19044.1806]
(c) Microsoft Corporation。保留所有权利。

C:\Users\admin\Desktop\learn>go run main.go
好好学习，天天向上

C:\Users\admin\Desktop\learn>
```

图 3-2-5　输入 go run main.go 的运行结果

（6）包引用注意事项。

① 使用 Go Modules 可以不在 GOPATH 目录下创建项目。

② 使用 import 语句导入包时，使用的是包所属文件夹的名称。

③ 包中的变量、函数、结构体、方法等如果需要在当前包的外部调用，在命名时需要首字母大写。

④ 自定义包的包名不必与其所在文件夹的名称保持一致，但为了便于维护，建议保持一致。

⑤ 调用自定义包时，使用"包名.函数名"的方式，如上述的 demo.PrintStr()。

⑥ 在 Go 语言中，通过名称首字母大小写来控制变量、函数、结构体等实体的访问权限。如果实体名称以小写字母开头，则实体只在当前包中可见，可在当前包中直接使用。如果实体名称以大写字母开头，则实体是公共实体，在其他包中可见，可导入使用。

3.2.3　实操过程

步骤一：打印购物车商品信息（方法 1）

在电商平台中，我们会把商品都加入购物车，然后从购物车进行结算，在正式提交订单之前，通常需要核对商品信息。在 Go 语言中，我们可以通过定义函数并返回多个值的方式来打印商品信息，如例 3-2-1 所示。

打印购物车商品
信息（方法 1）

程序示例：【例 3-2-1】打印购物车商品信息例（方法 1）

```
1   package main
2   import (
3       "fmt"
4   )
```

```
5    //定义购物车函数1，参数列表为空，返回值的数据类型为string和float64
6    func cartService1() (string, float64) {
7        //可以直接定义多个返回值，return后面的返回值要与返回列表对应
8        return "《鲁迅杂文选读》", 38.8
9    }
10   //定义购物车函数2，参数列表为空，返回值命名为a、b，返回值的数据类型分别为string、float64
11   func cartService2() (a string, b float64) {
12       //给返回值a赋值
13       a = "《老人与海》"
14       //给返回值b赋值
15       b = 28.8
16       //通过return返回
17       return
18   }
19   //定义购物车函数3，参数列表为空，返回值命名为a、b，返回值的数据类型分别为string、float64
20   func cartService3() (a string, b float64) {
21       //给返回值a赋值
22       a = "《宋词选》"
23       //return语句可以直接给返回值赋值
24       return a, 18.8
25   }
26   func main() {
27       //定义变量，调用购物车函数1
28       bookName1, price1 := cartService1()
29       //打印购物车1商品信息
30       fmt.Println(bookName1, price1)
31       //定义变量，调用购物车函数2
32       bookName2, price2 := cartService2()
33       //打印购物车2商品信息
34       fmt.Println(bookName2, price2)
35       //定义变量，调用购物车函数3
36       bookName3, price3 := cartService3()
37       //打印购物车3商品信息
38       fmt.Println(bookName3, price3)
39   }
```

以上程序的运行结果如图 3-2-6 所示。

程序解读：

（1）在上述程序第 5～25 行中，我们定义了购物车函数 1，参数列表为空，返回值的数据类型为 string 和 float64，然后定义 return 进行返回。在购物车函数 2 中，参数列表为空，返回值命名为 a、b，返回值的数据类型分别为 string、float64，在函数体中直接给返回值赋值，然后通过 return 返回。在购物车函数 3 中，参数列表为空，返回值命名为 a、b，返回值的数据类型分别为 string、float64，在函数体中给返回值 a 赋值，然后直接 return，return 语句可以直接给返回值赋值，也可以直接返回变量名称。

（2）在上述程序第 26～39 行中，我们在 main() 函数中定义了 3 个变量，将函数的返回值直接赋值给变量，然后打印定义好的变量名，即购物车函数的返回值。

```
《鲁迅杂文选读》 38.8
《老人与海》 28.8
《宋词选》 18.8

Process finished with the exit code 0
```

图 3-2-6　例 3-2-1 的程序运行结果

✏️ 提示

在定义函数返回值时，有 3 种返回方式。第一种可以直接在 return 后返回给定值；第二种可以定义返回值变量并赋值，然后返回该变量；第三种可以将第一种和第二种结合。

步骤二：打印购物车商品信息（方法 2）

在电商平台中，我们会把商品都加入购物车，然后从购物车进行结算，在正式提交订单之前，通常需要核对商品信息。在 Go 语言中，我们可以通过定义匿名函数的方式来打印商品信息，如例 3-2-2 所示。

打印购物车商品
信息（方法 2）

程序示例：【例 3-2-2】打印购物车商品信息（方法 2）

```
1  package main
2  import (
3      "fmt"
4  )
5  //定义函数 product1（），参数为 book，类型为 string，无返回值
6  func product1(book string) {
7      //打印函数参数
8      fmt.Println(book)
9  }
10 //定义函数 product2（），参数列表为空，返回值为匿名函数
11 func product2() func(string) {
12     //返回匿名函数，匿名函数的参数为 book，类型为 string，无返回值
13     return func(book string) {
14         //打印函数参数
15         fmt.Println(book)
16     }
17 }
18 //定义主函数
19 func main() {
20     //调用函数 product1（）并传参
21     product1("《鲁迅杂文选读》")
22     //定义匿名函数，函数参数为 book，类型为 string
23     func(book string) {
24         //打印参数
25         fmt.Println(book)
26         //调用匿名函数时传参
27     }("《老人与海》")
28     //将函数 product2（）赋值给变量 printfunc
29     printfunc := product2()
30     //调用函数变量并传参
31     printfunc("《宋词选》")
32 }
```

以上程序的运行结果如图 3-2-7 所示。

程序解读：

（1）在上述程序第 5～17 行中，我们首先定义了两个商品函数。其中函数 product1()的参数为 book，类型为 string，无返回值，并在函数体中打印函数参数。函数 product2()的参数列表为空，返回值为匿名函数，匿名函数的参数为 book，类型为 string，无返回值，并在函数体中打印函数参数。

（2）在上述程序第 18～32 行中，我们首先调用了函数 product1()，并传入参数《鲁迅杂文选读》。然后调用第二个函数，为匿名函数，参数为 book，类型为 string，这里调用匿名函数时传入参数《老人与海》。接下来调用函数 product2()，将结果赋值给变量 printfunc，并且调用函数变量 printfunc，并传参《宋词选》。

```
《鲁迅杂文选读》
《老人与海》
《宋词选》

Process finished with the exit code 0
```

图 3-2-7　例 3-2-2 的程序运行结果

提示

匿名函数的调用有两种方式。一种是如例 3-2-2 的主函数所示，在定义匿名函数的同时进行调用；另一种是将匿名函数赋值给函数变量，再通过函数变量进行调用。

步骤三：生成数列

在 Go 语言中，我们可以通过定义闭包的方式来生成数列，如例 3-2-3 所示。

生成数列

程序示例：【例 3-2-3】生成数列

```go
1  package main
2  import (
3      "fmt"
4  )
5  //声明函数，返回值为匿名函数，匿名函数返回值类型为 int
6  func getSequence() func() int {
7      //定义函数体，为变量赋值
8      number := 100
9      //返回匿名函数，匿名函数返回值类型为 int
10     return func() int {
11         //返回值为变量 number 加 1
12         number += 1
13         //返回变量 number 加 1 后的值
14         return number
15     }
16 }
17 func main() {
18     //调用函数并赋给变量 f1
19     f1 := getSequence()
20     //第一次调用变量 f1，即为调用函数并打印函数返回值
21     fmt.Println(f1())
22     //第二次调用变量 f1，即为调用函数并打印函数返回值
```

```
23      fmt.Println(f1())
24      //第三次调用变量 f1，即为调用函数并打印函数返回值
25      fmt.Println(f1())
26      //调用函数并赋给变量 f2
27      f2 := getSequence()
28      //第一次调用变量 f2，即为调用函数并打印函数返回值
29      fmt.Println(f2())
30      //第二次调用变量 f2，即为调用函数并打印函数返回值
31      fmt.Println(f2())
32 }
```

以上程序的运行结果如图 3-2-8 所示。

程序解读：

（1）在上述程序第 5～16 行中，我们首先定义一个生成数列的函数，函数返回值为匿名函数；在函数体中定义一个 number 变量，并赋初始值为 100，然后定义返回值为匿名函数，在匿名函数中定义函数体为变量 number+1；并且返回变量 number 的值。

（2）在上述程序第 18～32 行中，我们首先将生成数列的函数赋给变量 f1，然后调用并打印 f1 的返回值。在调用变量 f1 时，其实就是调用函数 getSequence() 中返回的匿名函数。变量 number 初始值为 100，在匿名函数中定义了 number+1 并返回 number 的值，因此这里返回的值应该是 101。在计算完毕后，返回值被 main() 函数输出，生成第一个闭包，这里闭包的含义就是匿名函数在 main() 函数中被调用，经过计算后又回到了 main() 函数。然后第二次调用并打印返回值，进行相同的执行过程，但是初始值不再是 100 而是 101。在闭包中成功修改变量值后会对实际变量值产生修改，所以第二次打印 f1 的返回值为 102，第三次打印 f1 的返回值为 103。在 main() 函数中还定义了第二个变量 f2，也将 getSequence() 函数的返回值赋给了这个变量，在给 f2 赋值时，会重新执行 getSequence() 函数，此时 number 的初始值为 100，通过调用变量 f2，第一次打印 f2 的返回值为 101，第二次打印 f2 的返回值为 102。由此，我们看到闭包的产生需要一定的环境辅助，并且作用域有限。每次调用闭包，number 的值都会在原有基础上加 1，但是两个闭包的调用结果互不影响。

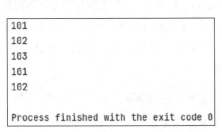

```
101
102
103
101
102

Process finished with the exit code 0
```

图 3-2-8　例 3-2-3 的程序运行结果

3.2.4　进阶技能

进阶一：打印购物车商品信息（方法 3）

打印购物车商品信息的方式有多种，我们可以通过返回值进行打印，也可以采用匿名函数进行打印。在使用匿名函数时，除了前文介绍的几种方式外，还可以采用匿名函数充当函数参数的方式执行打印购物车商品信息，如例 3-2-4 所示。

打印购物车商品信息（方法 3）

程序示例：【例 3-2-4】打印购物车商品信息（方法 3）

```
1  package main
2  import (
3      "fmt"
4  )
5  //定义函数，函数参数有两个，第一个为数组，参数类型为 string，第二个为匿名函数，参数类型为
   string
6  func cartService(list []string, info func(string)) {
7      //定义 for 循环，遍历数组商品列表
8      for _, v := range list {
9          //调用匿名函数
10         info(v)
11     }
12 }
13 func main() {
14     //调用函数，并给数组传参，定义匿名函数参数为 v，类型为 string
15     cartService([]string{"《鲁迅杂文选读》", "《老人与海》", "《宋词选》"}, func(v string) {
16         //打印遍历数组后的元素
17         fmt.Println(v)
18     })
19 }
```

以上程序的运行结果如图 3-2-9 所示。

程序解读：

（1）在上述程序第 5～12 行中，我们首先定义一个购物车函数，函数中有两个参数。第一个参数 list 为数组，参数类型为 string，第二个参数 info，为匿名函数，匿名函数中的参数做了省略，参数类型为 string。在购物车函数中，我们定义了一个 for 循环，用于遍历商品列表，即第一个数组参数 list，在遍历时，只需遍历数组的元素，因此在索引返回位置上使用了空标识符，在遍历数组时，执行的内容是调用 info() 函数，info() 函数中的参数是数组的元素。

（2）在上述程序第 13～19 行中，我们调用了定义好的购物车函数，并定义第一个参数为数组，然后定义第二个参数 info() 函数的函数体部分是打印 v 的值。程序整体思路为：在 main() 函数中调用购物车函数并传参，在购物车函数中的主要函数逻辑是遍历数组，在遍历时调用匿名函数，匿名函数在 main() 函数中已经定义了，函数体的逻辑是打印遍历后的结果，因此会在遍历时——打印 list 的元素。

```
《鲁迅杂文选读》
《老人与海》
《宋词选》

Process finished with the exit code 0
```

图 3-2-9　例 3-2-4 的程序运行结果

打印访问权限

进阶二：打印访问权限

在 Go 语言中，编写函数是一种极其有效的数据处理方式，定义一个函数就可以解决很多数据处理的问题。我们还可以调用其他包中定义好的函

数，这样就不用在每次编写程序时重复编写相同的函数。但是在使用其他包中的函数时，Go
语言会有一些限制条件，即我们在前文讲述的访问权限问题，接下来通过代码进行展示。在
本程序示例中，我们首先定义一个函数包，只用来引用，不实现主函数，然后定义一个主程
序引入定义好的函数包，打印访问权限程序流程图如图 3-2-10 所示，程序如例 3-2-5 所示。

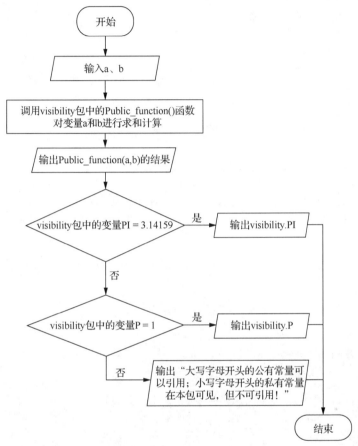

图 3-2-10　打印访问权限程序流程图

程序示例：【例 3-2-5】打印访问权限

创建名为 visible 的文件夹作为项目目录，在该目录的命令提示符窗口中输入"go mod init
come.center.cn/visible"初始化目录。在该目录下创建文件夹 visibility，在该目录的命令行下输入
"go mod init come.center.cn/visible/visibility"初始化目录；在 visibility 中创建文件 visibility.go，并
将下面函数包中的代码写入 visibility.go。在项目目录 visible 下创建文件 main.go，将下面主
程序中的代码写入 main.go，然后执行"go mod edit -replace come.center.cn/visible/visibility=
./visibility"；最后执行"go mod tidy"命令。

函数包如下。

```
1  //自定义一个 visibility 包，没有使用 Go 语言内置的 main 包，本包只做引用
2  package visibility
3  //定义一个公有函数，大写字母开头，可以被其他包访问
4  func Public_function(x, y int) (sum int) {
5      //函数逻辑为计算 x+y 的值
```

```
 6      sum = x + y
 7      //返回计算后的结果
 8      return sum
 9  }
10  //定义一个私有函数，小写字母开头，只能在本包中使用，不可以被其他包访问
11  func private_function(x, y int) (sub int) {
12      //函数逻辑为计算 x-y 的值
13      sub = x - y
14      //返回计算后的结果
15      return sub
16  }
17  //定义一个公有常量并赋值，大写字母开头，可以被其他包访问
18  const PI = 3.14159
19  //定义一个私有常量并赋值，小写字母开头，不可以被其他包访问
20  const pi = 3.141
21  //声明一个公有变量并赋值，大写字母开头，可以被其他包访问
22  var P int = 1
23  //声明一个私有变量并赋值，小写字母开头，不可以被其他包访问
24  var p int = 2
```

主程序如下。

```
 1  package main
 2  import (
 3      "fmt"
 4      visibility "come.center.cn/visible/visibility"
 5  )
 6  func main() {
 7      //定义本包变量并赋值
 8      a := 1
 9      b := 2
10      //调用 visibility 包的公有函数，计算变量 a、b 的和
11      sum := visibility.Public_function(a, b)
12      //打印计算结果
13      fmt.Println(a, "+", b, "=", sum)
14      //调用 visibility 包的私有函数，会提示程序报错，不能引用其他包的私有函数
15      //sub := visibility.private_function(a, b)
16      //fmt.Println(a, "-", b, "=", sub)
17      //调用 visibility 包的公有常量做 if 语句判断，如果能够使用，则打印
18      if visibility.PI == 3.14159 {
19          fmt.Println("visibility.PI")
20          //调用 visibility 包的私有常量做 else if 语句判断，如果能够使用，则打印，这里程序会
报错，不能引用其他包的私有常量
21      //} else if visibility.pi == 3.141 {
22          //fmt.Println("visibility.pi")
23          //调用 visibility 包的公有变量做 if 语句判断，如果能够使用，则打印
24      } else if visibility.P == 1 {
25          fmt.Println("visibility.P")
26          //调用 visibility 包的私有变量做 else if 语句判断，如果能够使用，则打印，这里程序会
报错，不能引用其他包的私有变量
27      //} else if visibility.p == 2 {
```

```
28          //fmt.Println("visibility.p")
29          //最后的 else 如果前面都不满足，就会执行，如果前面有一条满足，则不会执行
30      } else {
31          fmt.Println("大写字母开头的公有常量可以引用；小写字母开头的私有常量在本包可见，但
不可引用！")
32      }
33  }
```

以上程序的运行结果如图 3-2-11 所示。

程序解读：

（1）在函数包第 1～24 行中，我们首先自定义了一个 visibility 包，这个包中没有定义 Go 语言的 main 包，不作为主程序执行，只作为包引用。在本包中，我们首先定义了一个公有函数，公有函数的意思是函数名以大写字母开头，表示公有包可以被其他包访问，公有函数逻辑为计算参数 x+y 的值，然后返回计算后的值。其次定义了一个私有函数，以小写字母开头，表示只能在本包中使用，不可以被其他包访问，私有函数逻辑为计算 x-y 的值，然后返回计算后的值。定义常量 PI，以大写字母开头并赋值，表示为公有常量，可以被其他包访问；定义常量 pi，以小写字母开头并赋值，表示为私有常量，不可以被其他包访问。声明变量 P，以大写字母开头并赋值，表示为公有变量，可以被其他包访问；声明变量 p，以小写字母开头并赋值，表示为私有变量，不可以被其他包访问。

（2）在主程序第 2～5 行中，我们进行了包的引用，不仅引用了常见的 fmt 包，还引用了另外一个 come.center.cn/learn/visibility 包，而这个包就是已定义的 visibility 函数包。包名前面还加了 visibility 的参数，表示被引入包的别名，我们在使用这些自定义包时，一定要保证这个包是存在的，且是可引用的，否则会出错。

（3）在函数包第 6～16 行中，我们定义了两个变量并赋值，然后调用了 visibility 包中的公有函数 Public_function() 来计算变量的和，随后打印计算结果。运行程序时会发现结果是可以正常打印的，这就说明这个公有函数可以被正常调用。接下来，尝试调用 visibility 中的私有函数 private_function() 来计算变量的差，但是运行程序时会发现程序出错，这是因为私有函数只能在本包中使用，不能被其他包访问。

（4）在主程序第 17～32 行中，我们在 if 语句中引用了 visibility 包中的常量 PI，在程序中判断它的值是否为 3.14159，结果表明能够正常访问，所以名称首字母为大写字母的常量可以被其他包访问。在第一个 else if 语句中，我们引用了 visibility 包中的常量 pi，此时运行程序会发现程序异常，这是因为小写字母开头的常量只能被本包访问，不能被其他包访问。在第二个 else if 语句中，首先判断 visibility 包中的大写变量 P 是否为 1，此时运行程序会发现结果可以输出，则表示 P 作为公有变量可以被其他包访问。在第三个 else if 语句中，引用 visibility 包中的小写变量 p 进行判断，此时运行程序会发现程序出错，这也是因为名称首字母为小写字母的变量只能被本包使用，不能被其他包访问。

```
1 + 2 = 3
visibility.PI

Process finished with the exit code 0
```

图 3-2-11 例 3-2-5 的程序运行结果

✏️提示

（1）在 Go 语言中，我们可以通过实体名称首字母大小写来控制访问关系。如果名称以小写字母开头，则只在当前包中可见，可在当前包中直接使用；如果名称以大写字母开头，则在其他包中也可见。在运行程序时，我们会发现如果引用其他包的小写字母，不管是函数还是常量、变量，都会提示程序异常，不能访问。

（2）go mod edit 命令用于对 go.mod 文件进行编辑，通过不同的参数修改 go.mod 里面对应的内容，例如-fmt 参数可以对 go.mod 进行格式化。

（3）go mod tidy 命令会将项目需要的依赖添加到 go.mod 文件，同时将项目不需要的依赖从 go.mod 文件中移除。

任务 3.3　修改购物车商品信息

3.3.1　任务分析

在电商平台进行购物时，用户会把有意向的商品加入购物车，然后通过购物车中的商品信息进行对比来确定要购买的商品。我们可以通过 Go 语言函数变参的形式来定义商品信息，这样在调用函数时，就可以得到多种类型的商品信息。

在本任务中，我们将通过程序实现对电商平台中购物车商品信息列表的修改，通过定义变参的形式来创建商品参数，当有商品信息发生改变时，就可以直接修改商品信息列表。本任务中我们还将介绍递归思想，采用斐波那契数列及数字阶乘的案例来进行展示。

3.3.2　相关知识

变参函数与递归函数

1. 变参函数

函数中形式参数的数量通常是确定的，在调用的时候要依次传入与形式参数对应的所有实际参数。但是在某些情况下，函数的参数个数可以根据实际需要来确定，这样的函数就是变参函数。

Go 语言支持不定长参数，但是要注意不定长参数只能作为函数的最后一个参数，不能放在其他参数的前面。变参函数定义格式如下。

```
func 函数名（固定参数列表，v ...T）（返回参数列表）{
    函数体
}
```

其中需要注意：

（1）可变参数一般放在函数参数列表的末尾，固定参数列表可有可无。

（2）"v ...T"代表变量 v 为 T 类型的切片，v 和 T 之间为 3 个"."。

可变参数本质上是一个切片，关于切片的知识，我们在前文已经介绍。如果要在多个函数中传递可变参数，可在传递时添加"..."。可变参数变量也是如此，可变参数变量是一个包含所有参数的切片，如果要将这个含有可变参数的变量传递给下一个可变参数函数，可以在传递时给可变参数变量后添加"..."，这样就可以将切片中的元素进行传递，而不是传递可变参数变量本身。

定义一个变参函数：

```
func addAll(slice ... int)
```

如果想传递可变参数本身，可以将 addAll()函数的可变参数修改为切片：

```
func addAll(slice []int)
```

在 Go 语言中存在许多内置函数，我们最常使用的有 fmt 包中的 Println()函数和 Printf()函数，这两个函数的参数部分使用的也是可变参数。

fmt 包中的 Println()函数的源码如下（在 VS Code 编辑器中，可以将鼠标指针移到目标函数上，按下 "Ctrl+鼠标左键" 可跳转到定义函数的代码块），Println()函数所有的参数都为可变参数：

```
func Println(a ...interface{}) (n int,err error) {
    return Fprintln(os.Stdout,a...)
}
```

Printf()函数源码如下，第一个参数指定了需要打印的格式：

```
func Printf(format string, a ...interface{}) (n int , err error) {
    return Fprintf(os.Stdout, format, a...)
}
```

在之前的例子中，我们都将可变参数的类型约束为 int，如果希望传递任意类型，可以指定类型为 interface{}，就如同我们看到的 Println()/Printf()源码中定义的那样。interface{}为接口类型，它把所有具有共性的方法定义在一起，任何其他类型只需要实现这个接口。接口的具体内容会在项目 4 中介绍。当可变参数为 interface{}类型时，可以传入任何类型的值。

2. 递归函数

很多编程语言都支持递归函数，Go 语言也不例外，所谓递归函数指的是在函数内部调用函数自身的函数。从数学解题思路上来说，递归就是把一个大问题拆分成有限个小问题。在实际开发过程中，递归函数可以解决许多数学问题，如计算数字阶乘、产生斐波那契数列等。

（1）递归需要具备的条件。

① 一个问题可以被拆分成多个子问题。

② 拆分前的原问题与拆分后的子问题相比，除了数据规模不同，处理问题的思路是一样的。

③ 不能无限制地调用本身，子问题需要有退出递归状态的条件。

递归函数的语法格式如下。

```
func recursion() {
    recursion() /* 函数调用自身 */
}
func main() {
    recursion()
}
```

从语法格式上可以看出，递归函数就是定义一个函数，并在这个函数内部调用自身。

（2）递归函数的优缺点比较。

① 递归函数的优点是定义简单、逻辑清晰。理论上而言，所有的递归函数都可以用循环

的方式实现，但循环的逻辑不如递归清晰。

② 使用递归函数需要注意防止栈溢出。在计算机中，函数调用是通过栈（stack）这种数据结构实现的，每当进入一个函数调用，栈就会加一层，每当函数返回，栈就会减一层。由于栈的大小不是无限的，因此递归调用的次数过多会导致栈溢出。

购物车商品价格
累加（方法 1）

3.3.3　实操过程

步骤一：实现购物车商品价格累加（方法 1）

在本步骤中，我们编写程序为商品设计不同价格，然后通过定义可变参数函数的方式实现电商平台中购物车商品价格的累加。我们要学习如何定义可变参数以及传递可变参数，如例 3-3-1 所示。

程序示例：【例 3-3-1】购物车商品价格累加（方法 1）

```
1   package main
2   import (
3       "fmt"
4   )
5   //定义一个 addAll()函数，参数为可变参数，类型为 float64
6   func addAll(slice ...float64) {
7       //定义变量初始值为 0.0
8       sum := 0.0
9       //定义 for+range 遍历可变参数列表
10      for _, value := range slice {
11          //遍历可变参数列表时，实现所有传入的实参累加
12          sum = sum + value
13      }
14      //输出所有可变参数累加的和
15      fmt.Println("sum =",sum)
16  }
17  func main() {
18      //声明 3 个商品变量并赋初始值
19      var commodity1 float64 = 18.8
20      var commodity2 float64 = 28.8
21      var commodity3 float64 = 38.8
22      //调用可变参数函数 addAll()，传入商品参数
23      addAll(commodity1, commodity2, commodity3)
24  }
```

以上程序的运行结果如图 3-3-1 所示。

程序解读：

（1）在上述程序第 5～16 行中，我们首先定义了一个函数 addAll()，其中参数列表中的参数是可变参数，所以参数部分可以有多个，用"..."来表示，参数类型是 float64。在函数体部分定义了一个变量 sum，赋值为 0.0，然后通过 for+range 的方式去遍历切片，在遍历可变参数时，进行 value 的累加，然后输出 sum。

（2）在上述程序第 17～24 行中，我们首先声明了 3 个商品变量，并赋初始值，然后调用定义好的 addAll()函数，传入多个商品参数，通过 addAll()函数的执行，最终计算出所有商品价格的累加和。

```
sum = 86.4

Process finished with the exit code 0
```

图 3-3-1　例 3-3-1 的程序运行结果

步骤二：实现购物车商品价格累加（方法 2）

在上述步骤中，我们定义了可变参数来实现数据的累加，但是如果我们想传递可变参数本身，那么就需要实现如例 3-3-2 的定义方式。

程序示例：【例 3-3-2】购物车商品价格累加（方法 2）

```
1   package main
2   import (
3       "fmt"
4   )
5   //定义一个 addAll() 函数，参数列表为切片，类型为 float64
6   func addAll(slice []float64) {
7       //定义变量，初始值为 0.0
8       sum := 0.0
9       //定义 for+range 遍历可变参数列表
10      for _, value := range slice {
11          //遍历可变参数列表时，实现所有传入的实参累加
12          sum = sum + value
13      }
14      //输出所有可变参数累加的和
15      fmt.Println("sum =",sum)
16  }
17  func main() {
18      //声明 3 个商品变量并赋初始值
19      var commodity1 float64 = 18.8
20      var commodity2 float64 = 28.8
21      var commodity3 float64 = 38.8
22      //调用可变参数函数 addAll()，传入商品参数
23      addAll([]float64{commodity1, commodity2, commodity3})
24  }
```

以上程序的运行结果如图 3-3-2 所示。

程序解读：

（1）在上述程序第 5～16 行中，我们修改了可变参数的定义方式，将其由"..."变成了切片的定义方式。

（2）在上述程序第 17～24 行中，我们在 main() 函数中调用定义好的 addAll() 函数，然后将商品信息按照切片形式传递给可变参数列表，这样就表示我们传递的是可变参数本身，即我们定义的切片。

```
sum = 86.4

Process finished with the exit code 0
```

图 3-3-2　例 3-3-2 的程序运行结果

📎**提示**

可变参数变量是一个包含所有参数的切片，可以将这个含有可变参数的变量传递给一个带有可变参数的函数。以上两种方式最终的结果是一样的，只是参数传递的方式不同而已。

修改购物车商品信息

步骤三：修改购物车商品信息

在前文中，我们学习了关于购物车的创建，但是用户在选择商品时，往往会有更合适的商品或者折扣更低的商品出现，这时用户就会选择购买更优惠的商品。在 Go 语言中，我们可以通过变参的形式传入商品信息，当购物车中有商品发生折扣变化时，就可以直接修改商品信息，设计流程图如图 3-3-3 所示，程序如例 3-3-3 所示。

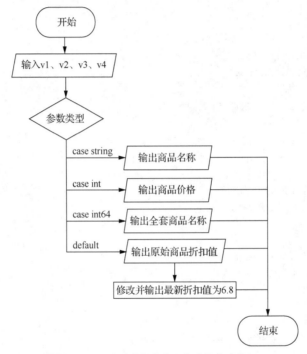

图 3-3-3　修改购物车商品信息程序流程图

程序示例：【例 3-3-3】修改购物车商品信息

```
1  package main
2  import (
3      "fmt"
4  )
5  //定义可变参数函数，参数类型为接口类型，表示可以接收任意类型参数
6  func myPrintf(args ...interface{}) {
7      //定义 for+range 遍历所有可变参数
8      for _, arg := range args {
9          //定义 switch 语句判断可变参数类型
10         switch arg.(type) {
11         //如果是字符串型，则输出 case string 语句
12         case string:
13             fmt.Println("购物车内商品名称为: ", arg)
14             //如果是整型，则输出 case int 语句
```

```
15          case int:
16              fmt.Println("购物车内商品价格为: ", arg)
17              //如果是 int64 类型，则输出 case int64 语句
18          case int64:
19              fmt.Println("购物车内全套商品价格为: ", arg)
20              //如果以上 case 语句都不满足，则执行 default 语句
21          default:
22              fmt.Println("购物车内商品折扣为: ", arg, "%")
23              //修改购物车商品折扣
24              arg := 6.8
25              fmt.Println("购物车内商品最新折扣为: ", arg, "%")
26          }
27      }
28  }
29  func main() {
30      //定义第一个变参为字符串型
31      var v1 string = "《屈原》"
32      //定义第二个变参为 int 类型
33      var v2 int = 28
34      //定义第三个变参为 int64 类型
35      var v3 int64 = 236
36      //定义第三个变参为 float64 类型
37      var v4 float64 = 8.8
38      //将定义好的变参传入 myPrintf 函数
39      myPrintf(v1, v2, v3, v4)
40  }
```

以上程序的运行结果如图 3-3-4 所示。

程序解读：

（1）在上述程序第 6 行中，我们定义了函数 myPrintf()，函数中的参数采用了可变参数格式，参数类型为接口类型，表示可以接收任意类型的参数，即在定义可变参数具体的实参时，实参的类型可以有多个，关于接口的内容我们将在任务 4.4 中详细介绍。

（2）在上述程序第 7～28 行中，我们通过定义 for + range 的方式去遍历所有可变参数，定义 switch/case 语句判断可变参数列表中的可变参数的类型。因为我们判断的是可变参数的类型，所以在定义 switch 语句时，switch 语句写的是 arg.(type)，在 switch 语句中写了 3 个 case 语句，如果 case 语句都不满足，则执行 default 语句。

（3）在上述程序第 29～40 行中，我们在 main()函数中分别声明了数据类型各不相同的 4 个变量，并将 4 个变量传入定义好的 myPrintf()可变参数函数中，得到图 3-3-4 所示的结果。

```
购物车内商品名称为:  《屈原》
购物车内商品价格为:  28
购物车内全套商品价格为:  236
购物车内商品折扣为:  8.8 %
购物车内商品最新折扣为:  6.8 %

Process finished with the exit code 0
```

图 3-3-4　例 3-3-3 的程序运行结果

💡提示

在定义可变参数的实参时要注意函数逻辑，按照函数逻辑来传入实参，只有可变参数支持不同数据类型，才能传入不同数据类型的实参。

3.3.4　进阶技能

数字阶乘

进阶一：数字阶乘

一个正整数的阶乘（factorial）是所有小于及等于该数的正整数的积，并且 0 的阶乘为 1，自然数 n 的阶乘写作 n!，克里斯蒂昂·克兰普（Christian Kramp）在 1808 年发明了 n!这个运算符号。例如，n!=1×2×3×⋯×n，阶乘亦可以递归方式定义：0!=1，n!=(n-1)!×n。使用递归函数计算给定数的阶乘，流程图如图 3-3-5 所示，程序如例 3-3-4 所示。

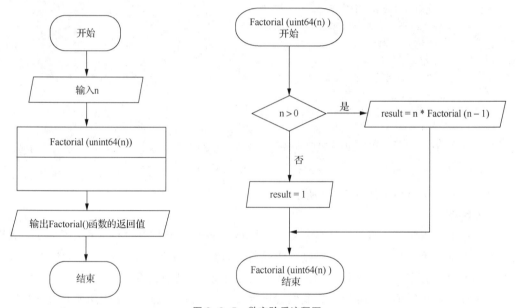

图 3-3-5　数字阶乘流程图

程序示例：【例 3-3-4】数字阶乘

```
1   package main
2   import (
3       "fmt"
4   )
5   //定义 Factorial()函数，参数为 n，返回值为 result，数据类型都是 uint64
6   func Factorial(n uint64) (result uint64) {
7       //定义 if 语句，如果 n>0，则执行 if 语句中的内容
8       if n > 0 {
9           //定义函数体的逻辑是 n*Factorial(n-1)，Factorial()函数中如果没有值，就继续执行循环，如果满足条件，则执行返回 result
10          result = n * Factorial(n-1)
11          return result
12      }
13      //如果不满足 if 语句，则直接返回 1
```

```
14      return 1
15  }
16  func main() {
17      //定义变量 i，类型为 int，赋值为 10
18      var i int = 10
19      //在输出结果时调用 Factorial()函数
20      fmt.Printf("%d 的阶乘是：%d\n",i,Factorial(uint64(i)))
21  }
```

以上程序运行的结果如图 3-3-6 所示。

程序解读：

（1）在上述程序第 6 行中，我们定义了 Factorial()函数，函数的参数为 n，参数的数据类型为 uint64，返回值为 result，返回值的数据类型也为 uint64。关于 uint64 的知识点我们已经在项目 2 中介绍，具体的范围可以参考项目 2。

（2）在上述程序第 7～15 行中，我们定义了 if 循环语句，如果 n>0，则执行 if 语句中的内容，否则直接返回 1。在 n>0 的分支中，我们定义函数逻辑为 n * Factorial(n-1)。举例来说，如果 n=2 则满足 if 语句，执行 result=2*Factorial(2-1)，但是我们发现 Factorial(2-1)的结果是 Factorial(1)，所以需要继续循环调用，去获得 Factorial(1)的值。当 n=1 时，也满足 if 语句，所以继续执行 result=1*Factorial(1-1)，此时 Factorial(1-1)的结果是 Factorial(0)。通过分析会发现 Factorial(0)的值是 1，这样就有了 Factorial(0)的值，此时就可以将 Factorial(1-1)代入到前面循环中的 result=1*Factorial(1-1)这条语句，从而得出 Factorial(1)的值为 1*1=1，进而可以计算出 Factorial(2)的值为 2*1=2。

（3）在上述程序第 16～21 行中，我们在 main()函数中定义了变量 i 的值为 10，最后在输出结果时调用 Factorial()函数，从而实现 10 的阶乘计算。

```
10的阶乘是：3628800

Process finished with the exit code 0
```

图 3-3-6　例 3-3-4 的程序运行结果

💧**提示**

在编写递归函数时，一定要有终止条件，否则就会无限调用下去，直到内存溢出。

进阶二：斐波那契数列

斐波那契数列（Fibonacci sequence），又称黄金分割数列，因数学家莱昂纳多·斐波那契（Leonardo Fibonacci）以兔子繁殖为例而引入，故又称为"兔子数列"。它指的是这样一个数列：1,1,2,3,5,8,13,21,34,…。在数学上，斐波那契数列以递推的方法定义：$F(0)=0$，$F(1)=1$，$F(n)=F(n-1)+F(n-2)(n\geqslant 2$，$n\in N^*)$。在现代物理、化学等领域，斐波那契数列都有直接的应用。

斐波那契数列

在 Go 语言中，使用递归函数设计斐波那契数列的程序是一个经典案例。在如下代码中，我们将演示如何通过 Go 语言编写递归函数来打印斐波那契数列。数列的形式如下。

```
1,1,2,3,5,8,13,21,34,55,89,144,233,377,610,987,1597,2584,4181,6765,10946,…
```

用 Go 语言编写斐波那契数列，流程图如图 3-3-7 所示，程序如例 3-3-5 所示。

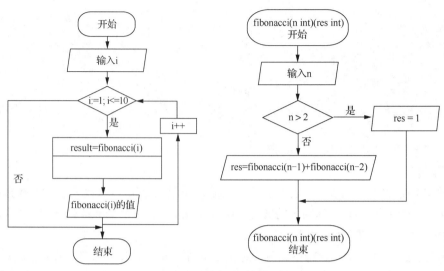

图3-3-7　斐波那契数列流程图

程序示例:【例3-3-5】斐波那契数列

```
1  package main
2  import (
3      "fmt"
4  )
5  func main() {
6      //给变量 result 赋值为 0
7      result := 0
8      //定义 for 循环语句，给 i 赋初始值为 1，结束 for 循环的条件是 i>10，i 每循环一次加 1
9      for i := 1; i <= 10; i++ {
10         //调用 fibonacci()函数，赋值给 result
11         result = fibonacci(i)
12         //输出值并换行
13         fmt.Printf("fibonacci(%d) is:%d\n", i, result)
14     }
15 }
16 //定义 fibonacci()函数，参数为 n，返回值为 res，数据类型都是 int
17 func fibonacci(n int) (res int) {
18     //定义 if...else...循环语句，满足 n<2 则执行 if 语句
19     if n < 2 {
20         //如果满足 if 语句，则执行返回值 res=1，结束循环
21         res = 1
22         //如果不满足 if 语句，则执行 else 语句
23     } else {
24         //将函数 fibonacci(n-1)的值与函数 fibonacci(n-2)的值之和赋值给 res
25         res = fibonacci(n-1) + fibonacci(n-2)
26     }
27     return
28 }
```

以上程序运行的结果如图 3-3-8 所示。

程序解读:

（1）在上述程序第 17～28 行中，我们首先定义了 fibonacci()函数，参数列表中的参数是

n，数据类型是 int，返回参数是 res，数据类型是 int。在这个函数中定义了一个 if...else...循环语句，判断如果满足 n<2，则输出返回值 res 的值为 1；如果 n≥2，则输出返回值为 res=fibonacci(n-1)+fibonacci(n-2)，函数逻辑正是斐波那契数列的数学逻辑。

（2）在上述程序第 5～9 行中，我们首先定义了变量 result 的初始值为 0，然后定义了 for 循环语句，设置了结束 for 循环的条件是 i>10，所以 for 循环语句中 i 的初始值为 1，最大值为 10，这样设置可以有效终止循环。在我们 for 设计循环语句时，应该考虑如何结束循环的问题，否则无限循环可能会造成内存溢出。

（3）在上述程序第 9～15 行中，我们在 for 循环语句中调用 fibonacci()函数，并且调用 for 循环语句 i 的值，随着每一次循环的累加，i 的值也在不断累加，所以当 i 值等于 2 时就可以执行 fibonacci()函数体中的 else 语句，即 res = fibonacci(n-1) + fibonacci(n-2)。当 fibonacci(n-1)结果未知时，就继续执行循环去求 fibonacci(n-1)的值，如果有了具体的值，则可以直接执行累加。随着 i 值变化，就可以计算出 res 的值。

```
fibonacci(1) is:1
fibonacci(2) is:1
fibonacci(3) is:2
fibonacci(4) is:3
fibonacci(5) is:5
fibonacci(6) is:8
fibonacci(7) is:13
fibonacci(8) is:21
fibonacci(9) is:34
fibonacci(10) is:55

Process finished with the exit code 0
```

图 3-3-8　例 3-3-5 的程序运行结果

提示

递归函数可以直接或者间接地调用自身。递归函数通常具有相同的结构：一个跳出条件和一个递归体。跳出条件根据传入参数判断是否需要停止递归，而递归则是函数本身所做的一些处理。设计递归函数需要注意设置跳出条件，以便在适当条件下跳出递归，否则递归会持续发生，直到内存溢出。

任务 3.4　删除购物车商品信息

3.4.1　任务分析

在电商平台购物时，用户会将心仪的商品加入购物车，再进行统一购买。但是用户有可能会因为各种原因不进行购买，而购物车的容量具有一定限制，所以用户会把不需要购买的商品删除。在任务 3.1 和任务 3.3 中，我们已经通过 Go 语言实现了创建购物车以及修改购物车商品信息，在本任务中，我们将通过 Go 语言实现删除购物车商品信息。

在本任务中，我们将通过程序实现删除购物车商品信息，并介绍 Go 语言中一些延迟执行的实现及函数的测试功能。

3.4.2　相关知识

1. 定义 defer 语句

Go 语言特有函数

Go 语言中存在一种延迟执行的语句，它由 defer 关键字标识，格式如下。

```
defer 任意语句
```

其中，任意语句表示 Go 程序中的任意执行语句。

defer 关键字会将其后面跟随的语句进行延迟处理，在 defer 归属的函数即将返回时，将延迟处理的语句按 defer 出现的顺序逆序执行。也就是说，先被 defer 的语句后执行，后被 defer 的语句先执行。由于 defer 语句是在当前函数即将返回时被调用的，所以 defer 常常被用来释放资源。

在日常处理业务逻辑的工作中，成对的操作是比较烦琐的事情，比如打开文件和关闭文件、接收请求和回复请求、加锁和解锁等。在这些操作中，十分容易忽略的就是在每个函数退出时正确地释放资源，而使用 defer 能非常方便地处理资源释放问题。

2. Test 功能测试函数

Go 语言中自带 testing 测试包，可以进行自动化的单元测试和性能测试。

我们为什么需要测试呢？因为完善的测试体系能够提高开发效率、保证代码的质量。当项目足够复杂的时候，想要尽可能地减少 bug，就需要进行代码审核和测试。Go 语言的 testing 包提供了 3 种测试方式，分别是单元（功能）测试、性能（压力）测试和覆盖率测试。

单元测试：对软件中的最小可测试单元进行检查和验证。对于单元测试中单元含义的理解，一般要根据实际情况去判定，如 C 语言中单元指一个函数，Java 语言中单元指一个类，图形化软件中单元可以指一个窗口或一个菜单，等等。总的来说，单元就是人为规定的最小被测功能模块。单元测试是在软件开发过程中要进行的最低级别的测试活动，软件的独立单元将在与程序的其他部分相隔离的情况下进行测试。

性能测试：可以给出代码的性能数据，帮助测试者分析性能问题。性能测试也称基准测试，基准测试可以测试一段程序的运行性能及耗费 CPU（Central Processing Unit，中央处理器）的程度。Go 语言中提供了基准测试框架，使用方法类似于单元测试，使用者无须准备高精度的计时器和各种分析工具，基准测试框架本身即可以打印非常标准的测试报告。

覆盖率测试：能够给出测试程序总共覆盖了多少业务代码（即通过 demo_test.go 测试了多少 demo.go 中的代码），最好的情况是覆盖 100%。

在 Go 语言中，想要开始测试，首先需要准备一个 Go 源码文件，在命名文件时文件名必须以_test.go 结尾。测试用例文件可以由多个测试用例（可以理解为函数）组成，每个测试用例的名称需要以 Test 或 Benchmark 开头，如下。

```
func TestXxx(t *testing.T){
}
```

（1）编写测试用例文件的注意事项。

① 测试用例文件不会参与正常源码的编译，不会被包含到可执行文件中。

② 需要使用 import 导入 testing 包。

③ 测试函数的名称要以 Test 或 Benchmark 开头，后面可以为任意字母组成的字符串，但第一个字母必须大写，例如 TestAbc()，一个测试文件中可以包含多个测试函数。

④ 单元测试以(t *testing.T)作为参数，性能测试以(t *testing.B)作为参数。

⑤ 测试文件使用 go test 命令来执行，源码中不需要 main()函数作为入口，所有以_test.go
结尾的源码文件中以 Test 开头的函数都会自动执行。

（2）常用的测试参数。

① -bench regexp：执行相应的 benchmarks，例如-bench=.。

② -cover：开启测试覆盖率。

③ -run regexp：只运行 regexp 匹配的函数，例如-run=Array 会执行包含有 A 开头的函数。

④ -v：显示测试的详细命令。

3.4.3 实操过程

步骤一：打印购物车商品 ID

在电商平台中，用户通常会把商品加入购物车，购物车会对所选商品
进行排序，并赋予对应的 ID，这样便能根据 ID 直接得出购物车中的所有商
品数量。如果我们想要打印购物车中的商品 ID，可以使用以下程序，打印
购物车商品 ID。流程如图 3-4-1 所示，程序如例 3-4-1 所示。

打印购物车商品 ID

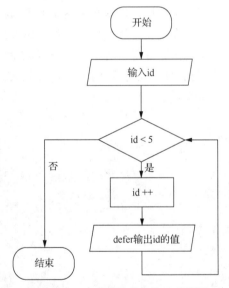

图 3-4-1 打印购物车商品 ID 流程图

程序示例：【例 3-4-1】打印购物车商品 ID

```
1  package main
2  import (
3      "fmt"
4  )
5  func main() {
6      //定义 for 循环，打印商品 ID，初始值为 0，以加 1 方式累加商品 ID
7      for id := 0; id < 5; id++ {
8          //采用 defer 方式输出购物车商品 ID
9          defer fmt.Println("购物车商品 ID: ", ID)
10     }
11 }
```

以上程序的运行结果如图 3-4-2 所示。

程序解读：

在上述程序第 5~11 行中，我们定义了一个 for 循环，循环中采用简短格式的变量声明的方式定义了商品 ID，并设置循环的最大值为 5，初始值为 0，每一次循环 ID 都加 1。循环体中输出了购物车商品 ID，但在打印之前我们使用了 defer 关键字，打印语句将在函数返回时逆序执行，因此程序运行后最大的商品 ID 会显示在最前面。

```
购物车商品ID: 4
购物车商品ID: 3
购物车商品ID: 2
购物车商品ID: 1
购物车商品ID: 0

Process finished with the exit code 0
```

图 3-4-2   例 3-4-1 的程序运行结果

在不同位置使用
defer 语句删除
购物车商品信息

步骤二：在不同位置使用 defer 语句删除购物车商品信息

在电商平台中，用户通常会把商品加入购物车，在用户付款时，系统需要检查是否存在最新的优惠折扣信息，如果存在，就会删除旧折扣，使用最新的优惠折扣进行商品结算，如例 3-4-2 所示。

程序示例：【例 3-4-2】在不同位置使用 defer 语句删除购物车商品信息

```
1  package main
2  import (
3      "fmt"
4  )
5  func main() {
6      //定义一个map，采用make()的方式初始化map的key为字符串型，value为整型
7      mapNum := make(map[string]int)
8      //定义商品数量为10
9      mapNum["商品数量"] = 10
10     //定义商品价格为2000
11     mapNum["商品价格"] = 2000
12     //定义商品折扣为9折
13     mapNum["商品折扣"] = 9
14     //定义商品最新折扣为6折
15     mapNum["商品最新折扣"] = 6
16     //延迟删除商品折扣
17     defer delete(mapNum, "商品折扣")
18     //定义for+range遍历map
19     for k, v := range mapNum {
20         //删除商品折扣后输出map的key和value
21         defer fmt.Println("购物车现有商品信息", k, ": ", v)
22     }
23 }
```

以上程序的运行结果如图 3-4-3 所示。

程序解读：

（1）在上述程序第 5～18 行中，我们定义了一个 map，采用 make() 的方式初始化 map 的 key 为字符串型，value 为整型。在 map 中定义商品的映射关系，定义商品数量为 10、商品价格为 2000、商品折扣为 9 折、商品最新折扣是 6 折，因此可以将原有较低的折扣删除。通过 delete() 函数来删除商品较低折扣，定义时加上了 defer 关键字，意味着会延迟删除商品折扣。

（2）在上述程序第 19～23 行中，我们定义了 for+range 去遍历整个 map，用于输出删除后的购物车列表。在输出时，加上 defer 关键字表明采用延迟方式输出结果。此外，观察结果时不难发现，在输出结果中还是包含商品折扣信息，使人觉得其好像并没有被删除。这是因为 defer 语句遵循逆序输出原则，输出语句是最后被 defer 关键字声明的，因此会先执行输出，后执行删除动作，在输出结果中依旧保留商品折扣。

```
购物车现有商品信息 商品最新折扣 ： 6
购物车现有商品信息 商品折扣 ： 9
购物车现有商品信息 商品价格 ： 2000
购物车现有商品信息 商品数量 ： 10

Process finished with the exit code 0
```

图 3-4-3　例 3-4-2 的程序运行结果

如果我们想实现最终删除以后的效果，可以把上述程序第 17 行 delete() 前面的 defer 关键字删除，修改后的例 3-4-2 的程序运行结果如图 3-4-4 所示。

```
16      //删除商品折扣
17      delete(mapNum, "商品折扣")
18      //定义 for+range 遍历 map
19      for k, v := range mapNum {
20          //删除商品折扣后输出 map 的 key 和 value
21          defer fmt.Println("购物车现有商品信息", k, ": ", v)
22      }
```

```
购物车现有商品信息 商品最新折扣 ： 6
购物车现有商品信息 商品价格 ： 2000
购物车现有商品信息 商品数量 ： 10

Process finished with the exit code 0
```

图 3-4-4　修改后的例 3-4-2 的程序运行结果

提示

（1）在使用 defer 语句时，需要注意 defer 语句遵守栈的规则，即"先入后出"原则，通过合理的程序设计达到想要的效果。

（2）因为 defer 语句是在函数退出时执行的，所以使用 defer 语句能够非常方便地处理资源释放问题。defer 语句通常被用于自动执行资源释放，即我们在执行一些与文件操作类似的操作时，可以通过定义 defer 语句，将操作完的文件自动关闭；如果不设置 defer 语句，就要采用手动关闭的方式，即在每一个文件打开时都要设置 Close() 函数来关闭文件，不然文件就会一直处于开启状态，文件资源将得不到释放，从而造成资源浪费。

单元测试

步骤三：进行单元测试

　　为了测试程序是否能够正常执行，我们通常会设计单元测试。在设计单元测试时，我们可以定义两个文件，一个是 demo.go 文件，用于写明程序的执行需求，另一个是 demo_test.go 文件，用于测试执行需求是否正常完成。如例 3-4-3 所示。

程序示例：【例 3-4-3】单元测试

demo.go 文件中程序如下。

```
1  package demo
2  //定义函数，根据长、宽获取面积
3  func GetArea(weight int, height int) int {
4      return weight * height
5  }
```

demo_test.go 文件中程序如下。

```
1  package demo
2  import "testing"
3  //单元测试，以(t *testing.T)作为参数
4  func TestGetArea(t *testing.T) {
5      //定义面积=长*宽
6      area := GetArea(40, 50)
7      //如果结果不等于长、宽的积，说明程序异常
8      if area != 2000 {
9          t.Error("测试失败")
10     }
11 }
```

以上程序的运行结果如图 3-4-5 所示。

程序解读：

　　（1）在 demo.go 文件的程序中，我们定义了 GetArea()函数，参数是长、宽，参数类型是 int，返回值为长、宽的积，返回值类型也是 int。

　　（2）在 demo_test.go 文件的程序中，我们定义了一个单元测试函数 TestGetArea()，该单元测试函数以(t *testing.T)作为参数，实现对 GetArea()函数的测试。如果 GetArea()函数返回值不等于长、宽的积，则说明 demo.go 文件的程序异常并输出测试失败，若返回值结果是正确的，则表明程序执行无误。

```
PS E:\learn\demo> go test -v
=== RUN   TestGetArea
--- PASS: TestGetArea (0.00s)
PASS
ok      learn/demo      0.604s
```

图 3-4-5　例 3-4-3 的程序运行结果

提示

　　（1）执行单元测试时，加"-v"可以在测试时显示详细信息。如图 3-4-5 所示，输出的 RUN 表示开始运行名为 TestGetArea 的测试用例，接下来输出的 PASS 表示已经运行完 TestGetArea 测试用例，接着输出的 PASS 表示测试成功，最后打印的 ok 表示测试已经运行完毕并显示测试的路径及时间。

（2）测试用例的函数体可以不使用*testing.T 参数，例如去掉 demo_test.go 文件的第 9 行，测试用例依然可以正常运行。

步骤四：进行性能测试

为了测试程序的执行性能，我们可以设计一个性能测试。在设计性能测试时，我们可以定义两个文件，一个是 demo.go 文件，用于写明程序的执行需求，另一个是 benchmark_test.go 文件，用于测试程序执行时的性能，如例 3-3-4 所示。

程序示例：【例 3-4-4】性能测试

demo.go 文件中程序如下。

```
1  package demo
2  //定义函数，根据长、宽获取面积
3  func GetArea(weight int, height int) int {
4      return weight * height
5  }
```

benchmark_test.go 文件中程序如下。

```
1  package demo
2  import "testing"
3  //性能测试以(t *testing.B)作为参数
4  func BenchmarkGetArea(t *testing.B) {
5      //定义 for 循环，上限值为 t.N，即测试规定次数
6      for i := 0; i < t.N; i++ {
7          GetArea(40, 50)
8      }
9  }
```

以上程序的运行结果如图 3-4-6 所示。

程序解读：

（1）在 demo.go 文件的程序中，我们定义了一个 GetArea()函数，参数是长、宽，参数类型是 int，返回值类型也是 int，返回值为长、宽的积。

（2）在 benchmark_test.go 文件的程序中，我们使用了基准测试框架来测试乘法性能，其中 for 循环中的 t.N 由基准测试框架提供。测试代码需要保证函数可重入性及无状态，这意味着测试代码不能使用全局变量等带有记忆性质的数据结构，从而避免多次运行同一段代码时的环境不一致。我们定义 for 循环的上限值为 t.N，测试次数将按照 t.N 来执行。

```
PS E:\learn\demo> go test -bench= .
goos: windows
goarch: amd64
pkg: learn/demo
cpu: Intel(R) Core(TM) i5-8300H CPU @ 2.30GHz
BenchmarkGetArea-4      1000000000          0.7440 ns/op
PASS
ok      learn/demo      1.328s
```

图 3-4-6 例 3-4-4 的程序运行结果

提示

（1）执行性能测试时，"-bench=."表示运行 benchmark_test.go 文件里的所有基准测试函数，和单元测试中的"-run"类似。

（2）执行的环境及路径也可以输出，如图 3-4-6 所示，BenchmarkGetArea-4 是基准测试函数的名称，1000000000 表示测试的次数，也就是 testing.B 结构体中提供给程序使用的 N。

（3）"ns/op"表示每一个操作耗费多少时间（单位为 ns）。

（4）最后输出测试结果为 PASS，表示测试成功，在测试完成时会输出 ok、测试文件路径和测试时间。

覆盖率测试

步骤五：进行覆盖率测试

为了得到程序中代码的执行率，我们可以进行覆盖率测试。在设计覆盖率测试时，我们可以定义两个文件，一个是 demo.go 文件，用于写明程序的执行需求，另一个是 demo_test.go 文件，用于测试获得覆盖率。如例 3-4-5 所示。

程序示例：【例 3-4-5】覆盖率测试

demo.go 文件中程序如下。

```
1  package demo
2  //定义函数，根据长、宽获取面积
3  func GetArea(weight int, height int) int {
4      return weight * height
5  }
```

demo_test.go 文件中程序如下。

```
1  package demo
2  import "testing"
3  //覆盖率测试是测试单元测试和性能测试代码的执行率
4  func TestGetArea(t *testing.T) {
5      area := GetArea(40, 50)
6      if area != 2000 {
7          t.Error("测试失败")
8      }
9  }
10 func BenchmarkGetArea(t *testing.B) {
11     for i := 0; i < t.N; i++ {
12         GetArea(40, 50)
13     }
14 }
```

以上程序的运行结果如图 3-4-7 所示。

程序解读：

demo_test.go 文件的程序包含了前文定义的单元测试和性能测试。覆盖率测试实际上是一个术语，用于统计通过测试用例文件（demo_test.go）运行的被测试程序（demo.go）中有多少代码得到执行。如果被测试程序中只有 80% 的语句得到了运行，则测试覆盖率为 80%。因此，在测试覆盖率为 100% 时，表示被测试程序的所有代码都得到执行。图 3-4-7 所示的例 3-4-5 的程序运行结果表明，demo.go 文件中的代码得到了 100% 的执行。

```
PS E:\learn\demo> go test -cover
PASS
coverage: 100.0% of statements
ok      learn/demo      0.661s
```

图 3-4-7　例 3-4-5 的程序运行结果

进行覆盖率测试时，加 "-cover" 表示对测试用例进行覆盖率测试。测试结果中的 PASS 表示测试成功，coverage 表示测试代码的覆盖率，如果是 100%，表示测试用例中的代码被 100% 执行了，最后输出 ok、测试用例的路径和时间。

3.4.4　进阶技能

进阶一：defer 语句执行的时机

在编写 Go 语言函数时，我们会通过使用 defer 关键字来实现语句的延迟执行，也经常会使用 return 来返回结果。当同时存在 defer 和 return 时，程序会有一定的执行顺序，如例 3-4-6 所示。

defer 语句执行的
时机

程序示例：【例 3-4-6】defer 语句执行的时机

```
1  package main
2  import (
3      "fmt"
4  )
5  func main() {
6      //输出调用的 deferReturn() 函数返回的结果
7      fmt.Println("调用 deferReturn() 函数的结果为：",deferReturn())
8  }
9  //定义函数，返回值为 ret，类型为 int
10 func deferReturn() (ret int) {
11     //定义返回值为 0
12     return 0
13     //定义并调用闭包
14     defer func() {
15         //执行返回值加 1
16         ret++
17         //没有传参的匿名函数
18     }()
19     //定义返回值为 1
20     return 1
21 }
```

以上程序的运行结果如图 3-4-8 所示。

程序解读：

（1）在上述程序第 5～8 行中，我们定义了 main() 函数，在 main() 函数中打印调用 deferReturn() 函数返回的结果。

（2）在上述程序第 10～21 行中，我们定义了 deferReturn() 函数，函数返回值为 ret，类型为 int。在函数中首先定义返回值为 0，然后定义一个 defer 语句和匿名函数 func()，因为没有传参，且使用了外层 ret 的值，所以 func() 为一个闭包。在闭包中定义返回值加 1，最后又定义返回值为 1。在例 3-4-6 中，main() 函数调用了 deferReturn() 函数，所以会跳转去执行 deferReturn() 函数。由于 deferReturn() 函数定义了一个返回值，程序执行到 return0 就返回了，因此后面的 defer 语句便不会被执行。

> 调用deferReturn()函数的结果为： 0
>
> Process finished with the exit code 0

图 3-4-8   例 3-4-6 的程序运行结果

📎 **提示**

（1）在 Go 语言中，return 语句的实现逻辑有 3 步：第一步给返回值赋值（若有返回值则直接赋值，匿名返回值则先声明再赋值）；第二步调用 RET 返回指令并传入返回值，RET 会检查是否存在 defer 语句，若存在就先递序插播 defer 语句；第三步 RET 携带返回值退出函数。可以看出，return 语句不是一个原子操作，函数返回值与 RET 返回值并不一定一致。

（2）在 Go 程序中，"panic" 这个词经常在程序报错的提示中出现，Go 语言中的 panic 类似其他语言中的抛出异常，panic 后面的代码不会被执行。同时使用 defer 语句和自定义 panic 语句时，在 panic 语句后面的 defer 语句不被执行，在 panic 语句前的 defer 语句会被执行。

购物操作

进阶二：购物操作

电商平台中存在一些有规律的操作，比如打开购物平台、选择商品、支付订单等，它们在逻辑上总存在一定的顺序。在 Go 语言中，我们可以通过程序控制电商平台购物的操作顺序，例 3-4-7 利用 defer 实现自定义执行顺序。

程序示例：【例 3-4-7】购物操作

```
1   package main
2   import (
3       "fmt"
4   )
5   //定义函数, 参数为 s, 参数类型为 string
6   func shop(s string) string {
7       //打印字符串及 s 的值
8       fmt.Println("进入", s)
9       //返回值为 s, 类型为 string
10      return s
11  }
12  //定义函数, 参数为 s, 参数类型为 string
13  func un(s string) {
14      //打印字符串及 s 的值
15      fmt.Println("退出", s)
16  }
17  //定义函数 a()
18  func a() {
19      //使用 defer 语句延迟执行调用函数 un(), 在 un()函数里调用 shop()函数
20      defer un(shop("购物车"))
21      //打印字符串
22      fmt.Println("选择商品")
23  }
24  //定义函数 b()
25  func b() {
26      //使用 defer 语句延迟执行调用函数 un(), 在 un()函数里调用 shop()函数
```

```
27    defer un(shop("购物平台"))
28    //打印字符串
29    fmt.Println("欢迎进入首页")
30    //调用函数 a()
31    a()
32 }
33 func main() {
34    //调用函数 b()
35    b()
36 }
```

程序解读：

（1）在上述程序第 6～11 行中，我们定义了函数 shop()，函数参数是 s，参数类型是 string，在函数体中打印字符串"进入"及 s 的值，并最终返回字符串 s 的值，返回类型也是 string。定义第二个函数 un()，参数为 s，参数类型为 string，无返回值，打印字符串"退出"及 s 的值。

（2）在上述程序第 18～32 行中，我们首先定义了函数 a()，使用 defer 语句延迟执行调用函数 un()。在调用函数 un()时，会发现存在函数嵌套调用，这是因为在函数 un()里调用了函数 shop()，所以应该先执行函数 shop()再执行函数 un()，然后打印字符串。随后定义了函数 b()，在函数 b()中执行与函数 a()相同的操作并调用函数 a()。

（3）在上述程序第 33～36 行中，只调用了函数 b()。所以程序的执行顺序是先执行主函数调用函数 b()，在函数 b()中定义了 defer 语句延迟执行调用 un()函数，但是 un()函数中嵌套了 shop()函数，所以应该先执行 shop()函数，shop()函数输出了"进入"和 s，s 为传进去的值，所以第一条输出为"进入 购物平台"。当 shop()函数执行完毕后，执行外层嵌套的 un()函数，在 un()函数中打印了"退出"和 s，s 为购物平台，所以应该输出"退出 购物平台"，但是因为 un()函数前面调用了 defer 语句，按照 defer 语句的先入后出原则，第一条定义的应该最后输出，所以"退出 购物平台"应该是最后一条输出结果。此时执行第二条语句，直接打印"欢迎进入首页"字符串。最后调用函数 a()，在函数 a()中定义了与函数 b()一样的 defer 语句与嵌套函数，因此先执行 shop()函数，再执行 un()函数，所以第三条语句应该是"进入 购物车"，倒数第二条应该是"退出 购物车"，并在"进入 购物车"后会直接打印函数 a()中的第二条语句，即打印"选择商品"。

以上程序的运行结果如图 3-4-9 所示。

```
进入 购物平台
欢迎进入首页
进入 购物车
选择商品
退出 购物车
退出 购物平台

Process finished with the exit code 0
```

图 3-4-9 例 3-4-7 的程序运行结果

提示

（1）在执行 defer 语句时，默认按照逆序执行，且要在对应函数执行完毕后才能执行。如果要调整执行顺序，则需要调整程序设计。在例 3-4-7 中，我们通过嵌套函数调整了程序的执行顺序。

（2）每次执行 defer 语句时，调用的函数值和参数都会照常计算并重新保存，但实际的函数不会立刻被调用。延迟函数会在周围函数返回之前被立即调用，顺序与它们被延迟的顺序相反。

【项目小结】

本项目通过电商平台中的购物车商品信息案例，带领大家学习了函数、包管理、defer 语句、Test 功能测试函数。本项目知识点归纳如下：

（1）函数的基本定义、组成结构及特性。

（2）创建指针、取变量地址和取指针地址。

（3）包的相关概念和包之间访问的条件限制。

（4）闭包的定义与使用环境。

（5）匿名函数。

（6）多返回值函数。

（7）变参函数。

（8）递归函数。

（9）defer 语句。

（10）Test 功能测试函数。

【巩固练习】

一、选择题

1. 在调用函数时，使用的是？（　　　）

　　A. 实参　　　　　　B. 形参　　　　　　C. 虚参　　　　　　D. 哑参

2. 在声明函数时，函数接收的是？（　　　）

　　A. 实参　　　　　　B. 形参　　　　　　C. 虚参　　　　　　D. 哑参

3. 诸如 Contains 这样的首字母大写的函数与诸如 contains 这样的首字母小写的函数之间有什么区别？（　　　）

　　A. 没区别，首字母大小写都可以

　　B. 首字母小写的函数只能在声明该函数的包中使用，而首字母大写的函数则能被导出并为其他包所用

　　C. 首字母大写的函数只能在声明该函数的包中使用，而首字母小写的函数则会被导出并为其他包所用

　　D. 没区别，因为首字母无论是否大小写都可以在任意地方使用

4. 同一种类型的返回值和命名返回值能不能一起使用？（　　　）

　　A. 能，系统会自动区分　　　　　　　　B. 不能，会导致编译报错

　　C. 能，系统会合并两者　　　　　　　　D. 不能，会重命名返回值

5. 对于第三方的包,可以在本地直接通过 import 导入使用吗?(　　)

    A. 可以,Go Modules 会自动识别

    B. 不可以,可能会提示找不到包

    C. 可以,IDE 会自动识别

    D. 不可以,因为需要切换目录

6. 递归函数是否可以无限调用?(　　)

    A. 可以,因为可以通过编译

    B. 不可以,子问题需要有退出递归状态的条件

    C. 可以,因为运行程序不会报错

    D. 不可以,编译时不会通过

7. defer 语句的执行原理是先入先出?(　　)

    A. 正确,遵循栈的原理,先入先出

    B. 错误,遵循栈的原理,先入后出

    C. 正确,遵循堆的原理,先入先出

    D. 错误,遵循堆的原理,先入后出

8. 匿名函数在 Go 语言中的另一个名字是什么?(　　)

    A. 函数字面量　　　　　　　　　　B. 特定名字的函数

    C. lanbde　　　　　　　　　　　　D. lambal

9. 闭包提供了哪些普通函数不具备的特性?(　　)

    A. 闭包能够保留外部作用域的变量引用

    B. 闭包能够保留内部作用域的变量引用

    C. 闭包是值的引用

    D. 闭包通过变量名引用变量值

10. 乘法运算和解引用都需要用到星号*,Go 编译器是如何区分这两种操作的?(　　)

    A. 乘法运算符是一个需要两个值的中缀操作符,而解引用操作符则会被放在单个变量的前面

    B. 乘法运算符会被放在单个变量的前面,而解引用操作符则是一个需要两个值的中缀操作符

    C. 乘法运算符需要有第三个变量保存结果,而解引用操作符不需要第三个变量保存结果

    D. 解引用操作符需要有第三个变量保存结果,而乘法运算符不需要第三个变量保存结果

11. 你是如何区分*在声明指针变量和解引用指针这两个操作的?(　　)

    A. 将*放置在类型前表示声明指针类型,而将*放置在指针变量的前面则表示解引用该变量指向的值

    B. 将*放置在类型前表示解引用该变量指向的值,而将*放置在指针变量的前面则表示声明指针类型

    C. 将星号放置在类型前说明需要对指针变量初始化,而解引用指针不需要对变量初始化

D. 将星号放置在类型前说明需要对指针变量初始化，而解引用指针也需要对变量初始化

二、填空题

1. 函数声明中的省略号代表＿＿＿＿。

2. 将代码拆分成函数的好处有＿＿＿＿。

3. 匿名函数的调用有＿＿＿＿种方式，分别是＿＿＿＿。

4. 在定义函数类型时，如果希望传递的是任意类型，应该指定类型为＿＿＿＿。

5. Go 语言自带的 testing 测试包中，可以进行＿＿＿＿测试。

6. 编写测试用例文件时，文件名应该以＿＿＿＿结尾。

7. 函数参数调用需要遵循＿＿＿＿、＿＿＿＿条件。

8. Go 语言中函数的传递方式有＿＿＿＿种，默认使用＿＿＿＿。

9. 请使用函数类型重写以下函数签名：func drawTable (rows int,getRow func(row int)(string , string))

10. 你会使用＿＿＿＿来声明一个指向整数的名为 address 的变量。

三、简答题

1. Go 语言中拥有几种类型的函数？分别是什么？

2. 函数的基本组成是什么？

3. Go 语言函数中的传递方式有几种？分别是什么？

4. 在 Go 程序中实现递归操作是用什么来实现的？过分使用递归会带来什么问题？

5. 简述 defer 语句在 Go 语言中的作用。

四、程序改错题

1. 通过修改以下程序，实现通过传递可变参数输出对应字符串，并运行修改后的程序。

```go
package main
import (
    "bytes"
    "fmt"
)
// 定义一个函数,参数数量为0~n, 类型约束为字符串
func joinStrings(slist string) string {
    // 定义一个字节缓冲，快速地连接字符串
    var b bytes.Buffer
    // 遍历可变参数列表 slist, 类型为 string
    for _, s := range slist {
        // 将遍历出的字符串连续写入字节数组
        b.WriteString()
    }
    // 将连接好的字节数组转换为字符串并输出
    return String()
}
func main() {
    // 输入3个字符串，0将它们连成一个字符串
    fmt.Println(joinStrings("pig ", "and", " rat"))
    fmt.Println(joinStrings("hammer", " mom", " and", " hawk"))
}
```

2. 通过修改以下程序，实现在控制台打印 begin123end。

```
package main
import (
    "fmt"
)
func main() {
    // 将 defer 语句放入延迟调用栈
    defer fmt.Println("defer begin")
    fmt.Println(1)
    fmt.Println(2)
    fmt.Println(3)
    // 最后一个放入，位于栈顶，最先调用
    defer fmt.Println("defer end")
}
```

3. 找出以下程序错误，修改后运行程序。

```
package main
import (
 "fmt"
)
//通过 zeroval() 函数和 zeroptr() 函数比较指针和值类型的不同
func zeroval(ival int) {
    ival = 0
}
//zeroptr() 函数有和 zeroval() 函数不同的 *int 参数，它用了一个 int 指针
func zeroptr(iptr *int) {
    &iptr = 0
}
func main() {
    i := 1
    fmt.Println("initial:", i)
    zeroval(i)
    fmt.Println("zeroval:", i)
    //通过 &i 语法来取得 i 的内存地址，例如一个变量 i 的指针
    zeroptr(*i)
    fmt.Println("zeroptr:", i)
    //指针也是可以被打印的
    fmt.Println("pointer:", *i)
}
```

五、编程题

1. 编写一个名为 plus() 的函数，在 main() 函数里面调用它实现加法运算。

2. 编写一个名为 intSeq() 的函数，通过创建闭包方式实现，最终打印数字序列为 1 2 3 1。

3. 编写一个名为 fact() 的函数，通过递归函数计算 5 的阶乘并打印结果。

项目 4

理解 Go 语言面向对象

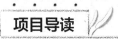
项目导读

本项目共 4 个任务，在这 4 个任务中，我们将一同学习 Go 语言的结构体定义、实例化结构体、初始化结构体变量、结构体构造函数、结构体方法和接收器、结构体内嵌、初始化内嵌结构体、接口声明、接口与结构体和接口的嵌套等相关知识。我们会通过理论结合程序示例的形式展现面向对象的使用规则及方法，通过组建商品订单流程充分学习 Go 语言中面向对象的相关内容。

本项目所要达成的目标如下表所示。

任务 4.1 定义商品属性	
知识目标	1. 能够说出 Go 语言结构体的概念、特性； 2. 能够描述 Go 语言结构体定义的标准语法格式； 3. 能够掌握 Go 语言结构体的内存分配方式以及结构体成员变量的使用
技能目标	1. 能够使用 type 关键字自定义 Go 语言结构体类型； 2. 能够对 Go 语言自定义的结构体进行实例化； 3. 能够对 Go 语言结构体中成员变量进行访问与修改； 4. 能够使用多值列表或 key/value 形式对结构体进行初始化
素质目标	1. 具备精益求精的态度，具备爱国情怀； 2. 具有革新求变的工匠精神
学时建议	本任务建议教学 2 个学时，其中 1 个学时完成理论教学，另 1 个学时完成实践内容讲授以及实操。教师可以结合配套的多媒体资源以及本书配套的习题实施线上线下混合式教学
任务 4.2 创建商品订单信息	
知识目标	1. 能够说出 Go 语言与其他编程语言构造函数的区别； 2. 能够描述 Go 语言中构造函数的模拟实现方法； 3. 能够说出 Go 语言中结构体方法的添加方式； 4. 能够说出 Go 语言中接收器的语法格式； 5. 能够说出 Go 语言中指针和非指针类型接收器的使用方法
技能目标	1. 能够使用结构体初始化的过程来模拟实现 Go 语言构造函数； 2. 能够为 Go 语言非指针结构体类型接收器添加方法； 3. 能够为 Go 语言指针结构体类型接收器添加方法； 4. 能够修改 Go 语言指针类型接收器方法中的任意成员变量

续表

素质目标	1. 具备精益求精的态度，具备爱国情怀； 2. 具有革新求变的工匠精神
学时建议	本任务建议教学 2 个学时，其中 1 个学时完成理论教学，另 1 个学时完成实践内容讲授以及实操。教师可以结合配套的多媒体资源以及本书配套的习题实施线上线下混合式教学

任务 4.3　打印商品订单列表

知识目标	1. 能够概述 Go 语言结构体内嵌的概念、特性； 2. 能够描述 Go 语言结构体内嵌与继承的关系； 3. 能够说出 Go 语言结构体内嵌的使用方法和内嵌成员变量的使用
技能目标	1. 能够通过结构体内嵌来实现 Go 语言中的继承； 2. 能够使用多值列表或 key/value 形式对 Go 语言中嵌套结构体进行初始化； 3. 能够通过 tag 解析 Go 语言中结构体字段名
素质目标	1. 具备精益求精的态度，具备爱国情怀； 2. 具有勇攀高峰的工匠精神
学时建议	本任务建议教学 2 个学时，其中 1 个学时完成理论教学，另 1 个学时完成实践内容讲授以及实操。教师可以结合配套的多媒体资源以及本书配套的习题实施线上线下混合式教学

任务 4.4　模拟支付商品订单

知识目标	1. 能够描述 Go 语言接口的概念、实现步骤； 2. 能够概述 Go 语言接口类型与其他类型的转换方法； 3. 能够描述 Go 语言接口与结构体的关系； 4. 能够说出 Go 语言接口的嵌套组合
技能目标	1. 能够使用 Go 语言接口调用结构体中添加的方法； 2. 能够使用 Go 语言接口嵌套实现接口二次封装； 3. 能够使用 Go 语言空接口实现类型转换
素质目标	1. 具备精益求精的态度，具备爱国情怀； 2. 具有勇攀高峰的工匠精神
学时建议	本任务建议教学 3 个学时，其中 1.5 个学时完成理论教学，另 1.5 个学时完成实践内容讲授以及实操。教师可以结合配套的多媒体资源以及本书配套的习题实施线上线下混合式教学

任务 4.1　定义商品属性

4.1.1　任务分析

电商平台中的每个商品都包含很多属性，商品与属性有着不可分割的关系。使用 Go 语言创建商品订单的过程中，我们会用到结构体，例如使用结构体来表达一个商品的全部属性。

本任务涉及的知识点主要包括结构体定义、实例化结构体、初始化结构体变量。在本任务中，我们将通过编写程序实现电商平台中商品订单的设计，通过定义相应的结构体实现商品属性的结构化存储，通过对实例化结构体赋值实现对商品属性信息的正确描述。

4.1.2　相关知识

1. 结构体定义

Go 语言中没有类的概念，取而代之的是结构体。结构体是一种聚合的数

结构体

据类型，是由一系列具有相同类型或不同类型的数据构成的数据集合，其中每个值都可以称为结构体的"成员"。Go 语言中结构体的内嵌配合接口比面向对象具有更高的扩展性和灵活性。

结构体定义的标准语法格式如下。

```
type 结构体名 struct {
    字段名 字段类型
    字段名 字段类型
    ……
}
```

在上述的语法格式中各个标识符的含义如下。

（1）结构体名：表示自定义结构体的名称，在同一个包内不能重复。

（2）字段名：表示结构体字段名，在同一个结构体中的字段名必须唯一。

（3）字段类型：表示结构体字段的具体类型。

结构体中的同类型成员可以同时定义，格式如下。

```
type 结构体名 struct {
    字段名 1 字段名 2 字段名 3 字段类型
    ……
}
```

2. 实例化结构体

Go 语言中的结构体名可以被实例化，只有当结构体实例化时，才会真正分配内存。结构体本身也是一种类型，我们可以像声明内置类型一样使用 var 关键字声明结构体类型。

结构体实例化标准格式如下。

```
var 结构体实例 结构体名
```

在 Go 语言中，还可以使用 new 关键字对类型（包括结构体、整型、浮点数型、字符串型等）进行实例化，结构体在实例化后会形成结构体指针，格式如下。

```
结构体实例 := new(结构体名)
```

使用 new 关键字实例化结构体后，结构体类型为指针类型。可以通过&符号对结构体进行取地址操作，取地址的同时会将结构体实例化，格式如下。

```
结构体实例 := &结构体名{}
```

使用"."来访问结构体的成员变量，结构体成员变量的赋值方法与普通变量一致，格式如下。

```
type 结构体名 struct {
    字段名 1 字段名 2 字段名 3 字段类型
    ……
}
var 结构体实例 结构体名
结构体实例.字段名 1 =字段值 1
结构体实例.字段名 2 =字段值 2
结构体实例.字段名 3 =字段值 3
```

3. 初始化结构体变量

我们可以直接对结构体的成员变量进行初始化，初始化有两种形式，分别是多值列表形式和 key/value 形式。key/value 形式的初始化适合填充字段较多的结构体，多值列表形式适合填充字段较少的结构体。

（1）多值列表形式的初始化语法格式如下。

```
结构体实例 := 结构体名 {
    字段名 1 值,
    字段名 2 值,
    字段名 3 值,
    ……
}
```

上述的语法格式特性如下。

① 必须初始化结构体所有字段。

② 每一个初始值的填充顺序必须与字段在结构体中的声明顺序一致。

（2）key/value 形式的初始化语法格式如下。

```
结构体实例 := 结构体名 {
    字段名 1:字段名 1 值,
    字段名 1:字段名 2 值,
    字段名 1:字段名 3 值,
    ……
}
```

key/value 之间以逗号分隔，key 与 value 之间以冒号分隔。由于结构体成员的字段名具有唯一性，因此在初始化列表中，字段名只能出现一次。

需要注意的是：key/value 与多值列表的初始化形式不能混用。

4.1.3 实操过程

创建电商平台项目 cmall，在 cmall 项目中创建 model 目录，并在 model 目录中创建 order.go 文件，定义基本结构体类型 Attribute，代码如下。

```
1  package model
2  type Attribute struct {
3      Title,Publisher string
4      Price float64
5      BookId uint
6  }
```

cmall 项目目录层级结构如图 4-1-1 所示。

程序解读：

第 1 行通过 package 关键字声明了一个名为 model 的包，第 2 行通过 type Attribute struct{} 定义了名为 Attribute 的结构体。在上述程序第 2~6 行中，我们在结构体中分别定义了字符串型字段 Title、Publisher，float64 类型字段 Price，uint 类型字段 BookId。

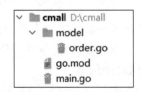

图 4-1-1 cmall 项目目录层级结构

通过结构体定义
商品属性

步骤一：通过结构体定义商品属性

在本步骤中，我们将编写程序对商品属性信息进行定义。以电商平台中的图书为例，通过结构体字段对图书属性类型进行定义，涉及的知识点主要包括结构体声明、结构体字段类型声明，如例 4-1-1 所示。

程序示例：【例 4-1-1】定义商品属性

```
 1  package main
 2  import (
 3    //引入 cmall 项目中的 model 包
 4    "cmall/model"
 5    "fmt"
 6  )
 7  func main() {
 8    //使用 var 方式声明结构体 model.Attribute，完成实例化
 9    var book1 model.Attribute
10    //使用 new 关键字，实例化指针类型结构体
11    book2 := new(model.Attribute)
12    //使用&取地址操作符，对结构体进行实例化
13    book3 :=&model.Attribute{}
14    fmt.Println("基本结构体默认值",book1)
15    fmt.Println("指针结构体默认值:",book2)
16    fmt.Println("指针结构体默认值:",book3)
17  }
```

以上程序的运行结果如图 4-1-2 所示。

程序解读：

在上述程序第 2 行中，我们通过 import 引入 cmall 项目中的 model 包。在上述程序第 9～13 行中，分别使用 var 方式、new 关键字、&取地址运算符声明 order.go 文件中的 Attribute 结构体，从而完成实例化。其中 var 方式声明结构体后实例化了标准的结构体，用 new 关键字和取地址运算符&实例化后形成了结构体指针*model.Attribute。在上述程序第 14～16 行中，我们打印了采用不同方式实例化后的结构体默认值，其中字符串型字段值默认为空字符串，整型和 uint 类型字段值默认为 0，&取地址运算符表示结构体指针类型的值。

```
基本结构体默认值 {  0 0}
指针结构体默认值: &{  0 0}
指针结构体默认值: &{  0 0}

Process finished with the exit code 0
```

图 4-1-2　例 4-1-1 的程序运行结果

提示

在 Go 语言中，结构体名称的首字母小写时可以在包内使用，首字母大写时才可以被包外文件引用，因此 order.go 中的结构体 Attribute 的首字母必须大写。

步骤二：通过实例化结构体赋值商品信息

在本步骤中，我们将编写程序对定义的结构体类型进行实例化赋值。以电商平台中的图

书为例,通过对多个不同类型的字段名进行赋值,填充具体的商品属性信息,涉及的知识点主要包括结构体实例化、不同数据类型的结构体字段访问,如例 4-1-2 所示。

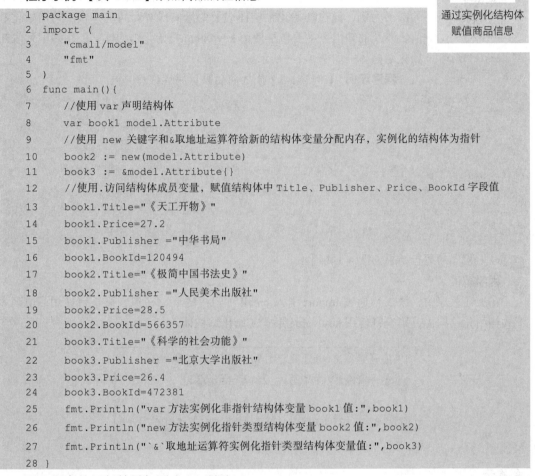

通过实例化结构体
赋值商品信息

程序示例:【例 4-1-2】添加商品属性信息

```
1   package main
2   import (
3       "cmall/model"
4       "fmt"
5   )
6   func main(){
7       //使用 var 声明结构体
8       var book1 model.Attribute
9       //使用 new 关键字和&取地址运算符给新的结构变量分配内存,实例化的结构体为指针
10      book2 := new(model.Attribute)
11      book3 := &model.Attribute{}
12      //使用.访问结构体成员变量,赋值结构体中 Title、Publisher、Price、BookId 字段值
13      book1.Title="《天工开物》"
14      book1.Price=27.2
15      book1.Publisher ="中华书局"
16      book1.BookId=120494
17      book2.Title="《极简中国书法史》"
18      book2.Publisher ="人民美术出版社"
19      book2.Price=28.5
20      book2.BookId=566357
21      book3.Title="《科学的社会功能》"
22      book3.Publisher ="北京大学出版社"
23      book3.Price=26.4
24      book3.BookId=472381
25      fmt.Println("var 方法实例化非指针结构体变量 book1 值:",book1)
26      fmt.Println("new 方法实例化指针类型结构体变量 book2 值:",book2)
27      fmt.Println("`&`取地址运算符实例化指针类型结构体变量值:",book3)
28  }
```

以上程序的运行结果如图 4-1-3 所示。

程序解读:

在上述程序第 3 行中,通过 import 引入 cmall 项目中的 model 包,第 8 行以 var 方式声明结构体实例 book1,第 10 行通过 new 关键字对结构体实例化后将其赋值到变量 book2,变量类型为结构体指针,第 11 行对结构体进行取地址操作实现实例化,变量类型为结构体指针。在上述程序第 13~24 行中,使用.访问结构体成员变量,通过普通变量赋值方法为结构体成员变量赋值。最后在第 25~27 行打印了 3 种不同实例化方式的结构体变量值,其中&表示指针类型结构体变量值。

```
var方法实例化非指针结构体变量book1值: {《天工开物》 中华书局 27.2 120494}
new方法实例化指针类型结构体变量book2值: &{《极简中国书法史》 人民美术出版社 28.5 566357}
`&`取地址运算符实例化指针类型结构体变量值: &{《科学的社会功能》 北京大学出版社 26.4 472381}

Process finished with the exit code 0
```

图 4-1-3　例 4-1-2 的程序运行结果

通过初始化结构体
定义商品信息

提示

Go 语言结构体中的字段名需要被外包引用时，结构体中的字段名首字母必须大写。

步骤三：通过初始化结构体定义商品信息

在本步骤中，我们将编写程序对商品进行初始化赋值。以电商平台中的图书为例，通过初始化结构体成员变量实现对商品基本属性的初始化赋值，涉及的知识点主要包括使用 key/value 初始化结构体、使用多值列表初始化结构体，如例 4-1-3 所示。

程序示例：【例 4-1-3】添加商品默认属性信息

```
1  package main
2  import (
3      "cmall/model"
4      "fmt"
5  )
6  func main(){
7      fmt.Println(model.Attribute{"《庄子选集》","长江文艺出版社",27.2,120494})
8      fmt.Println(model.Attribute{Publisher:"中华书局",Title:"《孟子译注》",Price:28.5,BookId:445483 })
9  }
```

以上程序的运行结果如图 4-1-4 所示。

程序解读：

在上述程序中，第 3 行通过 import 引入 cmall 项目中的 model 包，第 7 行使用多值列表形式初始化结构体，第 8 行使用 key/value 形式初始化结构体。

```
{《庄子选集》 长江文艺出版社 27.2 120494}
{《孟子译注》 中华书局 28.5 445483}

Process finished with the exit code 0
```

图 4-1-4　例 4-1-3 的程序运行结果

提示

（1）以多值列表形式初始化结构体时，结构体中的所有字段都必须初始化；以 key/value 形式初始化结构体时，缺失的字段根据字段类型默认值自动填充。

（2）结构体中声明的字段类型为 string、float64、uint，初始化传入的元素值类型必须与字段类型相同。多值列表填充顺序必须与字段结构体中的声明顺序一致，key/value 可以无规则排序，但 key/value 类型必须与字段类型保持一致。

（3）注意观察上述程序中，多值列表与 key/value 不能混用，同一个初始化结构体中不能同时存在多值列表和 key/value。

定义匿名结构体
以及初始化

4.1.4　进阶技能

进阶一：定义匿名结构体以及初始化

在电商平台中，对部分商品进行折扣处理时，可以采用临时条形码或广告牌加以区分，在 Go 语言中可以使用匿名结构体来对某些特定商品进行归类。如例 4-1-4 所示。

程序示例：【例 4-1-4】设计商品的折扣信息

```
1  package main
2  import "fmt"
3  func main() {
4      //使用 var 声明匿名结构体
5      var attribute1 struct {
6          Title, Publisher string
7          Price            float64
8          BookId           uint
9          Discount         string
10     }
11     //通过.访问结构体成员变量，赋值结构体中的 Title、Publisher、Price、BookId 等字段值
12     attribute1.Title = "历史的天空"
13     attribute1.Publisher = "人民文学出版社"
14     attribute1.Price = 29.2
15     attribute1.BookId = 120494
16     attribute1.Discount = "8 折"
17     //定义一个 attribute2 匿名结构体并初始化
18     attribute2 := struct {
19         Title, Publisher string
20         Price            float64
21         BookId           uint
22         Discount         string
23     }{
24         "唐宋传奇选",
25         "人民文学出版社",
26         15.1,
27         566357,
28         "6 折",
29     }
30     //打印匿名结构体变量值
31     fmt.Println(".方式赋值匿名结构体:",attribute1)
32     fmt.Println("初始化赋值匿名结构体:",attribute2)
33 }
```

以上程序的运行结果如图 4-1-5 所示。

程序解读：

在上述程序第 5~10 行中，我们使用 var 声明匿名结构体 attribute1。程序第 12~16 行通过.访问结构体成员变量，通过普通变量赋值方法为结构体成员变量赋值。在程序第 18~29 行中，我们定义了一个匿名结构体 attribute2 并初始化。程序第 31 和 32 行分别打印了两种赋值方式的匿名结构体变量值。在学习结构体嵌套知识后，可以直接引用 order.go 中的 Attribute 结构体到匿名结构体中，我们将在后面的项目中做详细讲解，本项目暂不使用此方法。

```
.方式赋值匿名结构体：{历史的天空 人民文学出版社 29.2 120494 8折}
初始化赋值匿名结构体：{唐宋传奇选 人民文学出版社 15.1 566357 6折}

Process finished with the exit code 0
```

图 4-1-5　例 4-1-4 的程序运行结果

任务 4.2　创建商品订单信息

4.2.1　任务分析

电商平台中存在的商品都有对应的周期信息，包括商品上架、数量、售出。Go 语言实现商品订单的过程中会用到函数、结构体以及接收器，例如通过统计方法计算商品的数量，实时更新商品上架、售出等当前电商平台的商品状态信息。

在本任务中，我们将通过程序实现电商平台中商品订单的创建，涉及的知识点主要包括结构体构造函数、结构体方法和接收器。我们将学习多个案例并围绕知识点编写程序实现商品订单信息维护，通过结构体构造函数实现商品订单信息打印，通过结构体方法和接收器实现商品订单详情信息打印。

4.2.2　相关知识

结构体进阶

1. 结构体来模拟构造函数

在其他语言中，每个类都可以添加构造函数，并且可以通过多个构造函数实现函数重载，构造函数一般与类同名且没有返回值。Go 语言没有构造函数，但是我们可以使用结构体初始化的过程来模拟构造函数。格式如下。

```
type 结构体名 struct {
    字段名 1 字段类型 1
    字段名 2 字段类型 2
    ……
}
func newfunc(变量名 1 变量类型, 变量名 2 变量类型 ……) *结构体名{
    return &结构体名{
        字段名 1: 变量 1,
        字段名 2: 变量 2,
        ……
    }
}
```

在上述的语法格式中，自定义结构体函数 newfunc()，返回结构体的指针类型。newfunc()函数传入的变量类型需要与 return 返回的结构体指针字段名的类型一致，函数可以只返回结构体中某些字段名。

2. 结构体方法和接收器

Go 的函数调用包括两种：有接收器的，我们称之为方法；无接收器的，我们称之为函数。

方法又包括两种：第一种是指针方法，将指针作为接收器；第二种是值方法，将值作为接收器。

（1）无参数和返回值的语法格式如下。

```
func (结构体变量 结构体名) 方法名() {
    函数体
}
```

在上述的语法格式中，为结构体变量添加了一个函数，该函数没有任何参数和返回值。

（2）值类型接收器语法格式如下。

```
func（接收器变量 接收器类型）方法名(参数列表)（返回参数）{
    函数体
}
```

当方法作用于值类型接收器时，Go 语言会在代码运行时将接收器的值复制一份。值类型接收器的方法可以获取接收器的成员值，但修改操作只针对副本，无法修改接收器变量本身。

（3）指针类型接收器语法格式如下。

```
func（接收器变量 *接收器类型）方法名(参数列表)（返回参数）{
    函数体
}
```

指针类型接收器由一个结构体的指针组成。由于指针的特性，调用方法时可以修改接收器指针的任意成员变量。指针类型接收器的特性如下：

① 适合需要修改接收器中的值的情况。

② 适合接收器复制较大对象时使用。

③ 具有一致性。如果有某个方法使用了指针类型接收器，那么其他方法也应该使用指针类型接收器。

4.2.3 实操过程

在任务 4.1 的实操过程中，我们创建了结构体文件 order.go。在本小节中，我们将在 order.go 文件中追加内容，代码如下。

```
1  type Order struct {
2      Consumer string
3      Phone string
4      Address string
5      ID string
6      Goods string
7      Price float64
8      Date string
9      Confirm bool
10 }
11 type PointerOrder struct {
12     Title string
13     Total int
14     Price float64
15 }
```

程序解读：

在上述程序第 1~10 行中，我们通过 type Order struct{}定义了结构体 Order，在结构体中分别定义了字符串型的字段名 Consumer、Phone、Address、ID、Goods 和 Date，float64 类型的字段名 Price，布尔型的字段名 Confirm。在上述程序第 11~15 行中，通过 type PointerOrder struct{}定义了结构体 PointerOrder，并在结构体中分别定义了字符串型字段 Title，整型字段 Total，float64 类型字段 Price。

步骤一：打印商品订单信息

在本步骤中，我们编写程序获得商品订单信息，通过结构体函数从自定

打印商品订单
信息

义结构体中选取需要的字段名，涉及的知识点主要包括定义结构体函数，如例 4-2-1 所示。

程序示例：【例 4-2-1】打印商品订单信息

```
1  package main
2  import (
3      "fmt"
4      "cmall/model"
5      "time"
6  )
7  //定义结构体函数 newOrder(),传入参数 consumer、phone 等
8  func newOrder(consumer string,phone string,address string,price float64,goods
string,id string,date string,confirm bool) *model.Order{
9      fmt.Printf("开始购物....\n")
10     //返回新的结构体值,包括 consumer、phone、address、price、goods、id、date、confirm
元素
11     return &model.Order{
12         Consumer: consumer,
13         Phone: phone,
14         Address: address,
15         Price: price,
16         Goods: goods,
17         ID:id,
18         Date: date,
19         Confirm:confirm,
20     }
21  }
22  func main(){
23      //使用 time 函数获取当前时间
24      now := time.Now()
25      id := "16789***0001"
26      // 自定义时间格式
27      date := fmt.Sprintf("%d-%02d-%02d %02d:%02d:%02d\n", now.Year(),now.Month(),
now.Day(),now.Hour(),now.Minute(),now.Second())
28      //将函数 newOrder()赋值给变量 o1
29      o1 := newOrder("消费者 1","158***3249","广东省深圳市南山区南海大道****号",59.9,"
中国近代史",id,date,true)
30      //使用 if 语句,当再次确认被点击后,执行购买操作,否则取消购买
31      if o1.Confirm{
32          fmt.Printf("购买成功,订单信息如下:\n 消费者: %s\n 电话号码: %v\n 收货地址: %s\n
订单编号: %s\n 商品名称: %s\n 金额: %.2f\n 下单时间: %v\n",o1.Consumer,o1.Phone,o1.Address,
o1.ID,o1.Goods,o1.Price,now)
33          fmt.Println("购买完成!\n 完成时间:",o1.Date)
34      }else {
35          fmt.Println("取消购买!")
36      }
37  }
```

以上程序的运行结果如图 4-2-1 所示。

程序解读：

（1）在上述程序第 3～5 行中，我们批量导入 fmt、time 以及自定义 model 包，在后续代码中将使用这些包中的内容。

（2）在上述程序第 8～21 行中，我们定义了结构体函数 newOrder()，当传入函数参数后会返回新的结构体指针*model.Order。

（3）在上述程序第 24～29 行中，我们声明变量 id 和 date，调用 newOrder()函数并传入字段名类型对应的参数值，将函数 newOrder()赋值给变量 o1。

（4）在上述程序第 31～37 行中，我们使用 if 语句，确认变量 o1 中的 Confirm 为 true 时执行购买操作并打印商品订单信息，否则取消购买。

```
开始购物....
购买成功,订单信息如下:
消费者: 消费者1
电话号码: 158***3249
收货地址: 广东省深圳市南山区南海大道****号
订单编号: 16789***0001
商品名称: 中国近代史
金额: 59.90
下单时间: 2022-10-13 10:01:29.8924547 +0800 CST m=+0.003179401
购买完成!
完成时间: 2022-10-13 10:01:29

Process finished with the exit code 0
```

图 4-2-1　例 4-2-1 的程序运行结果

在例 4-2-1 中，我们通过结构体函数创建了结构体，最后打印了结构体中的字段名相关信息。在商品运输过程中，消费者的电话、收货地址需要在订单详情中隐藏，我们可以通过自定义函数返回值来打印部分结构体中的字段名，如例 4-2-2 所示。

打印商品订单的部分信息

程序示例：【例 4-2-2】打印商品订单的部分信息

```
1  package main
2  import (
3      "fmt"
4      "cmall/model"
5      "time"
6  )
7  func newOrder2(consumer,address,goods,date string,phone,id string,price
float64,confirm bool)*model.Order{
8      fmt.Printf("开始购物....\n")
9      return &model.Order{
10         Consumer: consumer,
11         Price: price,
12         ID: id,
13         Goods: goods,
14         Date: date,
15         Confirm:confirm,
16     }
17 }
18 func main(){
19     //使用 time.Now()函数获取当前时间
20     now := time.Now()
21     id := "16789***0002"
22     // 自定义时间格式
```

```
23      date := fmt.Sprintf("%d-%02d-%02d %02d:%02d:%02d\n", now.Year(),now.Month(),
now.Day(),now.Hour(),now.Minute(),now.Second())
24      //将函数 newOrder2()赋值给变量 o2
25      o2 := newOrder2("消费者 2"," 广东省深圳市南山区南海大道****号","《人间词话》
",date,"158***3249",id,59.9,true)
26      //使用 if 语句，当再次确认被点击后，执行购买操作，否则取消购买
27      if o2.Confirm{
28          fmt.Printf("购买成功，订单信息如下:\n 消费者: %s\n 订单编号:%s\n 商品名称:%s\n
金额: %.2f\n 付款时间: %v",o2.Consumer,o2.ID,o2.Goods,o2.Price,o2.Date)
29          fmt.Println("购买完成!")
30      }else {
31          fmt.Println("取消购买!")
32      }
33 }
```

以上程序的运行结果如图 4-2-2 所示。

程序解读：

（1）在上述程序第 7～17 行中，我们定义结构体函数 newOrder2()，传入函数参数后返回新的结构体指针*model.Order，并在结构体指针指向的内容中隐藏了电话和收货地址信息。

（2）在上述程序第 20～35 行中，我们首先声明了变量 id 和 date，随后调用 newOrder2()函数并传入字段名类型对应的参数值，将返回值赋值给变量 o2。

（3）在上述程序第 27～33 行中，我们调用 if 语句，确认变量 o2 中的 Confirm 为 true 时执行购买操作并打印商品订单的部分信息，否则取消购买。

```
开始购物....
购买成功，订单信息如下:
消费者: 消费者2
订单编号:16789***0002
商品名称:《人间词话》
金额: 59.90
付款时间: 2022-10-13 10:06:49
购买完成!

Process finished with the exit code 0
```

图 4-2-2 例 4-2-2 的程序运行结果

步骤二：打印商家和消费者订单的信息

消费者在完成商品下单之后，商家同时也会记录一份商品订单信息，同时更新仓库中的商品属性信息。我们可以通过结构体方法，分别打印商家和消费者订单的信息，涉及的知识点主要包括结构体、指针类型接收器、值类型接收器、初始化结构体，如例 4-2-3 所示。

打印商家和消费者订单的信息

程序示例：【例 4-2-3】打印商家和消费者订单的信息

```
1 package main
2 import (
3     "cmall/model"
4     "fmt"
5     "time"
6 )
7 //定义一个结构体 Order，其底层类型为 model.Order；定义一个结构体 Books，其底层类型为
```

```
model.PointerOrder
 8  type Order model.Order
 9  type Books model.PointerOrder
10  //为结构体 Order 添加使用值作为接收器的 start()方法，不带参数
11  func (o Order) start(){
12      fmt.Println("开始购物，祝您购物愉快……")
13  }
14  //为结构体 Order 添加使用值作为接收器的 end()方法，不带参数
15  func (o Order) end(){
16      fmt.Println("购物完成，欢迎下次光临……")
17  }
18  //为结构体 Order 添加使用值作为接收器的 buy()方法，参数列表为 goods、price、number
19  func (o Order) buy(goods string,price float64,number int){
20      //通过*运算符计算总价
21      totalPrice := price*float64(number)
22      //调用 fmt.Printf()函数打印消费者订单详细信息
23      fmt.Printf("---购买成功，订单信息如下---\n 消费者：%s\n 消费总额：%.2f\n 商品名
称:%s\n 购买数量：%d\n 付款时间：%v",o.Consumer,totalPrice,goods,number,o.Date)
24  }
25  //为结构体 Books 添加使用指针作为接收器的 sell()方法，参数列表为 title、number、price
26  func (b *Books) sell(title string,number int,price float64){
27      fmt.Println("---出售成功，订单如下---")
28      //使用.访问结构体，赋值 Title、Total、Price 字段值
29      b.Title=title
30      b.Total=b.Total-number
31      b.Price = price*float64(number)
32      //打印商家订单信息
33      fmt.Printf("收款总额：%.2f\n 出售商品：%s\n 售出数量：%d 本\n 仓库剩余量：%d 本
\n",b.Price,b.Title,number,b.Total)
34  }
35  func main(){
36      //time.Now()函数获取当前时间
37      now := time.Now()
38      // 自定义时间格式
39      date := fmt.Sprintf("%d-%02d-%02d %02d:%02d:%02d\n",now.Year(),now.Month(),
now.Day(),now.Hour(),now.Minute(),now.Second())
40      //初始化结构体，设置默认数量 100，赋值到变量 book
41      book := Books{Total: 100}
42      //初始化结构体，设置默认消费者基本信息
43      order := Order{Consumer: "消费者 1",Phone:"158***3249",Address: " 广东省深圳市
南山区南海大道****号",Date: date,Confirm: true}
44      //调用 order 中的 start()方法
45      order.start()
46      //调用 order 中的 buy()方法，并传入参数
47      order.buy("中国近代史",49.99,70)
48      //调用 book 中的 sell()方法，并传入参数
49      book.sell("中国近代史",70,49.99)
50      //调用 order 中的 end()方法
51      order.end()
52  }
```

以上程序的运行结果如图 4-2-3 所示。

程序解读：

（1）在上述程序第 8～9 行中，我们将 model 包中的结构体 Order、PointerOrder 重新定义为 Order、Books，Go 语言不支持对非本地 type 类型添加方法。

（2）在上述程序第 11～24 行中，我们为结构体 Order 添加使用值作为接收器的 start()、end()以及 buy()方法，其中 buy()方法使用运算符*对总价进行计算，将计算的结果赋值给变量 totalPrice，最后调用 fmt.Printf()函数打印消费者订单详细信息。

（3）在上述程序第 26～33 行中，我们为结构体 Books 添加使用指针作为接收器的 sell()方法，在 sell()方法中使用符号. 来修改结构体中字段名的值，最后调用 fmt.Printf()函数打印商家订单信息。

（4）在上述程序第 35～52 行中，我们初始化变量 date、Books 结构体变量 book、Order 结构体变量 order，然后调用了结构体中的 start()、buy()、sell()、end()方法。

```
开始购物,祝您购物愉快……
---购买成功,订单信息如下---
消费者: 消费者1
消费总额: 3499.30
商品名称:中国近代史
购买数量: 70
付款时间: 2022-10-21 16:48:30
---出售成功,订单如下---
收款总额: 3499.30
出售商品: 中国近代史
售出数量: 70本
仓库剩余量: 30本
购物完成,欢迎下次光临……

Process finished with the exit code 0
```

图 4-2-3　例 4-2-3 的程序运行结果

💥**提示**

（1）Go 语言中不支持对非本地 type 添加方法，需要使用关键字 type 将引用的结构体 model.Order、model.PointerOrder 重新定义为 Order、Books 后使用。

（2）Go 语言中值类型接收器常用于不需要修改结构体中的字段值的方法中，指针类型接收器常用于需要修改结构体中的字段值的方法中。值类型接收器被修改后，内存地址值不发生改变；指针类型接收器被修改后，内存地址值随之改变。

为任意类型添加方法

4.2.4　进阶技能

进阶一：为任意类型添加方法

在电商平台中，为消费者生成订单的同时会更新商品属性。在 Go 语言中除了可以为结构体添加方法外，还可以使用 type 为任意类型定义别名之后，再为别名添加方法，涉及的知识点包括为别名添加方法、for 循环语句、if 判断语句、break 语句，如例 4-2-4 所示。

程序示例：【例 4-2-4】确认商品订单信息

```
1   package main
2   import "fmt"
3   //定义 string 类型别名为 confirm
4   type confirm string
5   //为 confirm 类型添加 start()方法
6   func (c confirm) start(){
7       fmt.Println("开始购物...")
8   }
9   //为 confirm 类型添加 buy()方法
10  func (c confirm) buy(){
11      fmt.Println("确认订单!")
12  }
13  //为 confirm 类型添加 cancel()方法
14  func (c confirm) cancel(){
15      fmt.Println("取消订单!")
16  }
17  //为 confirm 类型添加 end()方法
18  func (c confirm) end(){
19      fmt.Println("购物结束...")
20  }
21  func main(){
22      //声明 confirm 类型变量 con
23      var con confirm
24      //调用 start()方法
25      con.start()
26      //使用 for 循环语句, 持续读取控制台变量元素
27      for {
28          fmt.Printf("是否购买商品: ")
29          //使用 fmt.Scanln()函数读取控制台的输入值, 并赋值给 con
30          fmt.Scanln(&con)
31          //使用 if 语句, 如果 con 为 yes 时调用 buy()方法, 否则调用 cancel()方法并跳出循环语句
32          if con == "yes"{
33              con.buy()
34          }else {
35              con.cancel()
36              break
37          }
38      }
39      //调用 end()方法, 完成购物
40      con.end()
41  }
```

以上程序的运行结果如图 4-2-4 所示。

程序解读：

在上述程序第 4～20 行中，我们使用关键字 type 将 string 类型定义为别名 confirm，为 confirm 类型添加 start()、buy()、cancel()、end()方法。上述程序第 21～41 行，使用 var 声明 confirm 类型变量 con，调用 con 变量中的 start()方法；通过 for 循环语句和 if 语句，使用 Scanln()

函数持续读取控制台的输入值，如果 con 为 yes 时调用 buy()方法，否则调用 cancel()方法后跳出循环语句，最后调用 end()方法结束程序。

```
开始购物...
是否购买商品: yes
确认订单!
是否购买商品: no
取消订单!
购物结束...

Process finished with the exit code 0
```

图 4-2-4　例 4-2-4 的程序运行结果

进阶二：结构体与 JSON 序列化

结构体与 JSON
序列化

电商平台为消费者生成订单的同时会更新商品属性。为了方便商家阅读和使用订单，程序可以对数据进行 JSON 序列化和反序列化转换。涉及的知识点包括结构体、JSON 序列化和反序列化，如例 4-2-5 所示。

程序示例：【例 4-2-5】格式化商品订单信息

```go
1  package main
2  import (
3      "encoding/json"
4      "fmt"
5  )
6  //定义 Order 结构体，字段名包括字符串型的 Consumer、Phone 和 Goods，float64 类型 Price
7  type Order struct {
8      Consumer string
9      Phone string
10     Price float64
11     Goods string
12 }
13 func main(){
14     //声明结构体变量 order1
15     var order1 Order
16     //声明 JSON 格式的字符串变量 str
17     str := `{"Consumer":"消费者 1","Phone":"158***8949","Price":49.99,"Goods":"《中国近代史》"}`
18     //通过 JSON 反序列化，将 JSON 格式的字符串转换为结构体
19     json.Unmarshal([]byte(str),&order1)
20     //打印结构体变量 order1 信息
21     fmt.Println(order1)
22     //初始化结构体 Order，并赋值给变量 order2
23     order2 := &Order{
24         Consumer: "消费者 2",
25         Phone: "158***3249",
26         Price: 59.99,
27         Goods: "《中华人民共和国民法典》",
28     }
```

```
29        //通过 JSON 序列化，将结构体转换为 JSON 格式的字符串
30        jsonStr,_ := json.Marshal(order2)
31        //打印 JSON 格式的字符串
32        fmt.Println(string(jsonStr))
33    }
```

以上程序的运行结果如图 4-2-5 所示。

程序解读：

在上述程序第 7～12 行中，我们定义了结构体 Order，在其中定义了字符串型的字段名 Consumer、Phone 和 Goods，float64 类型的字段名 Price。在上述程序第 15～21 行中，我们使用 var 声明了结构体变量 order1，并声明了 JSON 格式字符串变量 str，调用 json.Unmarshal() 函数将 JSON 格式字符串转换为结构体，最终打印结构体变量 order1 信息。在上述程序第 23～32 行中，我们初始化了结构体 Order，并赋值给变量 order2，随后调用 json.Marshal() 函数将结构体转为 JSON 格式字符串，通过调用 fmt.Println() 函数打印 JSON 格式字符串。

```
{消费者1 158***8949 49.99 《中国近代史》}
{"Consumer":"消费者2","Phone":"158***3249","Price":59.99,"Goods":"《中华人民共和国民法典》"}

Process finished with the exit code 0
```

图 4-2-5　例 4-2-5 的程序运行结果

任务 4.3　打印商品订单列表

4.3.1　任务分析

电商平台中的所有商品售出之后都会生成相应的订单，在订单中会详细记录商品的价格、售出数量、发货地址等内容。Go 语言实现商品订单的过程中，我们将使用结构体、内嵌结构体和自定义结构体方法，例如通过结构体对商品订单进行记录，通过自定义结构体方法对订单列表进行查询。

在本任务中，我们将通过程序实现电商平台中订单列表的统计和查询，涉及的知识点主要包括结构体内嵌、初始化内嵌结构体、结构体标签（tag）。我们将学习多个案例并围绕知识点编写程序实现商品订单列表，通过结构体内嵌实现商品订单统计，通过初始化内嵌结构体实现商品订单查询，通过 tag 实现商品订单自定义标签。

4.3.2　相关知识

1. 结构体内嵌

Go 语言的结构体内嵌是一种组合特性，使用结构体内嵌可构建一种面向对象编程思想中的继承关系。结构体实例化后，可直接访问内嵌结构体的所有成员变量和方法。

结构体内嵌

```
type 结构体名1 struct{
    字段名1   字段类型1
    字段名2   字段类型2

}
```

```
type 结构体名 2 struct{
    结构体名 1
    字段名 3  字段类型 3
}
```

上述的语法格式特性如下：

（1）内嵌结构体成员变量可以直接访问。

（2）内嵌结构体的名称是它的类型。

2．初始化内嵌结构体

初始化内嵌结构体只需要将结构体内嵌的类型作为字段名，然后像普通结构体一样进行初始化即可。

（1）多值列表初始化内嵌结构体如下。

```
type 结构体名 1 struct{
    字段名 1  字段类型 1
    字段名 2  字段类型 2
}
type 结构体名 2 struct{
    结构体名 1
    字段名 3  字段类型 3
}
func main(){
    结构体实例 := 结构体名 2 {
        结构体名 1{
            字段名 1 值,
            字段名 2 值,
        },
        字段名 3 值,
    }
}
```

（2）key/value 初始化内嵌结构体如下。

```
type 结构体名 1 struct{
    字段名 1  字段类型 1
    字段名 2  字段类型 2
}
type 结构体名 2 struct{
    结构体名 1
    字段名 3  字段类型 3
}
func main(){
    结构体实例 := 结构体名 2 {
        结构体名 1{
            字段名 1:字段名 1 值,
            字段名 2:字段名 2 值,
        },
        字段名 3:字段名 3 值,
    }
}
```

4.3.3　实操过程

在任务 4.1 的实操过程中，我们创建了结构体文件 order.go。本小节需要在 order.go 文件中追加订单状态结构体 OrderStatus，代码如下。

```
1  type OrderStatus struct {
2      Order
3      Status string
4  }
```

程序解读：

在上述程序中，我们通过 type OrderStatus struct{}将结构体定义为 OrderStatus，将任务 4.2 中定义的结构体 Order 嵌套到 OrderStatus 中，并添加了字符串型的字段 Status。

步骤一：通过结构体内嵌统计商品订单

在本步骤中，我们将编写程序对商品订单进行统计，通过结构体内嵌将多个商品订单进行统一记录，涉及的知识点主要包括结构体内嵌、条件判断语句、循环语句和切片，如例 4-3-1 所示。

通过结构体内嵌
统计商品订单

程序示例：【例 4-3-1】统计商品订单

```
1  package main
2  import (
3      "cmall/model"
4      "fmt"
5      "math/rand"
6      "time"
7  )
8  //定义内嵌结构体 OrderList，将结构体 OrderStatus 内嵌到结构体 OrderList 中
9  type OrderList struct {
10     serial [] model.OrderStatus
11     model.OrderStatus
12 }
13 //为结构体 OrderList 添加使用值作为接收器的 start()方法，不带参数
14 func (o OrderList) start(){
15     fmt.Println("开始购物，祝您购物愉快……")
16 }
17 //为结构体 OrderList 添加使用值作为接收器的 cancel()方法，传入字符串型 consumer、goods
18 func (o OrderList) cancel(consumer,goods string){
19     fmt.Printf("%s 取消%s 订单\n",consumer, goods)
20 }
21 //为结构体 OrderList 添加使用值作为接收器的 end()方法，不带参数
22 func (o OrderList) end(){
23     fmt.Println("购物完成，欢迎下次光临……")
24 }
25 //为结构体 OrderList 添加使用指针作为接收器的 stats()方法，传入商品信息，统计商品订单
26 func (o *OrderList) stats(consumer string,phone string,address string,price
float64,goods string,date string,confirm bool){
27     if confirm {
28         //使用.修改结构体中字段名值，赋值 Consumer、Phone、Address 等字段名
29         o.Consumer=consumer
30         o.Phone=phone
```

```
31          o.Address=address
32          o.Price=price
33          o.Goods=goods
34          o.Date=date
35          o.Status="购买完成"
36          //使用 append() 函数将订单信息导入 serial 切片
37          o.serial =append(o.serial,o.OrderStatus)
38      }else {
39          //调用 OrderList 结构体中的 cancel() 方法
40          o.cancel(consumer,goods)
41      }
42  }
43  func main() {
44      //声明空结构体变量 orderList
45      orderList := OrderList{}
46      //调用 OrderList 结构体中的 start() 方法
47      orderList.start()
48      //使用 for 循环语句生成 10 条消费记录
49      for n := 1; n <= 10; n++ {
50          //声明布尔型变量 confirm
51          var confirm bool
52          //使用 fmt.Sprintf() 函数自定义 consumer、goods 元素值
53          consumer := fmt.Sprintf("消费者%d", n)
54          goods := fmt.Sprintf("商品%d", n)
55          //通过 rand.Intn(100) 函数随机生成 0～100 数值，使用+运算符增加 10，通过 float64 强
制转换为浮点型
56          price := float64(rand.Intn(100) + 10)
57          //使用 time.Now() 函数获取当前时间
58          now := time.Now()
59          // 自定义时间格式
60          date := fmt.Sprintf("%d-%02d-%02d %02d:%02d:%02d\n", now.Year(),
now.Month(), now.Day(), now.Hour(), now.Minute(), now.Second())
61          //使用%运算符，区分 2 的倍数，通过条件判断语句定义 confirm 元素值
62          if n%2 == 0 {
63              confirm = true
64          } else {
65              confirm = false
66          }
67          //调用 OrderList 结构体中的 stats() 方法，传入相应商品信息
68           orderList.stats(consumer,"158***4249","广东省深圳市南山区南海大道****号",
price, goods, date, confirm)
69      }
70      //通过 fmt.Println() 函数打印商品订单列表
71      fmt.Println(orderList.serial)
72      //调用 OrderList 结构体的 end() 方法结束程序
73      orderList.end()
74  }
```

以上程序的运行结果如图 4-3-1 所示。

程序解读：

（1）在上述程序第 9～12 行中，我们定义了一个名为 OrderList 的结构体，将 OrderStatus 内嵌到结构体 OrderList 中，并增加了一个 OrderStatus 结构体类型的切片 serial。

（2）在上述程序第 14～24 行中，我们为结构体 OrderList 添加了使用值作为接收器的 start()、cancel() 和 end() 方法。

（3）在上述程序第 26～42 行中，我们为结构体 OrderList 添加了使用指针作为接收器的 stats() 方法，使用了 if 语句进行条件控制。当 confirm 为 true 时，通过.修改结构体中字段名值，并使用 append() 函数将订单信息导入 serial 切片。当 confirm 为 false 时，调用 OrderList 结构体中的 cancel() 方法。

（4）在上述程序第 43～74 行中，我们首先初始化结构体变量 orderList，并调用 OrderList 结构体中的 start() 方法，使用 for 循环语句生成 10 条消费记录。当消费记录为偶数时，confirm 设置为 true，否则设置为 false。在调用 OrderList 中的 stats() 方法之后，fmt.Println() 函数打印商品订单列表，最后调用 end() 方法结束程序。

```
开始购物,祝您购物愉快……
消费者1 取消商品1 订单
消费者3 取消商品3 订单
消费者5 取消商品5 订单
消费者7 取消商品7 订单
消费者9 取消商品9 订单
[{{消费者2 158***4249 广东省深圳市南山区南海大道****号  商品2 97 2022-10-18 11:40:15
 false} 购买完成} {{消费者4 158***4249 广东省深圳市南山区南海大道****号  商品4 69 2022-10-18 11:40:15
 false} 购买完成} {{消费者6 158***4249 广东省深圳市南山区南海大道****号  商品6 28 2022-10-18 11:40:15
 false} 购买完成} {{消费者8 158***4249 广东省深圳市南山区南海大道****号  商品8 50 2022-10-18 11:40:15
 false} 购买完成} {{消费者10 158***4249 广东省深圳市南山区南海大道****号  商品10 10 2022-10-18 11:40:15
 false} 购买完成}]
购物完成,欢迎下次光临……

Process finished with the exit code 0
```

图 4-3-1　例 4-3-1 的程序运行结果

步骤二：查询商品订单详情

在例 4-3-1 中我们编写程序实现了对商品订单的统计，本步骤我们将通过方法从商品订单列表中查询某个商品订单详情，涉及的知识点主要包括初始化内嵌结构体、if 语句、for 循环语句和切片，如例 4-3-2 所示。

查询商品订单详情

程序示例：【例 4-3-2】查询商品订单详情

```
1  package main
2  import (
3    "cmall/model"
4    "fmt"
5    "math/rand"
6    "time"
7  )
8  //定义结构体 OrderList,将结构体 OrderStatus 内嵌到结构体 OrderList 中
9  type OrderList struct {
10     serial []model.OrderStatus
11     model.OrderStatus
12 }
13 //为结构体 OrderList 添加使用指针作为接收器的 cancel()方法,带参数
```

```
14 func (o *OrderList) cancel(orderCancel model.OrderStatus){
15     fmt.Println(orderCancel)
16 }
17 //为结构体 OrderList 添加使用指针作为接收器的 stats()方法，传入商品信息，统计商品订单
18 func (o *OrderList) stats(orderStatus model.OrderStatus,confirm bool){
19     if confirm {
20         o.serial =append(o.serial,orderStatus)
21     }
22 }
23 //为结构体 OrderList 添加使用指针作为接收器的 show()方法，传入消费者名，打印消费者订单信息
24 func (o *OrderList) show(consumer string){
25     for _,record := range o.serial{
26         if record.Consumer == consumer{
27             fmt.Printf("---订单信息如下---\n 消费者：%s\n 订单编号：%v\n 收货地址：%s\n
商品名称：%s\n 消费金额：%.2f\n 付款时间：%v",record.Consumer,record.ID,record.Address,
record.Goods,record.Price,record.Date)
28         }
29     }
30 }
31 func main() {
32     //声明 OrderList 类型结构体变量 orderList
33     var orderList OrderList
34     //使用 for 循环语句统计 10 条订单信息
35     for n := 1; n <= 10; n++ {
36         //声明布尔型变量 confirm
37         var confirm bool
38         //使用 fmt.Sprintf()函数自定义 consumer、goods 元素值
39         consumer := fmt.Sprintf("消费者%d", n)
40         goods := fmt.Sprintf("商品%d", n)
41         //通过 rand.Intn(100)函数随机生成 0~100 数值，使用+运算符增加 10，通过 float64 强
制转换为浮点型
42         price := float64(rand.Intn(100)+10)
43         //使用 time.Now()函数获取当前时间
44         now := time.Now()
45         //定义并初始化订单编号、消费者手机号码
46         id := "16789***0004"
47         phone := "158****4249"
48         // 自定义时间格式
49         date := fmt.Sprintf("%d-%02d-%02d %02d:%02d:%02d\n", now.Year(),now.
Month(), now.Day(), now.Hour(), now.Minute(), now.Second())
50         //使用%运算符，区分 2 的倍数，通过条件判断语句定义 confirm 元素值
51         if n%2 == 0 {
52             orderStatus:=model.Order{
53                 consumer,phone,"广东省深圳市南山区南海大道****号",id,goods,price,
date,true,
54             }
55             //使用多值列表初始化内嵌结构体
56             o := OrderList{make([]model.OrderStatus, 9), model.OrderStatus
{orderStatus, "确认订单"}}
57             orderList.stats(o.OrderStatus, orderStatus.Confirm)
58         } else {
```

```
59              confirm = true
60              o2 :=model.Order{Consumer: consumer, Phone: phone, Address: "广东省深
圳市南山区南海大道****号", Price: price, Goods: goods, Date: date}
61              o3 :=model.OrderStatus{
62                  o2,
63                  "确认订单",
64              }
65              //使用 key/value 形式初始化内嵌结构体
66              o := OrderList{OrderStatus: o3}
67              orderList.stats(o.OrderStatus, confirm)
68          }
69      }
70      //调用 show()方法打印"消费者 6"的订单信息
71      orderList.show("消费者 6")
72 }
```

以上程序的运行结果如图 4-3-2 所示。

程序解读：

（1）在上述程序第 9～12 行中，我们使用 type 关键字定义 OrderList 结构体，将结构体 OrderStatus 内嵌到结构体 OrderList 中，新增 OrderStatus 结构体类型的切片 serial。

（2）在上述程序第 14～30 行中，我们为结构体 OrderList 添加使用指针作为接收器的 cancel()、stats()方法，传入的参数为 OrderStatus 结构体；当 stats()方法中的 confirm 为 true 时，使用 append()函数将传入的 OrderStatus 结构体类型参数添加到切片中；为指针结构体 OrderList 添加 show()方法，当 OrderList 结构体中的字段名 Consumer 与传入参数变量 consumer 相同时，打印订单信息。

（3）在上述程序第 31～72 行中，我们使用 var 声明结构体 OrderList 类型变量 orderList，使用 for 循环语句统计 10 条订单信息。当订单排序为偶数时，使用多值列表形式初始化内嵌结构体 OrderStatus 后，调用 stats()方法将订单信息添加到切片列表中，否则使用 key/value 形式初始化内嵌结构体后，调用 stats()方法将订单信息添加到切片列表中，最后调用 show()方法打印"消费者 6"的订单信息。

```
---订单信息如下---
消费者: 消费者6
订单编号: 16789***0004
收货地址: 广东省深圳市南山区南海大道****号
商品名称: 商品6
消费金额: 28.00
付款时间: 2022-10-18 11:52:37

Process finished with the exit code 0
```

图 4-3-2　例 4-3-2 的程序运行结果

4.3.4　进阶技能

进阶：tag

电商平台生成商品订单的同时会更新商品属性，为了方便商家阅读和使用订单，可以对数据进行 JSON 序列化和反序列化转换，同时可以通过 tag 指

通过 tag 实现商品
订单自定义标签

定 JSON 字符串使用的字段名，实现商品订单自定义标签。涉及知识点为 tag，如例 4-3-3 所示。

程序示例：【例 4-3-3】商品订单自定义标签

```
1  package main
2  import (
3      "encoding/json"
4      "fmt"
5  )
6  //定义订单结构体 Order
7  type Order struct {
8      //通过 tag 实现指定字段 JSON 序列化时的 key
9      Consumer string `json:"消费者"`
10     //JSON 序列化默认使用字段名作为 key
11     Goods string
12     //首字母不大写表示私有，不能被 JSON 包访问
13     price float64
14 }
15 func main(){
16     //初始化结构体 Order 并赋值元素到变量 order1
17     order1 := &Order{
18         Consumer: "消费者1",
19         Goods: "中国近代史",
20         price: 49.99,
21     }
22     //将结构体转换为字节数组
23     jsonStr,_ := json.Marshal(order1)
24     //string 将字节数组数据转换为字符串，通过 fmt.Printf()函数打印商品信息
25     fmt.Printf("json str:%s\n", string(jsonStr))
26 }
```

以上程序的运行结果如图 4-3-3 所示。

程序解读：

在上述程序第 7～14 行中，我们使用 type 关键字定义了订单结构体 Order，通过 tag 指定 JSON 序列化时 "消费者" 为字段名 Consumer 的 key。在上述程序第 17～21 行中，初始化了结构体 Order 并赋值元素到变量 order1。第 23～25 行调用了 json.Marshal()函数，实现了将结构体转换为字节数组，最后通过 fmt.Printf()函数打印转换为字符串后的商品信息。

```
json str:{"消费者":"消费者1","Goods":"中国近代史"}

Process finished with the exit code 0
```

图 4-3-3　例 4-3-3 的程序运行结果

任务 4.4　模拟支付商品订单

4.4.1　任务分析

电商平台中的功能可以通过接口定义，接口通常包括订单接口、购物车接口、支付接口

等。在 Go 语言中，我们将通过接口声明、接口与结构体、接口的嵌套来实现商品订单功能，例如通过接口实现商品购买，通过接口实现商品订单支付等。

在本任务中，我们将编写程序实现电商平台中的订单支付接口。本任务涉及的知识点主要包括接口声明、接口与结构体、接口的嵌套、空接口与类型转换。本任务中的案例围绕语法知识实现了商品订单支付，通过接口与结构体的应用实现商品订单支付功能，通过接口的嵌套实现商品订单快速支付，通过空接口与类型转换实现商品属性的修改。

4.4.2　相关知识

1. 接口声明

Go 语言中没有传统面向对象语言中类的概念，为了实现方法的集合，Go 语言提供了对接口的支持，能够实现很多面向对象的特性。接口是双方约定的一种合作协议，接口实现者不需要关心接口会被怎样使用，只需要实现接口里面所有的方法即可。

（1）标准格式声明接口。

```
type 接口名 interface{
    方法名 1（参数列表 1）返回值列表 1
    方法名 2（参数列表 2）返回值列表 2
    ……
}
```

在上述的语法格式中各个标识符的含义如下。

① 接口名：使用 type 将接口定义为自定义的名称，接口在命名时，一般会在单词后面添加 er。

② 方法名：当方法名首字母是大写的，接口名首字母也是大写的时，这个方法可以被接口所在的包之外的代码访问。

③ 参数列表：表示传入方法中的值。

④ 返回值列表：方法返回值。

（2）标准格式接口的实现。

```
type 接口名 interface{
    方法名 1（参数列表 1）返回值列表 1
    方法名 2（参数列表 2）返回值列表 2
    ……
}
func (变量名 结构体名) 方法名 1（参数列表 1）返回值列表 1{
}
func (变量名 结构体名) 方法名 2（参数列表 2）返回值列表 2{
}
```

（3）接口特性。

① 接口是一种高度抽象的数据类型，它是对类型行为（对象功能）的约定，其中包含了一个或多个不包含代码的方法签名（即一系列方法的集合）。

② 在 Go 语言中不需要显式地声明实现了哪一个接口，只需要实现接口中所有的方法，同时确保方法的名称、参数和返回值与接口完全一样即可。

③ 接口不支持直接实例化，只能通过具体的类来实现声明的所有方法。

④ 只要两个接口拥有相同的方法列表（不需要区分方法的顺序），那么就认为这两个接

口是等同的，可以相互赋值。

⑤ 接口赋值并不要求两个接口必须等同。如果接口 A 的方法列表是接口 B 的方法列表的子集，那么接口 B 可以赋值给接口 A，但是接口 A 不可以赋值给接口 B（大接口可以赋值给小接口）。

⑥ 接口可以嵌入到其它接口中（接口嵌套），也可以嵌入到结构体中。

⑦ 接口支持匿名字段方法，空接口可以作为任何类型数据的容器。

2. 接口与结构体

在 Go 语言中，接口和结构体类型之间的关系是多对多的关系，即一个结构体类型可以实现多个接口，同时一个接口也可以被多个结构体类型实现。

（1）一个结构体类型实现多个接口。

```
type 接口名 1 interface{
    方法名 1（参数列表 1） 返回值列表 1
}
type 接口名 2 interface{
    方法名 2（参数列表 2） 返回值列表 2
}
type 结构体名 struct{
    字段名 1  字段类型 1
    字段名 2  字段类型 2
}
func （变量名 结构体名）方法名 1（参数列表 1） 返回值列表 1{
}
func （变量名 结构体名）方法名 2（参数列表 2） 返回值列表 2{
}
```

（2）一个接口被多个结构体类型实现。

```
type 接口名 interface{
    方法名 1（参数列表 1） 返回值列表 1
    方法名 2（参数列表 2） 返回值列表 2
}
type 结构体名 1 struct{
    字段名 1  字段类型 1
}
type 结构体名 2 struct{
    字段名 2  字段类型 2
}
type 结构体名 3 struct{
    字段名 3 字段类型 3
}
func （变量名 1 结构体名 1）方法名 1（参数列表 1） 返回值列表 1{
}
func （变量名 2 结构体名 2）方法名 2（参数列表 2） 返回值列表 2{
}
func （变量名 3 结构体名 3）方法名 2（参数列表 2） 返回值列表 2{
}
```

3. 接口的嵌套

在 Go 语言中，不仅结构体与结构体之间可以嵌套，接口与接口之间也可以嵌套，被包含的接口中的所有方法都会被包含到新的接口中。接口的嵌套格式如下。

```
type 接口名 1 interface{
    方法名 1()
}
type 接口名 2 interface{
    方法名 2()
}
type 接口名 3 interface{
    接口名 1
    接口名 2
    方法名 3()
}
```

4.4.3　实操过程

步骤一：通过接口与结构体实现商品订单的支付功能

在本步骤中，我们将编写程序对商品订单进行支付，通过接口与结构体实现商品订单支付功能，涉及的知识点主要包括接口、接口与结构体、goto 语句、switch 语句，如例 4-4-1 所示。

商品订单支付功能

程序示例：【例 4-4-1】商品订单支付功能

```
1  package main
2  import (
3      "cmall/model"
4      "fmt"
5  )
6  type Enter interface {
7      start()
8  }
9  type Outer interface {
10     end()
11 }
12 type Buyer interface {
13     buy(goods string,price float64,number int)
14 }
15 type Payer interface {
16     pay(price float64,number int)
17 }
18 //定义结构体 OrderPay
19 type OrderPay model.Order
20 //为结构体 OrderPay 添加使用值作为接收器的 start()方法，不带参数
21 func (o OrderPay) start(){
22     fmt.Println("开始购物，祝您购物愉快……")
23 }
24
25 //为结构体 OrderPay 添加使用值作为接收器的 end()方法，不带参数
```

```go
26 func (o OrderPay) end(){
27     fmt.Println("购物完成，欢迎下次光临……")
28 }
29 //为结构体 OrderPay 添加使用值作为接收器的 buy()方法，传入 goods、price、number 参数值
30 func (o OrderPay) buy(goods string,price float64,number int){
31     //通过*运算符计算商品总价
32     price = price*float64(number)
33     //调用 fmt.Printf()打印消费者订单信息
34     fmt.Printf("---购买成功，订单信息如下---\n消费者：%s\n消费总额：%.2f\n商品名称：%s\n
购买数量：%d\n",o.Consumer,price,goods,number)
35 }
36 //为结构体 OrderPay 添加使用值作为接收器的 pay()方法
37 func (o OrderPay) pay(price float64,number int){
38     price = price*float64(number)
39     var class string
40     //使用 for 循环语句保持支付连接状态
41     for {
42         fmt.Printf("请输入支付方式[支付宝、微信、银行卡]")
43         fmt.Scanln(&class)
44         //使用 switch 语句匹配条件
45         switch {
46         case class == "支付宝":
47             fmt.Printf("正在打开支付宝\n 支付宝付款：%.2f\n",price)
48             //使用 goto 跳转语句，条件满足时实现条件转移，跳出循环
49             goto breakHere
50         case class == "微信" :
51             fmt.Printf("正在打开微信\n 微信付款：%.2f\n",price)
52             goto breakHere
53         case class=="银行卡":
54             fmt.Printf("正在打开银行卡\n 银行卡付款：%.2f\n",price)
55             goto breakHere
56         default:
57             fmt.Printf("暂未开通%s 支付方式\n",class)
58         }
59     }
60     //定义 breakHere 标签，提供 goto 语句跳转
61 breakHere:
62     fmt.Println("支付成功")
63 }
64 func main(){
65     //初始化结构体，设置默认消费者基本信息
66     orderPay := OrderPay{Consumer: "消费者 1",Phone: "158****4249",Address: " 广
东省深圳市南山区南海大道****号",Confirm: true}
67     var (
68         inEnter Enter
69         outOuter Outer
70         buyBuyer Buyer
71         payPayer Payer
```

```
72          )
73          //赋值 orderPay 结构体变量到接口变量 inEnter、outOuter、buyBuyer、payPayer 中
74          inEnter,outOuter,buyBuyer,payPayer = orderPay,orderPay,orderPay,orderPay
75          //调用 inEnter 接口变量中 start()方法
76          inEnter.start()
77          //使用 if 语句，当再次确认被点击后，执行购买操作，否则取消购买
78          if orderPay.Confirm{
79              //调用订单购买接口 buyBuyer 中的 buy()方法，并传入参数
80              buyBuyer.buy("中国近代史",49.99,10)
81              //调用订单支付接口 payPayer 中的 pay()方法，并传入参数
82              payPayer.pay(49.99,10)
83          }else {
84              fmt.Println("订单取消!")
85          }
86          //调用 outOuter 接口中的 end()方法，结束程序运行
87          outOuter.end()
88      }
```

以上程序的运行结果如图 4-4-1 所示。

程序解读：

（1）在上述程序第 6～17 行中，我们使用 type 关键字声明接口 Enter 并添加 start()方法，声明接口 Outer 并添加 end()方法，声明接口 Buyer 并添加 buy()方法，buy()方法需传入 goods、price 和 number 作为参数，声明接口 Payer 并添加 pay()方法，pay()方法需传入 price、number 作为参数。

（2）在上述程序第 19～35 行中，我们使用关键字 type 将 model 包中的结构体 Order 定义为 OrderPay，然后为结构体 OrderPay 添加使用值作为接收器的不带参数的 start()和 end()方法，添加使用值作为接收器的 buy()方法并传入 goods、price、number 参数值，使用运算符*计算商品总价，最后调用 fmt.Printf()函数输出消费者订单信息。

（3）在上述程序第 37～63 行中，我们为结构体 OrderPay 添加使用值作为接收器的 pay()方法，并传入 price、number 参数值，使用运算符*计算商品总价，通过 var 声明了字符串型变量 class，通过 for 循环语句调用 fmt.Scanln()函数读取控制台输入参数，使用 switch 语句匹配 class 变量值，匹配成功则通过 goto 语句跳转并打印支付成功，否则提示暂未开通此支付方式。

（4）在上述程序第 64～88 行中，我们初始化结构体 OrderPay 并赋值变量 orderPay，使用 var 批量声明 inEnter、outOuter、buyBuyer、payPayer 这 4 个接口变量，并将结构体变量 orderPay 赋值于接口变量中，调用接口变量 inEnter 中的 start()方法。然后 if 语句判断，当 Confirm 为 true 时，调用接口变量 buyBuyer 中的 buy()方法和 payPayer 中的 pay()方法，否则取消订单。最后调用接口变量 outOuter 中的 end()方法，结束程序运行。

步骤二：通过接口嵌套的方式实现商品订单的快速支付

在例 4-4-1 中，我们通过编写程序实现了对商品订单的支付，包括进入、购买、支付、退出等接口。在本步骤中，我们将通过接口内嵌的方式实现购买接口和支付接口的合并，涉及的知识点主要包括接口与结构体、接口的内嵌、goto 语句、switch 语句，如例 4-4-2 所示。

商品订单的快速
支付

图 4-4-1 例 4-4-1 的程序运行结果

程序示例：【例 4-4-2】商品订单的快速支付

```
1  package main
2  import (
3      "cmall/model"
4      "fmt"
5  )
6  type Payer interface {
7      pay(price float64,number int)
8  }
9  type Buyer interface {
10     //将 Payer 接口内嵌到 Buyer 接口中
11     Payer
12     start()
13     end()
14     buy(goods string,price float64,number int)
15 }
16 //定义结构体 OrderPay
17 type OrderPay model.Order
18 //为结构体 OrderPay 添加使用值作为接收器的 start()方法，不带参数
19 func (o OrderPay) start(){
20     fmt.Println("开始购物，祝您购物愉快……")
21 }
22 //为结构体 OrderPay 添加使用值作为接收器的 end()方法，不带参数
23 func (o OrderPay) end(){
24     fmt.Println("购物完成，欢迎下次光临……")
25 }
26 //为结构体 OrderPay 添加使用值作为接收器的 buy()方法，并传入 goods、price、number 参数值
27 func (o OrderPay) buy(goods string,price float64,number int){
28     //通过*运算符计算商品总价
29     price =price*float64(number)
30     //调用 fmt.Printf()函数打印消费者订单信息
31     fmt.Printf("---购买成功，订单信息如下---\n 消费者：%s\n 消费总额：%.2f\n 商品名
称:%s\n 购买数量：%d\n",o.Consumer,price,goods,number)
```

```
32  }
33  //为结构体 OrderPay 添加使用值作为接收器的 pay()方法，并传入 price、number 参数变量
34  func (o OrderPay) pay(price float64,number int){
35      price = price*float64(number)
36      var  class string
37      //使用 for 循环语句保持支付连接状态
38      for {
39          fmt.Printf("请输入支付方式[支付宝、微信、银行卡]")
40          fmt.Scanln(&class)
41          //使用 switch 语句匹配条件
42          switch {
43          case class == "支付宝":
44              fmt.Printf("正在打开支付宝\n 支付宝付款：%.2f\n",price)
45              //使用 goto 跳转语句，条件满足时实现条件转移，跳出循环
46              goto breakHere
47          case class == "微信" :
48              fmt.Printf("正在打开微信\n 微信付款：%.2f\n",price)
49              goto breakHere
50          case class=="银行卡":
51              fmt.Printf("正在打开银行卡\n 银行卡付款：%.2f\n",price)
52              goto breakHere
53          default:
54              fmt.Printf("暂未开通%s 支付方式\n",class)
55          }
56      }
57      //定义 breakHere 标签，提供 goto 语句跳转
58  breakHere:
59      fmt.Println("支付成功")
60  }
61  func main(){
62      //初始化结构体，设置默认消费者基本信息
63      orderPay := OrderPay{Consumer: "消费者 1",Phone: "158****4249",Address: " 广
东省深圳市南山区南海大道****号",Confirm: true}
64      var (
65          buyBuyer Buyer
66      )
67      //赋值 orderPay 结构体变量到接口变量 buyBuyer 中
68      buyBuyer = orderPay
69      //调用 buyBuyer 接口变量中的 start()方法
70      buyBuyer.start()
71      //使用 if 语句，当再次确认被点击后，执行购买操作，否则取消购买
72      if orderPay.Confirm{
73          //调用订单购买接口 buyBuyer 中的 buy()方法，并传入参数
74          buyBuyer.buy("中国近代史",49.99,10)
75          //调用订单购买接口 buyPayer 中的 pay()方法，并传入参数
76          buyBuyer.pay(49.99,10)
77      }else {
78          fmt.Println("订单取消!")
```

```
79      }
80      //调用 buyBuyer 接口中的 end()方法结束程序运行
81      buyBuyer.end()
82 }
```

以上程序的运行结果如图 4-4-2 所示。

程序解读：

（1）在上述程序第 6～15 行中，我们使用 type 关键字声明接口 Payer，添加 pay()方法并传入参数变量 price、number。声明接口 Buyer，将 Payer 接口嵌套到 Buyer 接口中，在 Buyer 接口中添加不带参数的 start()方法和 end()方法，添加带参数的 buy()方法。

（2）在上述程序第 17～32 行中，我们使用 type 关键字将 model 包中结构体 Order 的别名定义为 OrderPay，为结构体 OrderPay 添加使用值作为接收器的不带参数的 start()方法和 end()方法，添加使用值作为接收器的 buy()方法，并传入 goods、price、number 参数值，使用运算符*计算商品总价，最后调用 fmt.Printf()函数输出消费者订单信息。

（3）在上述程序第 34～60 行中，我们为结构体 OrderPay 添加使用值作为接收器的 pay()方法并传入 price、number 参数变量，使用运算符*计算商品总价，声明了字符串型变量 class，通过 for 循环语句调用 fmt.Scanln()函数读取控制台输入参数，通过 switch 语句匹配 class 变量值，匹配成功则通过 goto 语句跳转并打印支付成功，否则提示暂未开通此支付方式。

（4）在上述程序第 61～82 行中，我们初始化了结构体 OrderPay 并赋值变量 orderPay，使用 var 声明接口变量 buyBuyer 并将结构体变量 orderPay 赋值于接口变量 buyBuyer 中，调用接口变量 buyBuyer 中的 start()方法。然后 if 语句判断，当 Confirm 为 true 时，调用接口变量 buyBuyer 中的 buy()方法和 pay()方法，否则取消订单。最后调用接口变量 buyBuyer 中 end()方法结束程序运行。

```
开始购物，祝您购物愉快······
---购买成功，订单信息如下---
消费者：消费者1
消费总额：499.90
商品名称:中国近代史
购买数量：10
请输入支付方式[支付宝、微信、银行卡]充值卡
暂未开通充值卡支付方式
请输入支付方式[支付宝、微信、银行卡]微信
正在打开微信
微信付款：499.90
支付成功
购物完成，欢迎下次光临······

Process finished with the exit code 0
```

图 4-4-2　例 4-4-2 的程序运行结果

4.4.4　进阶技能

空接口与类型转换

进阶：空接口与类型转换

在电商平台中，商品拥有不同类型的商品属性，因此我们在定义商品属性时，可以使用空接口的方式。空接口的类型不可以直接使用，必须经过类型断言（一种使用在接口值上的操作，用于检查接口类型变量所持有的值是否实现了期

望的接口类型或者具体类型。）转换之后才可以使用，如例 4-4-3 所示。

程序示例：【例 4-4-3】商品属性修改

```
1  package main
2  import "fmt"
3  func main() {
4      // 定义空接口类型变量
5      var any interface{}
6      //定义字符串型变量 title 和整型变量 date
7      var (
8          title string
9          date int
10     )
11     //赋值空接口元素值
12     any = "神舟十四号"
13     //使用类型断言，该断言表达式会返回 any 的值（也就是 title）和一个布尔值（ok）
14     //根据布尔值 ok 可以判断出 any 是否为字符串型
15     title,ok = any.(string)
16     //打印变量 title 的值
17     fmt.Printf("中国载人航天工程发射的第十四艘飞船简称：%s\n",title)
18     fmt.Println("any 是否为字符串型: ",ok)
19     //修改空接口元素值
20     any = 2022
21     //使用类型断言
22     date,ok = any.(int)
23     //打印变量 date 的值
24     fmt.Printf("中国载人航天工程发射的第十四艘飞船发射于: %d",date)
25     fmt.Println("any 是否为整型: ",ok)
26  }
```

以上程序的运行结果如图 4-4-3 所示。

程序解读：

在上述程序第 7～10 行中，我们使用 var 声明空接口类型变量 any，批量声明字符串型变量 title 和整型变量 date。在上述程序第 11～18 行中，对空接口变量 any 赋值 "神舟十四号"，使用类型断言判断空接口类型变量 any 是否为字符串型，将判断的结果赋值给变量 ok，将空接口类型变量 any 的值赋值于变量 title，然后对变量 title 和 ok 进行打印。在上述程序第 19～25 行中，对空接口变量 any 赋值 "2022"，使用类型断言判断空接口类型变量 any 是否为整型，将判断的结果赋值给变量 ok，将空接口类型变量 any 的值赋值于变量 date，然后对变量 date 和 ok 进行打印。

```
中国载人航天工程发射的第十四艘飞船简称：神舟十四号
any是否为字符串型：true
中国载人航天工程发射的第十四艘飞船发射于：2022
any是否为整型：true

Process finished with the exit code 0
```

图 4-4-3　例 4-4-3 的程序运行结果

【项目小结】

本项目通过对电商平台中商品订单的实现，带领大家学习了结构体、结构体函数和接口。本项目知识点归纳如下。

（1）结构体定义。

（2）实例化结构体。

（3）初始化结构体变量。

（4）结构体构造函数。

（5）结构体方法和接收器。

（6）结构体内嵌以及初始化内嵌结构体。

（7）接口声明。

（8）接口与结构体。

（9）接口的嵌套。

【巩固练习】

一、选择题

1. 以下不是 Go 语言支持的编程范式的是（　　　）。

　　A. 面向对象编程　　　　　　　　　　　B. 面向接口编程

　　C. 面向多态编程　　　　　　　　　　　D. 函数式编程

2. 以下不是 Go 语言结构体特性的是（　　　）。

　　A. 结构体类型是值类型

　　B. 结构体可以嵌套

　　C. 结构体可以定义方法

　　D. 结构体用于定义复杂的数据结构体，可以和其他类型进行强制转换

3. 以下不是 Go 语言结构体实例化方法的是（　　　）。

　　A. 使用 var 声明结构体名

　　B. 使用 make 创建结构体实例

　　C. 使用 new 创建结构体实例

　　D. 使用&符号取结构体地址实例化

4. Go 语言访问结构体成员变量，下面说法正确的是（　　　）。

　　A. 通过 key/value 访问结构体中成员

　　B. 使用索引访问结构体成员

　　C. 使用 "." 访问结构体成员

　　D. 以上方法均可实现

5. Go 语言初始化结构体成员变量，下面说法正确的是（　　　）。

　　A. 支持使用 key/value 初始化结构体

　　B. 支持使用多值列表初始化结构体

  C.　支持对匿名结构体初始化

  D.　以上说法均正确

6.　Go 语言使用多值列表初始化结构体成员变量，下面说法正确的是（　　　）。

  A.　与 key/value 同时使用时，支持初始化部分结构体成员

  B.　每一个初始值的填充顺序必须与结构体中字段名的顺序一致

  C.　必须初始化结构体的所有字段

  D.　每一个初始值类型必须与结构体所对应的字段名类型一致

7.　Go 语言中对结构体添加方法，下面说法正确的是（　　　）。

  A.　使用值作为接收器的添加方法

  B.　使用指针作为接收器的添加方法

  C.　每个方法只能有一个接收器

  D.　指针接收器与非指针接收器的唯一区别在于指针接收器可以对结构体成员变量进行修改，非指针接收器不可以对指针变量进行修改

8.　Go 语言结构体嵌套中，下面说法正确的是（　　　）。

  A.　一个结构体中可以嵌套包含另一个结构体或结构体指针

  B.　当访问结构体中成员时，优先在结构体中查找，检索不到时再查找嵌套结构体中字段名

  C.　通过嵌套结构体可以实现继承

  D.　可以使用 key/value 或多值列表形式初始化结构体

9.　Go 语言接口特性中，下面说法正确的是（　　　）。

  A.　接口需要显式声明才能实现方法

  B.　两个接口拥有相同方法列表时，可以相互赋值

  C.　接口 A 的方法是接口 B 方法列表的子集时，接口 B 可以赋值给接口 A

  D.　接口中必须存在一个或者多个方法的签名

10.　Go 语言中接口和接口类型关系，下面说法正确的是（　　　）。

  A.　一个接口类型可以实现多个接口

  B.　一个接口可以被多个接口类型实现

  C.　一个接口类型可以直接转换成另一个接口类型

  D.　使用类型断言可以对接口变量的类型进行检查

二、填空题

1.　在横线上，使用 var 声明结构体变量 stu。

```
package main
import "fmt"
type  Student struct {
    Name string
    Age int
    Grade float64
}
func main(){
    _____

}
```

2. 在横线上，使用多值列表形式初始化结构体 Student 字段元素"小明"、15、95.5，赋值变量 stu。

```
package main
import "fmt"
type Student struct {
    Name string
    Age int
    Grade float64
}
func main(){
    _____

}
```

3. 在横线上，使用 key/value 形式初始化结构体 Student 中字段名 Name 值"小明"、字段名 Grade 值 95.5。

```
package main
import "fmt"
type Student struct {
    Name string
    Age int
    Grade float64
}
func main(){
    _____

}
```

4. 在横线上，使用 "." 访问结构体变量 stu，修改字段名变量"小明"、15、93.5。

```
package main
import "fmt"
type Student struct {
    Name string
    Age int
    Grade float64
}
func main(){
    var stu Student
    _____
    _____
    _____

}
```

5. 在横线上，构造结构体函数 NewStudent()，传入参数 name、Age 并作为 Student 指针中字段名返回。

```
package main
import "fmt"
_____
func NewStudent (name string, grade float64) *Student{
    return &Student{
        Name: name,
        Grade: grade,
    }
}
func main(){
```

```
    stu := NewStudent("小明",95.5)
    fmt.Println(stu)
}
```

6. 在横线上，为结构体 Student 添加不带参数的 show()方法，在 show()方法中使用 "."
访问结构体变量 stu 中字段名，并通过 fmt.println()函数打印。

```
package main
import "fmt"
type  Student struct {
    Name string
    Age int
    Grade float64
}

_____

func main(){
    var stu =Student{
        Name: "小明",
        Age: 15,
        Grade: 95.5,
    }
    stu.show()
}
```

7. 在横线上，为结构体 Student 添加带参数的 show()方法，在 main()函数中调用结构体
中的 show()方法传入元素值"小明"、15、95.5。show()方法中参数分别为字符串型 name、整型
age、float64 类型 grade，并通过 fmt.println()函数打印传入的变量参数。

```
package main
import "fmt"
type  Student struct {
    Name string
    Age int
    Grade float64
}

_____

func main(){
    var stu Student
    _____
}
```

8. 在横线上，使用 type 关键字定义结构体，完善代码案例，使其可以正常运行。

```
package main
import "fmt"

_____

type  Student struct {
    _____
    Grade float64
}
func main(){
    stu :=Student{
        Person:Person{
            Name: "小明",
            Age: 15,
        },
```

```
        Grade: 95.5,
    }
    fmt.Println(stu)
}
```

9. 在横线上，使用type关键字定义接口 Personer，将结构体变量 stu 赋值到接口变量 person，并通过接口变量 person 调用 Learning()和 Sleeping()方法，Sleeping()方法传入参数值 8。

```
package main
import (
    "fmt"
)

_____

type Student struct {
    Name string
    Age int
    Score float32
}
func (stu Student)Learning(){
    fmt.Println("学习中……")
}
func (stu Student)Sleeping(time int){
    fmt.Printf("需要休息 %d 小时",time)
}
func main() {
    var person Personer
    var stu Student

    _____

}
```

10. 在横线上，使用关键字定义接口 Studenter 并添加 Running()方法，将接口 Personer 嵌套在 Studenter 接口中，并通过接口变量 student 调用 Learning()、Sleeping()、Running()方法，Sleeping()方法传入参数值 8。

```
package main
import (
    "fmt"
)
type Personer interface {
    Learning()
    Sleeping(time int)
}

_____

type Student struct {
    Name string
    Age int
    Score float32
}
func (stu Student)Learning(){
    fmt.Println("学习中……")
}
func (stu Student)Running(){
    fmt.Println("运动中……")
}
func (stu Student)Sleeping(time int){
```

```
        fmt.Printf("需要休息 %d 小时",time)
}
func main() {
    var student Studenter
    var stu Student
    _____
}
```

三、简答题

1. Go 语言中的结构体相当于其他语言中的什么？它具有什么优势？
2. Go 语言中如何判定一个函数是方法还是函数？
3. Go 语言中的结构体内嵌相当于其他语言中的什么？
4. Go 语言中接口的本质是什么？
5. Go 语言中接口和接口类型之间的关系是什么？

四、程序改错题

1. 修改下面代码，使其正常运行。

```
package main
import (
    "fmt"
    "syscall"
)
type Student struct {
    Name string
    Age int
    Grade float64
}
func main(){
    var (
        name string
        age int64
        grade float32
    )
    name ="小明"
    age =15
    grade =93.5
    fmt.Println(Student{name,grade,age})
    fmt.Println(Student{name,age,grade})
    fmt.Println(Student{Name: name,age,Grade: grade})
}
```

2. 修改下面代码，使其正常运行并实现结构体变量 stu 中变量值的替换。

```
package main
import "fmt"
type Student struct {
    Name string
    Age int
    Grade float64
}
func (s Student) change(name string,age int64,grade float64){
    s.Name = name
    s.Age =age
```

```
    s.Grade =grade
}
func main(){
    stu := Student{"小明",15,93.5}
    fmt.Println("修改前:",stu)
    stu.change("小军",16,95.5)
    fmt.Println("修改后:", stu)
}
```

3. 修改下面代码，通过 Studenter 接口变量调用 change()方法替换结构体变量 stu 中的变量值。

```
package main
import "fmt"
type  Studenter interface {
}
type  Student struct {
    Name string
    Age int
    Grade float64
}
func (s *Student) change(name string,age int,grade float64){
    s.Name = name
    s.Age =age
    s.Grade =grade
}
func main(){
    stu := Student{"小明",15,93.5}
    Studenter:=stu
    fmt.Println("修改前:",stu)
    Studenter.change("小军",16,95.5)
    fmt.Println("修改后:", stu)
}
```

五、编程题

1. 设计一个程序，定义一个结构体变量 Student，字段名为字符串型 Name，整型 Grade、Age，浮点型 Score，分别使用多值列表和 key/value 两种初始化形式定义结构体变量，最后使用变量定义的方式修改初始化结构体变量，并打印结构体所有信息。

2. 设计一个程序，定义一个结构体变量 Student，字段名为字符串型 Name，整型 Grade、Age，浮点型 Score，添加结构体构造函数 newStudent()，添加使用值作为接收器的 running()、learning()、eating()方法，添加使用指针作为接收器的 exam()方法并修改结构体中 Score 字段名值，打印结构体所有信息。

3. 设计一个程序，设计结构体变量 Student、Person，将结构体 Person 内嵌到 Student 中，字段名为字符串型 Name，整型 Grade、Age，浮点型 Score。使用变量定义的方式定义结构体变量 Student，并打印结构体的所有信息。

4. 设计一个程序，定义接口 Studenter，将编程题 2 中的结构体方法添加到接口 Studenter 中，通过接口 Studenter 调用 running()、learning()、eating()、exam()方法，打印结构体所有信息。

项目 5

体会 Go 语言高级特性

 **项目导读**

本项目共 2 个任务，在这 2 个任务中，我们将一同学习 Go 语言反射的基本概念、反射修改变量、文件操作、压缩归档文件操作、结构体文件读写、并发特性、多并发协程创建、channel 通信机制、select 多路复用多协程同步等待、互斥锁使用等相关内容。"创新是第一动力""创新驱动发展"，我们通过理论结合案例的形式展现上述 Go 语言不同于其他编程语言的高级特性使用规则及方法，发扬钉钉子精神，一步步通过构建客服聊天窗口来充分学习 Go 语言中关于高级特性的相关内容。

本项目所要达成的目标如下表所示。

任务 5.1	统计货物清单
知识目标	1. 能够概述 Go 语言 reflect 反射包中 Type 和 Value 的概念； 2. 能够描述 Go 语言反射修改变量的方法； 3. 能够说出 Go 语言中文件处理方法
技能目标	1. 能够使用 Go 语言反射获取类型信息； 2. 能够使用 Go 语言反射对普通变量、切片、结构体值进行修改； 3. 能够使用 Go 语言文件函数语法对文件进行读取与写入； 4. 能够使用 Go 语言 ZIP、TAR 压缩格式对文件进行压缩
素质目标	1. 具有获取和运用信息的综合能力，具备信息技术应用综合素养； 2. 具有高效、踏实的工匠精神； 3. 具备正确的荣辱观
学时建议	本任务建议教学 4 个学时，其中 2 个学时完成理论教学，另 2 个学时完成实践内容讲授以及实操。教师可以结合配套的多媒体资源以及本书配套的习题实施线上线下混合式教学
任务 5.2	模拟商城客服聊天窗口
知识目标	1. 能够概述并发与并行的区别； 2. 能够描述 Go 语言 goroutine 与 channel 之间的关系以及使用方法； 3. 能够掌握无缓冲通道与带缓冲通道的区别； 4. 能够说出互斥锁的使用方法
技能目标	1. 能够使用 Go 语言多并发打印通道信息； 2. 能够使用 Go 语言多并发协程和通道实现消息传递； 3. 能够使用 Go 语言多协程同步等待去灵活调整程序的运行顺序； 4. 能够使用 Go 语言互斥锁处理资源抢占问题

续表

素质目标	1. 具有获取和运用信息的综合能力，具备信息技术应用综合素养； 2. 具有高效、踏实的工匠精神； 3. 具备正确的荣辱观
学时建议	本任务建议教学 4 个学时，其中 2 个学时完成理论教学，另 2 个学时完成实践内容讲授以及实操。教师可以结合配套的多媒体资源以及本书配套的习题实施线上线下混合式教学

任务 5.1　统计货物清单

5.1.1　任务分析

在电商平台中，每一件货物都需要记录在仓库中，包括货物的序列号、名称、价格、销售量、库存等。通过 Go 语言编写程序实现货物清单统计的过程中，我们将使用反射、文件读取与写入、文件压缩归档等方法。例如，我们将通过反射特性打印仓库货物信息，通过文件读取与写入修改货物信息清单。

在本任务中，我们将通过程序实现电商平台中货物清单的统计，涉及的知识点主要包括反射的基本概念、反射修改变量、文件处理操作、压缩归档文件操作。我们将通过多个案例围绕知识点编写程序实现货物清单的统计，通过反射修改变量实现货物信息输出，通过文件写入操作实现货物清单信息保存，通过文件读取操作实现货物清单信息提取。

5.1.2　相关知识

反射与文件

1. 反射基本概念

反射（reflect）是指在程序运行期对程序本身进行访问、检测和修改的能力。

C/C++语言不支持反射功能，当 C/C++程序在编译时，变量被转换为内存地址，而变量名不会被编译器写入到可执行文件，因此在运行 C/C++程序时，程序无法获取自身的信息。

Go 语言支持反射功能，在程序编译期间会将变量的反射信息（如字段名称、类型信息、结构体信息等）整合到可执行文件中，并给程序提供接口访问反射信息，实现在程序运行期间获取变量的反射信息以及对相关信息的修改。需要注意的是，程序在编译时并不会知道这些变量的具体类型，但反射可以让我们将类型本身作为第一类值的类型处理。

Go 语言中的反射主要涉及 Type 和 Value 这两个基本概念，它们也是 Go 语言 reflect 包中十分重要的两个概念。

（1）反射获取变量类型。

```
reflect.TypeOf(varname)
```

（2）反射获取变量类型的详细信息。

```
reflect.TypeOf(varname).Kind()
```

（3）反射类型详细信息和基本类型比较。

```
reflect.TypeOf(varname).Kind() == reflect.Type
```

在上述语法中，reflect.TypeOf()的 Type 表示数据变量类型，比如 int、float64、string 等。

（4）反射获取变量值。

```
reflect.ValueOf(varname)
```

（5）反射获取变量所指向的指针。

```
reflect.ValueOf(&varname).Elem()
```

在上述语法中，&varname 表示传入变量地址。需要注意的是，Go 语言中不能直接对指针进行运算或者修改，因此在这里可以通过 Elem()函数获取指针指向的值，方便后续对该值进行操作。

2. 反射修改变量

我们在使用 reflect.ValueOf()的 Elem()函数时，如果 ValueOf()传入的是变量的地址，则可以通过反射去修改变量的值。

（1）反射修改变量。

```
reflect.ValueOf(&x).Elem().Set(newvarname)
reflect.ValueOf(&x).Elem().SetType(newvarname)
```

在上述语法中，SetType()函数中的 Type 表示具体的数据类型，比如 SetString()、SetInt()等。

（2）反射修改整个切片。

```
intSliceElemValue := reflect.ValueOf(&intSlice).Elem()
newValue := reflect.ValueOf(newSliceValue)
intSliceElemValue.Set(newValue)
```

（3）反射修改切片索引值。

```
intSliceValue := reflect.ValueOf(intSlice)
e := intSliceValue.Index(index_size)
e.SetInt(newvarname)
```

在 Go 语言中，如果通过反射的 reflect.ValueOf()获得反射的对象信息是结构体类型，则可以通过 Elem()函数来修改结构体的字段值。

（4）反射修改结构体的字段值。

```
personNameValue := reflect.ValueOf(&struct.name)
personNameValue.Elem().SetString(newvarname)
```

在上述语法中，&struct.name 表示获取结构体中字段名的地址，newvarname 为修改后的字段值。

3. 文件处理操作

在 Go 程序的运行过程中，大多数情况下，数据都以变量的形式暂时存放在内存中，但在计算机断电之后，内存中的数据就会丢失。因此，如果我们想要将程序的运行数据永久存放在计算机上，就需要将数据以文件形式保存在计算机硬盘中。

（1）打开文件函数。

```
func Open(name string) (*File, error)
```

在上述语法中，name 为文件名，返回值为打开文件的句柄，失败则返回 error 错误信息，否则返回 nil。

（2）关闭文件函数。

```
func (file *File) Close() error
```

在上述语法中，file 为打开的文件，失败则返回 error 错误信息，否则返回 nil。

（3）文件读取函数。

在 Go 语言中，有 4 种函数能够实现文件读取，分别是 ioutil.ReadFile()、file.Read()、

bufio.NewReader()和 ioutil.ReadAll()，具体如下。

① ioutil.ReadFile()。

```
func ReadFile(filename string) ([]byte, error)
```

上述函数不需要手动打开与关闭文件，其中 filename 表示文件名，返回值[]byte 代表文件内容，该函数会以字节数组形式读取文件内容。

② file.Read()。

```
func (f *File) Read(b []byte) (n int, err error)
```

使用上述函数之前，需要先手动打开文件获得文件句柄，然后通过文件句柄调用该函数来读取文件内容。其中 f 表示打开的句柄，b 用于存储从文件中读取的 len(b)字节内容，n 表示读取到的字节数。

③ bufio.NewReader()。

```
fileData := bufio.NewReader(file)
n, err := fileData.Read(buf)
```

使用上述函数之前，需要先手动打开文件获得文件句柄，然后通过文件句柄来读取文件。file 表示文件句柄，buf 表示存放所读取数据的缓存区域，n 表示读取到的字节数。

④ ioutil.ReadAll()。

```
func ReadAll(file io.Reader) ([]byte, error)
```

使用上述函数之前，需要先手动打开文件获得文件句柄，然后通过文件句柄来读取文件，其中 file 表示文件句柄；io.Reader 是一个包装了基本读取方法的接口，其内设有一个 Read()方法，如果 Read()返回 0 字节数和 nil 错误值，则表示文件读取被阻碍。

（4）文件写入函数。

在 Go 语言中，有 4 种方法能够实现文件写入，分别是 io.WriteString()、ioutil.WriteFile()、file.Write()和 bufio.WriteString()，具体如下。

① io.WriteString()。

```
func WriteString(w Writer, s string) (n int, err error)
```

在上述语法中，w 是一个 Writer 类型的接口，代表的是要写入信息的文件，s 是需要写入文件的内容。

② ioutil.WriteFile()。

```
func WriteFile(filename string, data []byte, perm os.FileMode) error
```

在上述语法中，filename 是文件名，data 是一个 byte 类型的数组，代表要写入文件里的内容，perm 是文件的权限。

③ file.Write()。

```
func (f *File) Write(b []byte) (n int, err error)
```

在上述语法中，f 是要操作的文件，b 是要写入文件的内容。该语句在写入成功的情况下，会返回成功写入的字节数 n，如果写入失败，则会返回 err 错误信息。

④ bufio.WriteString()。

```
func (b *Writer) WriteString(p []byte) (n int, err error)
```

在上述语法中，b 是要写入的文件，p 是要写入的内容。该语句在写入成功的情况下，会返回成功写入的字节数 n，如果写入失败，则会返回 err 错误信息。

4. 压缩归档文件操作

Go 语言的标准库提供了对几种压缩格式的支持，常用的主要有 ZIP 和 TAR。

（1）ZIP 归档文件。

```
buf := new(bytes.Buffer)
zw = zip.NewWriter(buf)
```

在上述语法中，变量 buf 为存放文档数据的缓存区，zw 为 ZIP 压缩格式的存档。

（2）TAR 归档文件。

```
buf := new(bytes.Buffer)
tw := zip.NewWriter(buf)
```

在上述语法中，变量 buf 为存放文档的缓存区，tw 为 TAR 压缩格式的存档。

5.1.3　实操过程

步骤一：通过反射修改变量实现货物信息清单的打印

在本步骤中，我们将编写程序对货物信息进行输出，通过反射修改变量
实现货物信息清单打印，涉及的知识点主要包括反射、切片、结构体、for 循
环语句，如例 5-1-1 所示。

打印货物信息清单

程序示例：【例 5-1-1】打印货物信息清单

```
1   package main
2   import (
3       "fmt"
4       "reflect"
5   )
6   //定义一个名为 Ideology 的结构体
7   type Ideology struct {
8       Id int
9       Goods string
10      Price float64
11      Total,Sold int64
12  }
13  func main(){
14      //批量定义切片变量 goodsList 和 goodsList2，变量类型为结构体 Ideology
15      var (
16          goodsList []Ideology
17          goodsList2 []Ideology
18      )
19      //定义字符串型变量 title
20      var title string
21      //对字符串 title 变量进行赋值，对于过长的字符串采用+进行拼接
22      title ="我们行动的意志，依我们行动次数的频繁和坚定的程度而增强，" +
23          "而脑力则依意志的使用而增长。这样便真能产生信仰。"
24      //定义并初始化变量 unit
25      unit := "行动力书单"
26      //通过 reflect.TypeOf()函数获取变量类型
27      titleType := reflect.TypeOf(title)
28      //调用 titleType 中的 Kind()函数判断是否为字符串型
29      if titleType.Kind() == reflect.String{
30          //通过 reflect.ValueOf()函数获取变量 title、unit 信息
31          fmt.Println(reflect.ValueOf(title),"\n--------------")
32          fmt.Println(reflect.ValueOf(unit))
```

```
33     }
34     //定义并初始化若干结构体变量
35     record := Ideology{1,"《行为设计学：零成本改变》",49.9,1000,600}
36     record2 := Ideology{2,"《关键改变》",69.9,1000,500}
37     record3 := Ideology{3,"《最重要的事只有一件》",99.9,1000,800}
38     newRecord3 := Ideology{3,"《引爆自律力》",99.9,1200,880}
39     record4 := Ideology{4,"《内在动机》",59.99,600,240}
40     record5 := Ideology{5,"《成功、动机与目标》",69.99,500,200}
41     //通过 append()函数将结构体变量 record、record2、record3 追加到切片中
42     goodsList =append(goodsList,record,record2,record3)
43     //通过 Elem()函数获取指针切片 goodsList 变量信息
44     updateGoods := reflect.ValueOf(&goodsList).Elem()
45     //通过 CanSet()函数判断切片是否可以修改
46     if updateGoods.CanSet(){
47         goodsList2 =append(goodsList2,record,record2,record3,record4,record5)
48         newValue := reflect.ValueOf(goodsList2)
49         //通过 Set()函数对切片进行整体更新
50         updateGoods.Set(newValue)
51     }
52     //通过 reflect.ValueOf()函数获取变量信息
53     intSliceValue := reflect.ValueOf(goodsList)
54     //通过 Index()函数获取切片索引为 2 的变量信息
55     e := intSliceValue.Index(2)
56     //通过 CanSet()函数判断变量信息是否可以修改
57     if e.CanSet(){
58         //通过 Set()函数对切片索引 2 的值进行修改
59         e.Set(reflect.ValueOf(newRecord3))
60     }
61     //使用 for 循环语句获取切片中元素值
62     for _,value := range goodsList{
63         //通过 if 语句判断，使得当 Id 为偶数时，将获取总数变更为 2000
64         if value.Id %2 == 2{
65             reflect.ValueOf(&value.Total).Elem().SetInt(2000)
66         }else {
67         }
68         //通过运算符-计算货物库存量
69         available := value.Total-value.Sold
70         //使用 fmt.Printf()函数打印货物信息
71         fmt.Printf("序列号：%d 货物名称：%s 货物价格：%.2f 货物总数：%d 销售量：%d 库
存量：%d\n",value.Id,value.Goods, value.Price,value.Total,value.Sold,available)
72     }
73 }
```

以上程序的运行结果如图 5-1-1 所示。

程序解读：

（1）在上述程序第 7～12 行中，我们使用 type 关键字定义结构体 Ideology，其内容包含整型的 Id、字符串型的 Goods、float64 类型的 Price、int64 类型的 Total 和 Sold。

（2）在上述程序第 15～25 行中，我们批量声明元素为结构体 Ideology 的切片变量 goodsList 和 goodsList2，接着声明了字符串型变量 title 并赋值，然后定义并初始化变量 unit。

（3）在上述程序第 27～33 行中，我们调用 reflect.TypeOf() 函数获取变量 title 类型，赋值变量 titleType，随后调用 titleType 中的 Kind() 函数，通过 if 语句判断是否为字符串型：当变量 title 类型为 string 时，调用 reflect.ValueOf() 函数获取变量 title、unit 信息，并通过 fmt.Println() 函数打印元素值。

（4）在上述程序第 35～60 行中，我们定义并初始化 record、record2 等若干结构体变量，随后调用 append() 函数将结构体变量追加到切片 goodList 中，接着通过 Elem() 函数获取指针切片 goodList 变量信息，最后使用 reflect.CanSet() 函数判断切片是否可以修改，如果可以修改，则调用 Set() 对切片进行整体更新或进行具体索引更新。

（5）在上述程序第 61～72 行中，我们使用 for 循环语句获取切片中元素值，使用 if 语句进行判断，使得当 Id 为偶数时，将获取总数变更为 2000，最后使用运算符-计算货物库存量并调用 fmt.Printf() 函数打印货物信息。

```
我们行动的意志，依我们行动次数的频繁和坚定的程度而增强，而脑力则依意志的使用而增长。这样便真能产生信仰。
--------------
行动力书单
序列号：1 货物名称：《行为设计学：零成本改变》 货物价格：49.90 货物总数：1000 销售量：600 库存量：400
序列号：2 货物名称：《关键改变》 货物价格：69.90 货物总数：1000 销售量：500 库存量：500
序列号：3 货物名称：《引爆自律力》 货物价格：99.90 货物总数：1200 销售量：880 库存量：320
序列号：4 货物名称：《内在动机》 货物价格：59.99 货物总数：600 销售量：240 库存量：360
序列号：5 货物名称：《成功，动机与目标》 货物价格：69.99 货物总数：500 销售量：200 库存量：300

Process finished with the exit code 0
```

图 5-1-1　例 5-1-1 的程序运行结果

步骤二：货物清单信息的生成与保存

在本步骤中，我们将编写程序实现货物清单的生成，通过文件写入实现货物清单信息的保存，涉及的知识点主要包括文件的写入、if 语句，如例 5-1-2 所示。

货物清单信息的
生成与保存

程序示例：【例 5-1-2】货物清单信息的生成与保存

```
1  package main
2  import (
3      "bufio"
4      "fmt"
5      "io"
6      "io/ioutil"
7      "os"
8  )
9  func Exists(fileName string) bool {
10     //使用 os.Stat() 函数获取文件信息
11     if _, err := os.Stat(fileName);err != nil{
12         //使用 os.IsExist() 函数判断文件是否存在,存在为 true,不存在则为 false
13         if os.IsExist(err) {
14             return true
15         }else{
16             return false
17         }
18     }else {
19         return true
```

```
20        }
21  }
22  func fileCreate(fileName string,file *os.File,err error) *os.File{
23        //调用 Exists()函数判断文件是否存在
24        if Exists(fileName){
25            //当文件存在时，使用追加写入方式打开文件
26            if file, err = os.OpenFile(fileName, os.O_APPEND, 0644);err != nil{
27                fmt.Println("文件打开异常", err)
28            }
29        }else{
30            //当文件不存在时，则重新创建文件，创建失败会打印提示用户"文件创建失败"
31            if file, err = os.Create(fileName);err != nil{
32                fmt.Println("文件创建失败")
33            }
34        }
35        //返回文件句柄
36        return file
37  }
38  func ioutilWriteFile(fileName ,content string,err error){
39        //使用 ioutil.WriteFile()函数将 content 变量转换为 byte 字节写入文件，如果写入失败则
打印提示信息，并使用 return 语句退出
40        if err = ioutil.WriteFile(fileName, []byte(content), 0644); err != nil{
41            fmt.Println("文件写入失败", err)
42            return
43        }
44  }
45  func ioWriteString(file *os.File,fileName string,content string,err error) {
46        //调用 fileCreate()函数，并将文件句柄赋值给变量 saveFile
47        saveFile:=fileCreate(fileName,file,err)
48        //使用 defer 延迟语句，在函数执行完成后能够自动关闭文件
49        defer saveFile.Close()
50        //通过 io.WriteString()函数将 content 变量信息写入文件，若写入失败则会打印错误信息
51        if _, err := io.WriteString(saveFile, content); err != nil {
52            fmt.Println("写入失败",err)
53        }
54  }
55  func fileWriteString(file *os.File,fileName,content string,err error){
56        //调用 fileCreate()函数，并将文件句柄赋值给变量 saveFile
57        saveFile:=fileCreate(fileName,file,err)
58        //使用 defer 延迟函数，在函数执行完成后能够自动关闭文件
59        defer saveFile.Close()
60        //通过 file.Write()函数将 content 变量信息写入文件，若失败则会打印错误信息
61        if _, err := file.Write([]byte(content));err != nil{
62            fmt.Println("写入数据失败", err)
63        }
64  }
65  func bufioWriteString(file *os.File,fileName,content string,err error){
66        //调用 fileCreate()函数，并将文件句柄赋值给变量 saveFile
67        saveFile:=fileCreate(fileName,file,err)
68        //使用 defer 延迟函数，在函数执行完成后能够自动关闭文件
69        defer saveFile.Close()
70        //创建一个 writer 实例，其值是 bufio.NewWriter()函数对传入要操作的文件句柄的执行结果
```

```
71      writer := bufio.NewWriter(saveFile)
72      //调用 writer.Write()函数来写入文件
73      if _, err := writer.Write([]byte(content));err != nil {
74          fmt.Println("写入数据失败", err)
75      }
76      //调用 writer.Flush()函数来刷新文件内容
77      writer.Flush()
78  }
79  func main() {
80      //使用 var 批量定义文件路径、指针类型文件句柄、error 类型变量 err
81      var(
82          fileName = "E:/learn/quarterlyList"
83          file *os.File
84          err error
85      )
86      // 分 别 调 用 ioutilWriteFile() 、 ioWriteString() 、 fileWriteString() 、
bufioWriteString()4 种函数将数据信息写入文件
87      ioutilWriteFile(fileName,"序列号：1 货物名称：《呐喊》 货物价格：49.90 货物总数：
1000 销售量：600 库存量：400\n",err)
88      ioWriteString(file,fileName,"序列号：2 货物名称：《彷徨》 货物价格：69.90 货物总
数：1000 销售量：500 库存量：500\n",err)
89      fileWriteString(file,fileName,"序列号：3 货物名称：《茶馆》 货物价格：99.90 货物
总数：1200 销售量：880 库存量：320\n",err)
90      bufioWriteString(file,fileName,"序列号：4 货物名称：《边城》 货物价格：59.99 货
物总数：600 销售量：240 库存量：360\n",err)
91  }
```

以上程序的运行结果如图 5-1-2 所示。

程序解读：

（1）在上述程序第 9～21 行中，我们自定义 Exists()函数，使用 os.Stat()函数获取文件信息，使用 os.IsExist()函数判断文件是否存在，只有当二者返回值都为 true 的时候，才代表文件存在。

（2）在上述程序第 22～37 行中，我们自定义 fileCreate()函数，在函数里面使用 if 语句调用自定义的 Exists()函数判断文件是否存在，当文件存在时，通过 os.OpenFile()函数以追加写入方式打开文件，否则通过 os.Create()函数重新创建文件。

（3）在上述程序第 38～44 行中，我们自定义 ioutilWriteFile()函数，使用 ioutil.WriteFile()函数将 content 变量转换为 byte 字节写入文件，如果写入失败则输出提示信息，并执行 return 语句退出。

（4）在上述程序第 45～54 行中，我们自定义 ioWriteString()函数，调用 fileCreate()函数，并将文件句柄赋值给变量 saveFile。使用 defer 延迟语句，在函数执行完成后能够自动关闭文件。最后调用 io.WriteString()函数将 content 变量信息写入文件，若失败则会打印错误信息。

（5）在上述程序第 55～64 行中，我们自定义 fileWriteString()函数，调用 fileCreate()函数，并将文件句柄赋值给变量 saveFile，使用 defer 延迟语句，在函数执行完成后能够自动关闭文件；最后调用 file.Write()函数将 content 变量信息写入文件，若失败则会打印错误信息。

（6）在上述程序第 65～78 行中，我们自定义 bufioWriteString()函数，调用 fileCreate()函数将文件句柄赋值给变量 saveFile，使用 defer 延迟语句，在函数执行完成后能够自动关闭文

件，使用 bufio.NewWriter()函数传入打开的文件句柄作为参数来创建 writer 实例，调用 writer.Write()函数来写入文件，当写入文件成功后，使用 writer.Flush()函数来刷新文件内容。

（7）在上述程序第 79～91 行中，我们使用 var 批量声明字符串型变量 fileName、指针类型*os.File 变量 file、error 类型变量 err，然后分别调用 ioutilWriteFile()、ioWriteString()、fileWriteString()、bufioWriteString() 4 种函数将数据信息写入文件。

> 📝 quarterlyList - 记事本
>
> 文件(F) 编辑(E) 格式(O) 查看(V) 帮助(H)
> 序列号: 1 货物名称:《呐喊》货物价格: 49.90 货物总数: 1000 销售量: 600 库存量: 400
> 序列号: 2 货物名称:《彷徨》货物价格: 69.90 货物总数: 1000 销售量: 500 库存量: 500
> 序列号: 3 货物名称:《茶馆》货物价格: 99.90 货物总数: 1200 销售量: 880 库存量: 320
> 序列号: 4 货物名称:《边城》货物价格: 59.99 货物总数: 600 销售量: 240 库存量: 360

图 5-1-2　例 5-1-2 的程序运行结果

货物清单信息的提取

步骤三：货物清单信息的提取

在本步骤中，我们将编写程序对货物清单信息进行提取，通过文件读取操作实现货物清单信息的提取，涉及的知识点主要包括文件的读取、for 循环语句、if 语句，如例 5-1-3 所示。

程序示例：【例 5-1-3】货物清单信息的提取

```
1  package main
2  import (
3      "bufio"
4      "fmt"
5      "io/ioutil"
6      "os"
7  )
8  func ioutilWayReadFile(fileName string){
9      //通过 ioutil.ReadFile()函数读取文件内容，并赋值给 fileData 变量，使用 if 语句去判断文件是否存在，存在则打印文件内容
10     if fileData,err := ioutil.ReadFile(fileName) ;err== nil{
11         fmt.Println("ioutil.ReadFile()函数读取货物清单信息\n", string(fileData))
12     }
13 }
14 func fileRead(fileName string){
15     //通过 os.Open()函数打开文件，当打开成功时调用 file.Read()方法
16     if file, err := os.Open(fileName);err == nil{
17         //使用 defer 延迟语句，实现在读取完成后能够自动关闭文件
18         defer file.Close()
19         //定义一个 byte 类型数组变量 chunk
20         var chunk []byte
21         //创建一个 byte 类型切片变量 buf，大小为 256 字节
22         buf := make([]byte, 256)
23         //通过 for 循环语句持续读取文件内容
24         for{
25             //当读取到的文件内容的长度为 0 时，说明读取结束，结束循环
26             if n, _ := file.Read(buf);n==0{
27                 break
28             }else {
29                 //若文件内容长度不为 0，则将文件内容追加到切片 chunk 中
```

```
30                   chunk = append(chunk, buf[:n]...)
31              }
32          }
33          //将 chunk 转换为字符串后进行打印
34          fmt.Println("file.Read()函数读取货物清单信息\n", string(chunk))
35      }
36  }
37  func bufioNewReader(fileName string){
38      fileObj, _ := os.Open(fileName)
39      defer fileObj.Close()
40      //一个文件对象本身是实现了 io.Reader 的，使用 bufio.NewReader()去初始化 reader 对象，
该对象存在 buffer 中，每读取一次，该对象就会被清空
41      reader := bufio.NewReader(fileObj)
42      //创建 byte 类型切片变量 buf，大小为 256 字节，超出 256 字节的内容则不读取
43      buf := make([]byte, 256)
44      //读取 reader 对象中的内容到变量 buf 中
45      reader.Read(buf)
46      //这里的 buf 是一个切片变量，因此如果只输出内容，需要将文件内容的换行符替换掉
47      fmt.Println("bufio.NewReader()函数读取货物清单信息\n", string(buf))
48  }
49  func ioutilReadAll(fileName string){
50      //通过 if 语句进行控制：使用 os.Open()函数打开文件，当文件不为空时调用 ioutil.ReadAll()
读取文件所有内容后打印信息，否则就关闭文件
51      if file,err:= os.Open(fileName);err == nil{
52          defer file.Close()
53          if fileContent, err := ioutil.ReadAll(file);err == nil{
54                      fmt.Println("ioutil.ReadALL()函数读取货物清单信息  \n",
string(fileContent))
55          }
56      }
57  }
58  func main() {
59      //定义文件路径
60      fileName := "E:/learn/quarterlyList"
61      //分别调用 ioutilWayReadFile()、fileRead()、bufioNewReader()、ioutilReadAll()
自定义函数读取数据
62      ioutilWayReadFile(fileName)
63      fileRead(fileName)
64      bufioNewReader(fileName)
65      ioutilReadAll(fileName)
66  }
```

以上程序的运行结果如图 5-1-3 所示。

程序解读：

（1）在上述程序第 8～13 行中，我们自定义 ioutilWayReadFile()函数并传入字符串型参数 fileName，调用 ioutil.ReadFile()函数读取文件内容并赋值给 fileData，使用 if 语句去判断文件是否存在，存在则打印文件内容。

（2）在上述程序第 14～36 行中，我们自定义 fileRead()函数并传入字符串型参数 fileName，调用 os.Open()函数打开文件，使用 defer 延迟语句调用 file.Close()函数，实现在读取完成后关闭文件。通过 var 声明 byte 类型数组变量 chunk，使用 make()函数创建 byte 类型切片变量 buf，

大小为 256 字节，通过 for 循环语句调用 file.Read()函数持续读取文件内容，使用 append()函数将文件内容追加到切片 chunk 中，最后通过 string()函数将 byte 类型数组转换为字符串，最后调用 fmt.Println()函数进行打印。

（3）在上述程序第 37～48 行中，我们自定义 bufioNewReader()函数并传入字符串型参数 fileName，调用 os.Open()函数打开文件后将文件句柄赋值给变量 fileObj；调用 bufio.NewReader()函数初始化 reader 对象，使用内置函数 make()创建 byte 类型切片变量 buf，大小为 256 字节，超过 256 字节的内容则不读取；然后通过 reader 变量中的 Read()方法将文件内容读取到变量 buf 中，最后通过 string()函数将 buf 转换为字符串，并调用 fmt.Println()函数打印。

（4）在上述程序第 49～57 行中，我们自定义 ioutilReadAll()函数并传入字符串型参数 fileName。调用 os.Open()函数打开文件后将文件句柄赋值给变量 file，当文件不为空时调用 ioutil.ReadAll()函数读取文件所有内容后，通过 string()函数将 byte 数组转换为字符串，最后调用 fmt.Println()函数打印信息，否则就关闭文件。

（5）在上述程序第 58～66 行中，我们初始化变量 fileName 并赋值，分别调用 ioutilWayReadFile()、fileRead()、bufioNewReader()、ioutilReadAll()自定义函数对数据进行读取。

```
ioutil.ReadFile()函数读取货物清单信息
 序列号: 1 货物名称: 《呐喊》 货物价格: 49.90 货物总数: 1000 销售量: 600 库存量: 400
 序列号: 2 货物名称: 《彷徨》 货物价格: 69.90 货物总数: 1000 销售量: 500 库存量: 500
 序列号: 3 货物名称: 《茶馆》 货物价格: 99.90 货物总数: 1200 销售量: 880 库存量: 320
 序列号: 4 货物名称: 《边城》 货物价格: 59.99 货物总数: 600 销售量: 240 库存量: 360

file.Read()函数读取货物清单信息
 序列号: 1 货物名称: 《呐喊》 货物价格: 49.90 货物总数: 1000 销售量: 600 库存量: 400
 序列号: 2 货物名称: 《彷徨》 货物价格: 69.90 货物总数: 1000 销售量: 500 库存量: 500
 序列号: 3 货物名称: 《茶馆》 货物价格: 99.90 货物总数: 1200 销售量: 880 库存量: 320
 序列号: 4 货物名称: 《边城》 货物价格: 59.99 货物总数: 600 销售量: 240 库存量: 360

bufio.NewReader()函数读取货物清单信息
 序列号: 1 货物名称: 《呐喊》 货物价格: 49.90 货物总数: 1000 销售量: 600 库存量: 400
 序列号: 2 货物名称: 《彷徨》 货物价格: 69.90 货物总数: 1000 销售量: 500 库存量: 500
 序列号: 3 货物名称: 《茶馆◆
ioutil.ReadALL()函数读取货物清单信息
 序列号: 1 货物名称: 《呐喊》 货物价格: 49.90 货物总数: 1000 销售量: 600 库存量: 400
 序列号: 2 货物名称: 《彷徨》 货物价格: 69.90 货物总数: 1000 销售量: 500 库存量: 500
 序列号: 3 货物名称: 《茶馆》 货物价格: 99.90 货物总数: 1200 销售量: 880 库存量: 320
 序列号: 4 货物名称: 《边城》 货物价格: 59.99 货物总数: 600 销售量: 240 库存量: 360


Process finished with the exit code 0
```

图 5-1-3　例 5-1-3 的程序运行结果

结构体文件的读写

5.1.4　进阶技能

进阶：结构体文件的读写

在本进阶中，我们将编写程序对货物清单信息进行格式化，通过文件读写操作实现结构体数据信息的写入与读取，涉及的知识点主要包括文件读取与写入、JSON 序列化、结构体，如例 5-1-4 所示。

程序示例：【例 5-1-4】货物清单信息格式化

```
1  package main
2  import (
3      "encoding/json"
4      "fmt"
5      "io/ioutil"
6  )
7  //定义 Ideology 结构体
8  type Ideology struct {
9      Id int
10     Goods string
11     Price float64
12     Total,Sold int64
13 }
14 func main() {
15     //使用 var 批量定义结构体类型变量 ideRes、字符串型变量 fielName 和 unit
16     var(
17         ideRes Ideology
18         fileName = "E:/learn/quarterlyList"
19         unit = "法律书籍"
20     )
21     //定义并初始化结构体变量 ide，并初始化字段名
22     ide := Ideology{
23         Id:1,
24         Goods:"《中华人民共和国民法典》",
25         Price: 18.00,
26         Total: 1000,
27         Sold: 600,
28     }
29     //使用 json.Marshal()函数将结构体数据编码成 JSON 字符串
30     fileContent, err := json.Marshal(ide)
31     //调用 ioutil.WriteFile()函数将 JSON 字符串数据写入文件，文件权限为 0644
32     if err = ioutil.WriteFile(fileName, fileContent, 0644); err != nil{
33         fmt.Println("结构体数据写入失败", err)
34         return
35     }
36     //通过 ioutil.ReadFile()函数读取文件内容
37     if fileContent, err = ioutil.ReadFile(fileName);err != nil{
38         fmt.Println("读取文件失败", err)
39         return
40     }else {
41         //使用 json.Unmarshal()函数将 JSON 字符串解码到结构体变量
42         if err := json.Unmarshal(fileContent, &ideRes); err != nil{
43             fmt.Println( err)
44         }else{
45             fmt.Println(unit)
46             //通过运算符-计算货物余量
47             available := ideRes.Total-ideRes.Sold
48             //调用 fmt.Printf()函数打印结构体中字段名的值
```

```
49              fmt.Printf(" 序列号:%d\n 货物名称:%s\n 货物价格:%.2f\n 货物总数:%d\n 销
售量:%d\n 库存量:%d\n",ideRes.Id,ideRes.Goods,ideRes.Price,ideRes.Total,ideRes.Sold,
available)
50          }
51      }
52 }
```

以上程序的运行结果如图 5-1-4 所示。

程序解读:

（1）在上述程序第 7～13 行中，我们使用关键字 type 定义结构体 Ideology，字段名分别为整型 Id、字符串型 Goods、float64 类型 Price、int64 类型 Total 和 Sold。

（2）在上述程序第 16～30 行中，我们使用 var 批量声明了 Ideology 结构体类型变量 ideRes、字符串型变量 fileName 和 unit。初始化结构体 Ideology 元素值并赋值给变量 ide，使用 json.Marshal()函数将结构体数据编码成 JSON 字符串。

（3）在上述程序第 31～51 行中，我们使用 ioutil.WriteFile()函数将 JSON 字符串数据写入文件，文件权限为 0644，然后调用 ioutil.ReadFile()函数读取文件内容，使用 if 语句进行判断，当文件读取成功后使用 json.Unmarshal()函数将 JSON 字符串解码到结构体变量，并通过运算符-计算货物余量，最后调用 fmt.Printf()函数打印结构体中字段名的值。

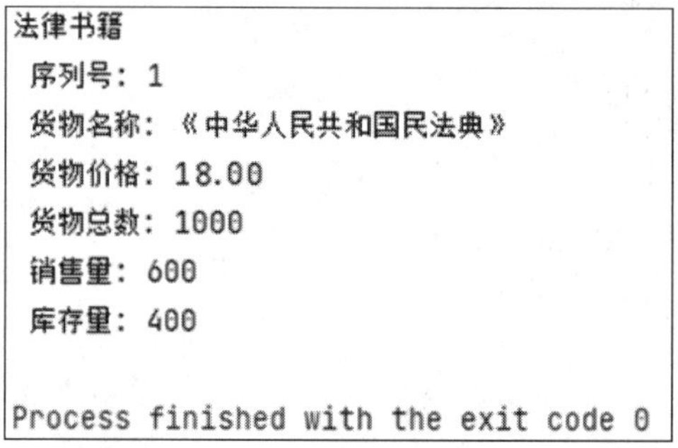

图 5-1-4　例 5-1-4 的程序运行结果

任务 5.2　模拟商城客服聊天窗口

5.2.1　任务分析

在电商平台中，客服主要处理商品的讲解、使用、退换等一系列工作。通过 Go 语言编写程序实现商城客服聊天窗口的过程中，我们会用到并发、通道和网络编程等知识。例如，我们将通过 net 方法监听 TCP（Transmission Control Protocol，传输控制协议）端口实现网络连接，通过 channel 发送和接收数据。

在本任务中，我们通过程序实现电商平台中客服聊天窗口，涉及的知识点主要包括并发、channel 通信机制、select 多路复用。我们通过多个案例围绕知识点编写程序实现商城客服聊天窗口，通过并发与通道实现消息的并发处理，通过多并发协程创建实现客服聊天窗口服务端，通过 channel 通信机制实现客服聊天窗口客户端。

5.2.2 相关知识

1. 并发简述

并发

（1）并发模型。

并发模型一般分为 4 种，分别是多进程编程、多线程编程、非阻塞异步 I/O 编程和基于协程的编程。

① 多进程编程：多进程是在操作系统层面进行并发的基本模式，所有的进程由内核管理，互相不影响，但系统开销较大。

② 多线程编程：多线程在大部分操作系统上属于系统层面的并发模式，比多进程的开销小很多，但是其开销依旧比较大，且在高并发模式下，效率会被影响。

③ 非阻塞异步 I/O 编程：比多线程复杂，通过事件驱动的方式使用异步 I/O，以尽可能地少用线程，降低开销，其目前在 Node.js 中得到了很好的实践。

④ 基于协程的编程：是一种用户态线程，不需要操作系统来进行抢占式调度，且在真正的实现中寄存于线程，系统开销极小，但目前原生支持协程的语言还很少。

（2）并发与并行。

并发是指在同一时刻只能有一条指令执行，但多个进程指令被快速地轮换执行，达到在宏观上有多个进程同时执行的效果，如图 5-2-1 所示。

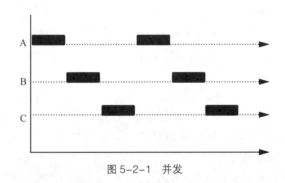

图 5-2-1　并发

并行是指在同一时刻，有多条指令在多个处理器上同时执行，如图 5-2-2 所示。

图 5-2-2　并行

（3）并发与并行的区别。

① 并发是指两个或多个事件在同一时间间隔发生，并行是指两个或者多个事件在同一时刻发生。

② 并发是在同一实体中的多个事件，并行是在不同实体中的多个事件。

③ 并发是在多台处理器上同时处理多个任务，并行是在一台处理器上同时处理多个任务。

④ 并发编程可以充分地利用处理器的每一个核，达到最高的处理性能；并行编程依赖算法，需要根据硬件能够并行的数量去决定线程的数量。

⑤ 并发可以在单处理器系统和多处理器系统中都存在，而并行在多处理器系统中存在。

2. goroutine 协程创建

goroutine 是 Go 语言中的轻量级线程实现，由 Go 运行时（runtime）进行管理，它会智能地将 goroutine 中的任务合理地分配给每个 CPU。

（1）使用普通函数创建 goroutine。

```
go funcName(paramlist)
```

在上述语法格式中，go 是创建 goroutine 使用的关键字，funcName 是需要使用的函数名，paramlist 是函数参数。

（2）使用匿名函数创建 goroutine。

```
go func( paramlist ){
    执行代码
}( paramlist2 )
```

在上述语法格式中，go 是创建 goroutine 使用的关键字，func 是创建匿名函数使用的关键字，paramlist 是匿名函数使用的形参，paramlist2 是匿名函数的实参。

3. channel 通信机制

channel（通道）是 Go 语言中的一个核心类型，可以把它看成一个管道，并发核心单元通过它可以发送或者接收数据，从而实现通信功能。

（1）声明通道类型。

```
var chanName chan chanType
```

在上述语法格式中，chanName 表示保存通道的变量，其声明后的默认值为 nil，需要通过make()函数创建后才能使用，chanType 表示通道内的数据类型。

（2）创建通道（无缓冲通道）。

```
chanName := make(chan chanType)
```

（3）使用通道发送数据。

```
chanName <- chanValue
```

在上述语法格式中，变量 chanName 表示通过 make()函数创建好的通道实例，chanValue可以是变量、常量、表达式或者函数返回值等。但需要注意的是，其值的类型必须与通道的元素类型一致。

（4）使用通道阻塞接收数据。

```
data := <-ch
```

上述语法执行过程中会出现通道阻塞，直到接收到数据并赋值给变量 data。

（5）使用通道非阻塞接收数据。

```
data,ok := <-ch
```

上述语法执行过程中不会出现通道阻塞。

（6）忽略接收到的所有数据。

```
<-ch
```

上述语法执行过程中会出现通道阻塞，直到接收到数据，但接收到的数据会被忽略。

（7）创建通道（有缓冲）。

```
chanName := make(chan chanType, cacheSize)
```

在上述语法格式中，变量 chanName 表示通过 make()函数创建好的通道实例，参数 chanType 表示通道发送和接收的数据类型，参数 cacheSize 表示通道最多可以保存的元素数量。

（8）无缓冲通道和有缓冲通道的特点和阻塞条件。

无缓冲的通道是指在接收信息前没有能力保存任何值的通道。这种类型的通道要求执行发送的 goroutine 和执行接收的 goroutine 同时准备好，才能完成发送和接收操作。因为无缓冲通道的发送和接收行为是同步的，二者中任意一个操作都无法离开另一个操作单独存在。因此，若两个 goroutine 没有同时准备好，会导致先执行发送或接收操作的 goroutine 进入阻塞等待状态。

有缓冲的通道是一个由有限大小的存储空间形成的带有缓冲的通道，信息被接收前能存储一个或者多个值，不强制要求 goroutine 之间必须同时完成发送和接收。因此只有在通道中没有要接收的值时，接收动作才会阻塞；只有在通道没有可用缓冲区容纳被发送的值时，发送动作才会阻塞。

4. select 多路复用

Go 语言中提供了 select 关键字，可以同时响应多个通道的操作，select 里的每个 case 语句必须是一个 I/O 操作。select 多路复用的语法格式如下。

```
select{
    case 通道 1:
        //执行的代码
    case 通道 2:
        //执行的代码
    ......
    default:
        //执行的代码
}
```

5.2.3　实操过程

步骤一：并发打印通道信息

在本步骤中，我们编写程序并发打印通道信息，通过并发、通道等方法实现消息的接收和发送，涉及的知识点主要包括 Go 并发、通道、for 循环语句、os.Stdin()输入流，如例 5-2-1 所示。

并发打印通道信息

程序示例：【例 5-2-1】并发打印通道信息

```
1  package main
2  import (
3      "bufio"
4      "fmt"
5      "os"
6  )
7  func server (message chan string,quitMessage chan string){
8      //使用 for 循环语句依次处理等待数据
9      for {
```

```
10        //使用 if 语句: 当从 message 通道中获取的数据内容为 quit、exit 时退出循环, 否则打印
读取到的数据
11        if data := <-message;data == "quit" ||data == "exit"{
12            //当数据内容为"read fail"时, 输出提示"控制台异常退出"并调用 break 语句跳出循环
13            fmt.Println("收到退出信号! ")
14            break
15        }else if data == "read fail" {
16            fmt.Println("控制台异常退出")
17            break
18        }else{
19            //使用 fmt.Printf()函数打印通道中读取的数据
20            fmt.Printf("消息<%s> 已读\n",data)
21            //向 quitMessage 通道写入"online"数据
22            quitMessage <- "online"
23        }
24    }
25    //向 quitMessage 通道写入"end"数据宣告通信结束
26    quitMessage <- "end"
27 }
28 func main() {
29    //定义字符串型变量 str
30    var  str string
31    // 创建一个消息通道变量 message, 一个退出机制通道变量 quitMessage
32    message := make(chan string)
33    quitMessage := make(chan string)
34    //并发执行 server()函数, 传入上面定义的两个通道变量
35    go server(message,quitMessage)
36    // 将数据通过通道投送给 server
37    for {
38        //使用 os.Stdin 开启输入流, 接着使用 NewScanner()读取数据
39        consoleMessage := bufio.NewScanner(os.Stdin)
40        //定义一个 if 语句, 通过 Scan()函数将数据存放到新的缓冲区, 并通过 Text()函数获取数
据; 如果 Scan()函数没有读取到数据（即为 false 状态）则给 str 变量赋值为 read fail, 以此来达到提示读
取错误的目的
41        if consoleMessage.Scan() {
42            str = consoleMessage.Text()
43        } else {
44            str = "read fail"
45        }
46        //将读取的数据写入 message 通道
47        message <- string(str)
48        //读取退出通道 quitMessage, 当读取到的数据为 end 时结束语句, 使用 break 退出当前
循环
49        if clientData:= <-quitMessage;clientData =="end"{
50            break
51        }
52    }
53    fmt.Println("通信结束……")
54 }
```

以上程序的运行结果如图 5-2-3 所示。

程序解读：

（1）在上述程序第 7～27 行中，我们自定义 server() 函数并传入字符串型通道 message 和 quitMessage，在 for 循环语句中使用 if 语句：当从 message 通道中获取的数据内容为 quit、exit 时退出循环，否则打印读取到的数据；当数据内容为 "read fail" 时，打印提示 "控制台异常退出" 并调用 break 语句跳出循环；当读取正常时，程序会打印通道中读取的数据，并使用<- 符号向 quitMessage 通道写入 "online" 数据；最后当 for 循环执行结束时向 quitMessage 通道写入 "end" 数据宣告通信结束。

（2）在上述程序第 28～54 行中，我们使用 var 定义字符串型变量 str，通过内置函数 make() 创建字符串型数据通道 message 和 quitMessage，使用关键字 go 并发执行 server() 函数，执行内容为传入的通道变量 message 和 quitMessage；在 for 循环语句中调用 NewScanner() 函数读取控制台数据，将读取的数据写入 message 通道；最后通过 if 语句进行判断，当读取 quitMessage 通道的数据为 "end" 时结束语句，并宣告通信结束。

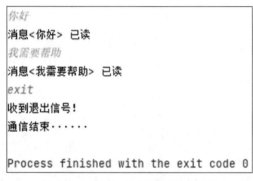

图 5-2-3　例 5-2-1 的程序运行结果

步骤二：创建客服聊天窗口服务端

在本步骤中，我们编写程序对聊天窗口的服务端进行创建，通过并发、通道等方法实现服务端创建，涉及的知识点主要包括并发、通道、网络编程、结构体、map 等，如例 5-2-2 所示。

创建客服聊天窗口
服务端

程序示例：【例 5-2-2】创建客服聊天窗口服务端

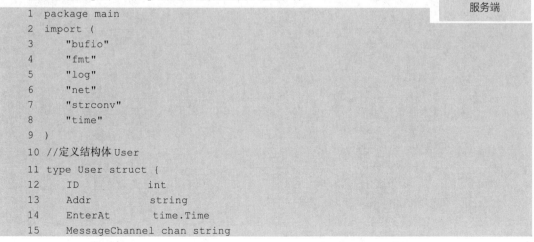

```
1  package main
2  import (
3      "bufio"
4      "fmt"
5      "log"
6      "net"
7      "strconv"
8      "time"
9  )
10 //定义结构体 User
11 type User struct {
12     ID           int
13     Addr         string
14     EnterAt      time.Time
15     MessageChannel chan string
```

```
16  }
17  //批量定义 2 个指针类型结构体通道变量 enteringChannel、leavingChannel 和 1 个容量为 5 的字
符串型数据通道变量 messageChannel
18  var (
19      enteringChannel = make(chan *User)
20      leavingChannel = make(chan *User)
21      messageChannel = make(chan string, 5)
22  )
23  // 创建一个新的 goroutine 用于用户发送消息
24  func sendMessage(conn net.Conn, ch <-chan string) {
25      for msg := range ch {
26          fmt.Fprintln(conn, msg)
27      }
28  }
29  func broad() {
30      // 使用结构体 map 来存储所有用户信息
31      users := make(map[*User]struct{})
32      for {
33          //使用 select 轮询监听进入通道的数据
34          select {
35          case user := <-enteringChannel:
36              //当新用户进入后，会保存到 map 里面
37              users[user] = struct{}{}
38          case user := <-leavingChannel:
39              //当用户退出后，会删除掉这个用户
40              delete(users, user)
41          case msg := <-messageChannel:
42              //使用 for 循环不断地给在线的用户发送消息
43              for user := range users {
44                  user.MessageChannel <- msg
45              }
46          }
47      }
48  }
49  func handleConn(conn net.Conn) {
50      defer conn.Close()
51      //创建新用户进来的实例
52      user := &User{
53          ID:              int(time.Now().Unix()),
54          Addr:            conn.RemoteAddr().String(),
55          EnterAt:         time.Now(),
56          MessageChannel: make(chan string, 8),
57      }
58      //由于当前是在一个新的 goroutine 中进行的，所以需要开一个 goroutine 用于写操作
59      go sendMessage(conn, user.MessageChannel)
60      //给当前用户发送欢迎消息
61      user.MessageChannel <- "欢迎进入，用户" + strconv.Itoa(user.ID)
62      messageChannel <- "用户<" + strconv.Itoa(user.ID) + ">进入聊天"
63      //用户加入时将其记录到全局用户列表中
64      enteringChannel <- user
```

```
65      //使用 for 循环语句读取用户输入
66      input := bufio.NewScanner(conn)
67      for input.Scan() {
68          messageChannel <- "用户<"+strconv.Itoa(user.ID) + ">:" + input.Text()
69      }
70      //当用户离开时，移除用户列表
71      leavingChannel <- user
72      //给所有用户发送离线消息
73      messageChannel <- "用户<" + strconv.Itoa(user.ID) + "> 退出聊天"
74  }
75  func main() {
76      // 使用 if 语句控制程序在 9090 端口上建立 TCP 连接
77      if lintener, err := net.Listen("tcp", ":9090");err !=nil{
78          panic(err)
79      }else {
80          // 调用广播来监听服务
81          go broad()
82          fmt.Println("服务端启动……")
83          //监听并接收来自客户端的连接
84          for {
85              //使用 Accept()函数的返回值来跟踪了解连接的建立过程
86              if conn, err := lintener.Accept();err != nil{
87                  log.Println(err)
88                  continue
89              }else {
90                  // 处理连接请求
91                  go handleConn(conn)
92              }
93          }
94      }
95  }
```

以上程序的运行结果如图 5-2-4 所示。

程序解读：

（1）在上述程序第 10～22 行中，我们使用 type 关键字定义 User 结构体，结构体中字段名 ID 为整型、Addr 为字符串型、EnterAt 为 time.Time 对象类型、MessageChannel 为字符串型通道；通过 var 批量定义指针类型结构体通道变量 enteringChannel、leavingChannel，容量为 5 的字符串型数据通道变量 messageChannel。

（2）在上述程序第 23～28 行中，我们自定义 sendMessage()函数并传入 net.Conn 网络类型参数 conn，只发送字符串型数据通道变量 ch，最后使用 for 循环语句读取 ch 数据并打印。

（3）在上述程序第 29～48 行中，我们自定义不带参数的 broad()函数，使用内置函数 make()构建 key 为指针类型结构体 User、value 为任意数据类型的 map 并赋值给变量 users。在 for 循环语句中使用 select 轮询监听进入通道的数据。

（4）在上述程序第 49～74 行中，我们自定义 handleConn()方法并传入 net.Conn 类型参数 conn，使用&{}语法实例化结构体并赋值元素值，通过关键字 go 创建 sendMessage()协程进行数据写入，再使用<-方法将数据分别写入 user.MessageChannel、messageChannel、 enteringChannel 通道中，最后调用 bufio.NewScanner()函数读取控制台输入内容后将其写入通道变量 messageChannel 中。

（5）在上述程序第 75～95 行中，我们调用 net.Listen()函数建立 TCP 连接，使用 go 关键字创建 broad()协程，在 for 循环语句中通过 Accept()函数的返回值来跟踪了解连接的建立过程，并将 conn 连接传入 handelConn()方法中。

```
PS D:\Go_Class> go run .\server.go
服务端启动......
```

图 5-2-4　例 5-2-2 的程序运行结果

创建客服聊天窗口
客户端

步骤三：创建客服聊天窗口客户端

在本步骤中，我们将编写程序对客服聊天窗口客户端进行创建，通过并发、网络编程、通道等方法实现客户端，涉及的知识点主要包括并发、通道、网络编程、io.Copy()函数等，如例 5-2-3 所示。

程序示例：【例 5-2-3】创建客服聊天窗口客户端

```
1  package main
2  import (
3      "io"
4      "net"
5      "os"
6  )
7  func main() {
8      //使用 net.Dial()函数创建网络连接，建立连接的类型为 TCP，监听端口为 9090
9      if conn, err := net.Dial("tcp", ":9090");err != nil {
10         panic(err)
11     }else {
12         //使用 make()函数创建结构体类型数据通道变量 message
13         message := make(chan struct{})
14         //使用 go 关键字，实现匿名函数并发
15         go func() {
16             //使用 io.Copy()函数读取 conn 连接中信息
17             io.Copy(os.Stdout, conn)
18             //将结构体写入 message 通道
19             message <- struct{}{}
20         }()
21         //通过 os.Stdin 接收来自键盘的输入内容，并将输入的内容赋值到 conn 连接
22         io.Copy(conn, os.Stdin)
23         //关闭连接
24         conn.Close()
25         //忽略 message 通道接收到的所有数据
26         <-message
27     }
28 }
```

以上程序的运行结果如图 5-2-5 所示。

程序解读：

在上述程序中，我们通过 net.Dial()函数创建网络连接，使用 if 语句进行判断，当网络连

接创建失败时抛出错误，否则使用 make()函数创建结构体类型数据通道变量 message，使用关键字 go 创建匿名函数 goroutine。在上述程序第 17 行中，使用 io.Copy()函数读取建立的 conn 连接，然后将结构体写入 message 通道。第 22 行通过 os.Stdin 接收来自键盘的输入内容，并将输入的内容赋值到 conn 连接，再通过 conn.Close()关闭连接，最后通过<-message 忽略 message 通道接收到的所有数据。

```
PS D:\Go_Class> go run .\client.go
欢迎进入，用户 1649855145
用户 <1649855151>进入聊天
用户 <1649855158>进入聊天
用户 <1649855151>:大家好
用户 <1649855158>:大家好
```

图 5-2-5 例 5-2-3 的程序运行结果

5.2.4 进阶技能

进阶一：多协程同步等待

在本进阶中，我们编写程序对程序添加协程等待，通过 sync.WaitGroup 将所有协程添加到一个组中，使得主程序只有在所有协程全部完成之后才可以结束，涉及的知识点主要包括并发、for 循环语句、sync.WaitGroup，如例 5-2-4 所示。

多协程同步等待

程序示例:【例 5-2-4】多协程同步等待

```
1  package main
2  import (
3      "fmt"
4      "sync"
5  )
6  var(
7      //使用 sync.WaitGroup 定义全局变量等待组 wg
8      wg  sync.WaitGroup
9      //定义两个元素类型为字符串型的切片 slogan 和 creeds
10     slogan =[]string{
11         "节能低碳意义大，" +
12             "行动落实靠大家，",
13         "关灯节水多步行，" +
14             "绿水青天笑脸迎。",
15     }
16     creeds = []string{
17         "废料再生，妥善分类；",
18         "垃圾减量，避免浪费。",
19     }
20 )
21 func poster(slogan []string){
22     //使用 defer 语句，在函数执行完毕时调用 wg.Done()函数结束协程
23     defer wg.Done()
24     //调用 for 循环语句打印切片中所有元素值
```

```
25    for _,data := range slogan{
26        fmt.Println(data)
27    }
28    return
29 }
30 func personer(creeds []string){
31    //使用 defer 语句，在函数执行完毕时调用 wg.Done()函数结束协程
32    defer wg.Done()
33    //调用 for 循环语句打印切片中元素值
34    for _,data := range creeds{
35        fmt.Println(data)
36    }
37    return
38 }
39 func main() {
40    //使用 wg.Add()函数设置需要等待的协程数量为 2
41    wg.Add(2)
42    //使用关键字 go 创建两个协程
43    go poster(slogan)
44    go personer(creeds)
45    //使用 wg.Wait()函数等待所有协程结束
46    wg.Wait()
47 }
```

以上程序的运行结果如图 5-2-6 所示。

程序解读：

在上述程序中，我们首先使用 sync.WaitGroup 定义全局变量等待组 wg，然后定义了两个元素类型为字符串型的切片 slogan、creeds；接着定义了 poster()函数，在该函数中使用 defer 语句在函数运行结束后结束协程，通过 for 循环语句打印切片中所有元素值，最后通过 return 语句退出函数；随后定义了 personer()函数，在该函数中使用 defer 语句在函数运行结束后结束协程，通过 for 循环语句打印切片中元素值，最后通过 return 语句退出函数。在 main()函数中，我们使用 wg.Add()函数设置协程数量为 2，使用关键字 go 创建了两个协程，使用 wg.Wait()等待所有协程结束。

```
废料再生，妥善分类；
垃圾减量，避免浪费。
节能低碳意义大，行动落实靠大家，
关灯节水多步行，绿水青天笑脸迎。

Process finished with the exit code 0
```

图 5-2-6　例 5-2-4 的程序运行结果

进阶二：互斥锁

互斥锁

在本进阶中，我们将在程序中使用互斥锁，通过 lock（加锁）确保当一个任务对资源进行访问时，不允许其他任务对该资源文件进行修改，只有当任务 unlock（解锁）之后，其他任务才可以对资源文件进行访问。涉及知识点主要包括并发、等待组、互斥组，如例 5-2-5 所示。

程序示例：【例 5-2-5】资源访问限制

```
1   package  main
2   import (
3       "fmt"
4       "sync"
5       "time"
6   )
7   var (
8       //定义一个 sync.Mutex 类型的全局变量 lock
9       lock sync.Mutex
10      //使用 sync.WaitGroup 定义一个全局等待组变量 wg
11      wg sync.WaitGroup
12  )
13  func orderPay1(){
14      //使用 defer 语句，在该函数执行完成后调用 wg.Done()声明协程结束
15      defer wg.Done()
16      //对需要访问的资源加锁
17      lock.Lock()
18      //使用 defer 语句，在资源访问结束后进行资源解锁
19      defer lock.Unlock()
20      fmt.Println("订单 1 询问是否可以开始支付")
21      fmt.Println("订单 1 正在支付金额")
22      //使用 Sleep()函数让程序等待 3s
23      time.Sleep(time.Second * 3)
24      fmt.Println("订单 1 完成支付，可以继续订单支付")
25  }
26  func orderPay2(){
27      //使用 defer 语句，在该函数执行完成后调用 wg.Done()函数声明协程结束
28       defer wg.Done()
29      fmt.Println("订单 2 询问是否可以开始支付")
30      //对需要访问的资源加锁
31      lock.Lock()
32      //使用 defer 语句，在资源访问结束后进行资源解锁
33      defer lock.Unlock()
34      fmt.Println("订单 2 开始支付金额")
35      fmt.Println("订单 2 完成支付，可以继续支付下一笔订单")
36  }
37
38  func orderPay3(){
39      //使用 defer 语句，在函数执行完成后调用 wg.Done()声明协程结束
40      defer wg.Done()
41      fmt.Println("订单 3 询问是否可以开始支付")
42      fmt.Println("订单 3 开始支付金额")
43      fmt.Println("订单 3 完成支付，可以继续支付下一笔订单")
44  }
45  func main(){
46      //使用 wg.Add()函数设置需要等待的协程数为 3
47      wg.Add(3)
```

```
48    //使用 go 关键字创建 3 个协程
49    go orderPay1()
50    go orderPay2()
51    go orderPay3()
52    //使用 wg.Wait()函数等待所有协程结束运行
53    wg.Wait()
54 }
```

以上程序的运行结果如图 5-2-7 所示。

程序解读：

（1）在上述程序第 7~12 行中，我们使用 var 批量声明 sync.Mutex 类型全局变量 lock 和 sync.WaitGroup 类型全局等待组变量 wg。

（2）在上述程序第 13~37 行中，我们自定义 orderPay1()、orderPay2()函数，接着使用 defer 延迟执行 wg.Done()函数，实现在当前函数执行结束后才结束协程，然后调用 lock.Lock()函数对需要访问的资源加锁，当资源访问完成后通过 lock.Unlock()实现资源解锁。使用 Sleep()函数让程序等待 3s，最后使用 fmt.Println()函数打印模拟程序运行过程。

（3）在上述程序第 38~54 行中，我们自定义 orderPay3()函数，用于区别有、无锁时程序的不同运行状态，接着使用 defer 语句指定在函数执行完成后调用 wg.Done()函数声明协程结束。在 main()函数中通过 wg.Add()函数设置需要等待的协程数为 3，再使用 go 关键字创建 3 个协程，分别为 orderPay1、orderPay2、orderPay3，最后使用 wg.Wait()函数等待所有协程结束运行。

图 5-2-7　例 5-2-5 的程序运行结果

【项目小结】

本项目通过电商平台中客服聊天窗口的实现，带领大家学习了反射、文件操作、并发和 channel 通信机制等知识。本项目知识点归纳如下：

（1）反射基本概念。

（2）反射修改变量。

（3）文件操作。

（4）压缩归档文件操作。

（5）并发简述。

（6）goroutine 协程创建。

（7）channel 通信机制。

（8）无缓冲与有缓冲 channel。

（9）select 多路复用。

【巩固练习】

一、选择题

1. 以下关于 Go 语言反射说法错误的是（　　　）。

A. 反射机制就是在运行时动态地调用对象的方法和属性

B. 通过反射可以获取丰富的类型信息

C. 反射提高了代码可读性

D. Go 语言提供了 reflect 包来访问程序反射信息

2. 以下语法可以获取变量 x 类型信息的是（　　　）。

A. reflect.Kind(x)　　　　　　　　　B. reflect.ValueOf(x)

C. reflect.KeyOf(x)　　　　　　　　　D. reflect.TypeOf(x)

3. 以下语法可以获取变量 x 值的是（　　　）。

A. reflect.Value(x)　　　　　　　　　B. reflect.ValueOf(x)

C. reflect.Index(x)　　　　　　　　　D. reflect.IndexOf(x)

4. 以下 Go 语言读取文件方法错误的是（　　　）。

A. ioutil.ReadFile　　　　　　　　　B. file.Read

C. ioutil.ReadAll　　　　　　　　　　D. bufio.Read

5. 以下 Go 语言写入文件方法错误的是（　　　）。

A. io.WriteString　　　　　　　　　B. ioutil.Write

C. file.Write　　　　　　　　　　　　D. writer.WriteString

6. 以下 Go 语言 reflect 包中的相关方法正确的是（　　　）。

A. reflect.TypeOf()　　　　　　　　B. refelect.ValueOf()

C. reflect.KeyOf()　　　　　　　　　D. reflect.Index()

7. 以下 Go 语言文件处理的描述正确的是（　　　）。

A. 支持 JSON 文件读写操作　　　　B. 支持 XML 文件读写操作

C. 支持纯文本文件读写操作　　　　D. 支持二进制文件读写操作

8. 以下 Go 语言并发模型的描述错误的是（　　　）。

A. 多进程编程

B. 多线程编程

C. 阻塞非异步 I/O 编程

D. 基于协程的编程

9. 以下关于并发与并行的描述正确的是（　　　）。

　　A. 并发是同一时刻只能由一条指令执行，多个进程指令快速轮换执行

　　B. 并行是在同一个实体上多个事件，并发是在不同实体上的多个事件

　　C. 并行在多个处理器中系统存在，并发可以在单个或多个处理器系统中存在

　　D. 并行是指两个或者多个事件在同一时刻发生，并发是指两个或多个事件在同一时间间隔发生

10. 以下通道的数据接收语句正确的是（　　　）。

　　A. ch <- 0

　　B. data := <- ch

　　C. data,ok := <- ch

　　D. <-ch

二、填空题

1. Go 语言中反射主要涉及＿＿＿＿＿＿和＿＿＿＿＿＿两个基本概念。

2. Go 语言中反射使用＿＿＿＿＿＿＿方法获取变量类型。

3. Go 语言中反射使用＿＿＿＿＿＿＿方法获取变量值。

4. 在横线上使用反射修改变量 name 的值为"民主"。

```
package main
import (
    "reflect"
)
func main(){
    var name string
    name="富强"
    _____
    _____
}
```

5. 在横线上使用 Index()函数获取切片索引为 2 的值。

```
package main
import (
    "reflect"
)
func main(){
    var strSlice =[]string{"富强","民主","文明","和谐"}
    valueStrSlice := reflect.ValueOf(&strSlice).Elem()
    _____
    indexStrSlice.SetString("团结")
}
```

6. Go 语言文件处理中，写入文件有＿＿＿＿＿＿、＿＿＿＿＿＿、file.Write()、writer.WriteString()这 4 种方法。

7. Go 语言文件处理中，读取文件有 ioutil.ReadFile()、file.Read()、＿＿＿＿＿＿＿、＿＿＿＿＿＿这 4 种方法。

8. Go 语言并发编程中，有多进程编程、＿＿＿＿＿＿、＿＿＿＿＿＿以及基于协程的编程 4 种模型。

9. Go 语言中并行是指_____，并发是指_____。

10. Go 语言中使用_____关键字创建协程并发。

11. 在横线上使用 ch 通道发送数据"富强民主"，通过阻塞模式接收数据。

```
package main
import (
    "fmt"
)
func main() {
    ch := make(chan string)
    go func() {

        _____
    }()
    _____
    fmt.Println(data)
}
```

三、简答题

1. Go 语言中对不知道类型情况下使用反射编译的作用是什么？

2. 什么是 goroutine，如何停止它？

3. Go 语言中同步锁的作用是什么？

4. 使用 Go 语言中的 channel（通道）需要注意什么？

5. Go 语言中有缓冲和无缓冲的 channel 有什么区别？

四、程序改错题

1. 修改下面代码，使程序正常运行。

```
package main
import (
    "reflect"
)
func main(){
    var strSlice =[2]string{"富强","民主","文明","和谐"}
    valueStrSlice := reflect.ValueOf(strSlice).Elem()
    indexStrSlice := valueStrSlice.Index(2)
    indexStrSlice.Set("团结")
}
```

2. 修改下面代码，实现 data 变量接收 ch 通道发送的数据。

```
package main
import "fmt"
func main() {
    ch := make(chan int)
    ch <- "富强民主"
    data := <-ch
    fmt.Println(data)
}
```

3. 修改下面代码，使程序正常运行。

```
package main
import "fmt"
func server( message chan string){
    for {
```

```
        data := <- message
        fmt.Println(data)
    }
}
func main() {
    ch := make(chan string)
    server(ch)
    for i:=1;i<5;i++{
        ch <- "诚信"
        ch <- i
    }
}
```

五、编程题

1. 设计一个程序，定义一个结构体变量 Student，字段名有字符串型 Name，整型 Grade、Age，浮点型 Score。初始化赋值元素后，通过反射修改浮点型变量 Score，并使用反射打印结构体所有变量信息。

2. 设计一个程序，定义一个结构体变量 Student，字段名有字符串型 Name，整型 Grade、Age，浮点型 Score。初始化赋值元素后，通过 ioutil.WriteFile()函数写入文件，ioutil.ReadFile()函数读取文件内容。

3. 设计一个程序，创建一个元素类型为字符串的缓冲通道 cacheMessage 和一个元素类型为字符串的无缓冲通道 message，通过并发、channel 通信机制实现数据的接收与发送。

项目 6

使用 Go 语言操作数据库

本项目共 2 个任务，在这 2 个任务中，我们将一同学习如何通过 Go 语言编写程序完成对数据库的操作。在 Go 语言中，我们可以通过原生方式连接并操作数据库，还可以通过第三方框架 GORM 对数据库进行操作。在本项目的第二个任务中，我们将重点学习 GORM 框架、GORM 连接数据库的方式，以及如何通过 GORM 对数据库进行 CRUD 操作。

本项目所要达成的目标如下表所示。

任务 6.1	创建电商平台数据表
知识目标	1. 能够概述 Go 语言操作数据库的基础方式、数据库的基本作用以及目前数据库的分类； 2. 能够掌握 MariaDB 数据库的定义及安装方式； 3. 能够说出 Go 语言原生方式连接数据库的方法及数据表的创建方式； 4. 能够概述 GORM 框架的特性及作用，并熟练使用 GORM 方式连接数据库及创建数据表的方法
技能目标	1. 能够使用原生方式连接数据库并测试； 2. 能够使用原生方式执行 SQL 语句； 3. 能够使用 GORM 方式连接数据库； 4. 能够使用 GORM 方式创建和删除数据表； 5. 能够使用 GORM 方式创建索引及主键
素质目标	1. 具备一丝不苟的工匠精神； 2. 具有创新性、创造性思维
教学建议	本任务建议教学 4 个学时，其中 2 个学时完成理论教学，另 2 个学时完成实践内容讲授及实操。教师可以结合配套的多媒体资源以及本书配套的习题实施线上线下的混合式教学
任务 6.2	处理电商平台数据表
知识目标	1. 能够概述原生方式对数据表进行的 CRUD 操作； 2. 能够概述 GORM 方式对数据表进行的 CRUD 操作
技能目标	1. 能够编写程序，通过原生及 GORM 方式在数据表中插入数据； 2. 能够编写程序，通过原生及 GORM 方式在数据表中查询数据； 3. 能够编写程序，通过原生及 GORM 方式在数据表中更新数据； 4. 能够编写程序，通过原生及 GORM 方式在数据表中删除数据； 5. 能够编写程序，通过 GORM 方式执行原生 SQL 语句； 6. 能够编写程序，通过 GORM 方式创建事务

续表

素质目标	1. 具备一丝不苟的工匠精神； 2. 具有创新性、创造性思维
教学建议	本任务建议教学 4 个学时，其中 2 个学时完成理论教学，另 2 个学时完成实践内容讲授及实操。教师可以结合配套的多媒体资源以及本书配套的习题实施线上线下混合式教学

任务 6.1　创建电商平台数据表

6.1.1　任务分析

电商平台上的货物交易、商品更新、促销活动等业务数据都要通过数据库进行统一管理，如何通过 Go 语言编程操作数据库也成为真实电商平台开发过程中必须解决的问题。

Go 语言中自带 database/sql 的标准库，通过它可以使用原生方式写 SQL 语句和处理事务，使用该标准库还可以配合第三方 database/sql/driver 接口数据库驱动包处理不同的关系数据库。此外，很多基于 Go 语言数据库处理的开源框架开始出现，例如 GORM。通过这些框架可以避免重复编写代码，提高编程效率，还可以提高代码可读性。

在本任务中，我们将会学习 Go 语言原生方式操作数据库以及 GORM 框架的基础知识等。进一步地，我们将学习通过 GORM 操作数据库，通过创建商品信息的方式展示通过 Go 语言编写程序来存储数据、生成数据及查看数据。

6.1.2　相关知识

1.　原生方式操作数据库

数据库基本操作

Go 语言操作数据库是通过 database/sql 包以及第三方实现 database/sql/driver 接口的数据库驱动包共同完成的。database/sql 包是 Go 语言的标准库之一，它提供了一系列接口方法，用于访问关系数据库。database/sql 包不会提供数据库特有的方法，在使用 database/sql 包时，必须注入至少一个数据库驱动特有的方法交给被注入的数据库驱动去实现。database/sql 包提供了一些类型，例如 sql.DB、sql.Rows、sql.Stmt 等，掌握这些类型的用法非常重要。

在使用 Go 语言开发信息系统的过程中，我们通常会使用的数据库有：MySQL、MariaDB、PostgreSQL、SQLite 和 SQL Server。其中 MariaDB 是最流行的关系数据库管理系统之一，在本书的案例中，我们都采用 MariaDB 数据库。为了方便学习，我们需要将数据库安装在本地。MariaDB 官网的 Download 页面如图 6-1-1 所示。

（1）下载并安装部署 MySQL 数据库驱动。

Go 语言使用第三方开源的 MySQL 数据库驱动来连接并操作 MariaDB 数据库，在保证网络连接正常的情况下，我们可以在项目目录下通过命令行执行如下命令来下载并安装部署 MySQL 数据库驱动。

```
go get -u github.com/go-sql-driver/mysql
```

下载完成后会在 Go 语言环境的 GOPATH 路径上生成对应的文件，也会在命令提示符窗口显示安装成功。

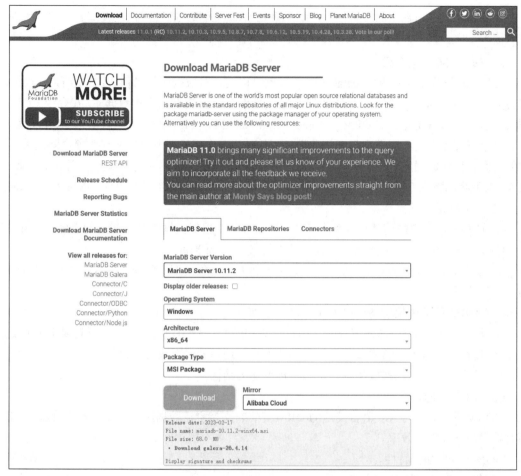

图 6-1-1 MariaDB 官网的 Download 页面

（2）连接数据库。

在 Go 语言中，database/sql 包中提供了 Open()函数来连接数据库，语法格式如下。

```
func Open(driverName, dataSourceName string) (*DB, error)
```

上述语法说明如下。

① driverName：数据库驱动的名称，表示使用哪种数据库。

② dataSourceName：表示指定的数据源，通过 Open()函数打开指定的数据库和数据源，一般至少要包括数据库文件名和（可能的）连接信息。

③ *DB：表示返回的数据库对象，可以被多个 Go 进程同时使用，并且会维护自身的闲置连接池。这样一来，Open()函数只需要调用一次。

（3）执行 SQL 语句。

通过 Open()函数返回得到的*DB 结构体来调用 Exec()函数，可以实现在数据库中执行相应的语句，具体语法格式如下。

```
func (db *DB) Exec(query string, args ...interface{}) (Result, error)
```

上述语法说明如下。

① query string：表示实际执行的 SQL 语句。

② args：表示 query 中的占位参数。

③ Result：表示返回的结果集，该结果集是 Exec()函数执行（可以是查询、删除、更新、插入等）一次参数"query"定义的 SQL 语句所返回的结果。

2. GORM 框架介绍

使用 Go 语言本身自带的 database/sql 包就可以实现对数据库的操作，但是这种方式需要编写大量复杂的 SQL 语句，所以在生产环境中使用 GORM 框架来操作数据库。在介绍 GORM 框架之前，我们需要先了解 ORM（Object Relational Mapping，对象关系映射），其用于实现面向对象编程语言里不同类型系统的数据之间的转换，作用是映射数据库与对象之间的关系，方便我们在操作数据库时不用去写复杂的 SQL 语句，把对于数据库的操作上升到对于对象的操作。以下我们将从 ORM 的定义、核心原则、GORM 的特性等方面分别介绍 ORM 及 GORM。

（1）ORM 的定义。

① O（Object，对象模型）：实体对象，即在程序中根据数据表结构建立的实体（entity）。

② R（Relation，关系数据库的数据结构）：建立的数据库。

③ M（Mapping，映射）：从 R（数据库）到 O（对象模型）的映射，常用 XML 文件来表示映射关系。

（2）ORM 的整体架构基于以下 3 个核心原则。

① 简单：以基本的形式建模数据，相较于 Go 语言本身去直接操作 SQL 语句要更为便捷。

② 传达性：数据库结构要使用尽可能让人易于理解的语言进行文档化。

③ 精确性：基于数据模型创建正确、标准化的结构。

（3）GORM 的特性。

GORM 是一款基于 Go 语言实现的 ORM 库，它支持主流数据库，对开发者比较友好，能够有效提高开发者的效率。

GORM 具有如下特性。

① 集成了全功能 ORM 框架。

② 在模型关联上支持一对一、一对多、多对一、多对多、多态关联。

③ 支持"钩子方法"（指在对数据库进行继续插入、查询、更新、删除操作之前或之后被调用的方法）。

④ 支持对 Preload、Joins 的预加载。

⑤ 支持事务声明、事务嵌套、设立节点、节点回滚。

⑥ 内置 Context、预编译模式、DryRun 模式。

⑦ 具有可以实现批量插入的库（Gorm Bulk Insert）、具有封装批量创建的方法（FindInBatches）、支持根据 map 创建和查找记录、具有直接执行 SQL 表达式的方法（Gorm Valuer）。

⑧ 具有 SQL 构建器，支持 Upsert 功能（Upsert 是数据库插入操作的扩展，如果某个唯一字段已经存在，则将本次新增插入操作变成更新操作，否则正常执行插入操作），支持数据库锁，支持优化器提示、索引提示、注释提示，支持命名参数特性，提供子查询功能。

⑨ 可以创建复合主键、索引、约束。

⑩ 提供 AutoMigrate()函数对数据库中的表格进行刷新。

⑪ 提供了日志（logger）支持，可以通过 SetLogger()函数自定义日志行为。

⑫ 具有灵活的可扩展插件 API：Database Resolver（支持多数据库，具有读写分离和自动

切换连接功能)、Prometheus(采集指标数据)等。

⑬对开发者友好。

3. GORM 常用操作

(1)GORM 的安装。

```
go get -u gorm.io/gorm
```

上述命令下载了 GORM 的核心库,所有第三方包,都需要手动下载。

```
go get -u gorm.io/driver/mysql
```

上述命令下载了 MySQL 的驱动包。在 Go 语言中连接不同的数据就需要使用不同的驱动程序。GORM 官方支持的数据库类型有 MySQL、PosgreSQL、SQLite 和 SQL Server。

```
go get -u gorm.io/driver/sqlite    //sqlite 的驱动程序
go get -u gorm.io/driver/postgres  //postgres 的驱动程序
```

(2)数据库连接。

要连接数据库,必须先导入驱动程序,语句如下。

```
import(
    "gorm.io/gorm"
    "gorm.io/driver/mysql"
)
```

(3)数据库基本操作。

数据库基本操作就是指创建(create)、查询(read)、修改(update)、删除(delete),简称 CRUD。

4. 结构体定义表字段

为了方便模型定义,GORM 内置了一个 gorm.Model 结构体。gorm.Model 是一个包含 ID、CreatedAt、UpdatedAt、DeletedAt 这 4 个字段的结构体。在使用结构体定义表字段时,可以直接使用 gorm.Model 定义,也可以将它嵌入自己的模型(自己定义的结构体),也可以不使用 gorm.Model,自行定义模型。但是在使用 gorm.Model 时我们需要注意其中的一些规则,如下所示。

(1)映射规则。

由于 GORM 使用的是 ORM 映射,所以需要定义要操作的表的模型。在定义模型时,我们需要注意模型名和表名的映射关系,规则如下:

① 第一个大写字母变为小写。

② 遇到其他大写字母变为小写,需要在前面加下画线。

③ 连着的几个大写字母,只有第一个遵循上面的两条规则,其他的大写字母转为小写,不加下画线。直到遇到小写字母,前面的第一个大写字母变小写字母并加下画线。

④ 复数形式。

具体示例如下:

① User → users(首字母小写,复数)。

② UserInfo → user_infos。

③ DBUserInfo → db_user_infos。

④ DBXXXXUserInfo → dbxxxx_user_infos。

(2)结构体字段名和列名的对应规则。

结构体名和列名对应规则是列名是结构体名的蛇形小写,具体示例如下:

① Name → name。

② CreatedTime → create_time。

③ 可以通过 GORM 标签指定列名，如 AnimalId int64 gorm:"column:beast_id"。

（3）模型定义规则。

基本模型定义包括定义字段 ID、CreatedAt、UpdatedAt、DeletedAt，只需要在自己的模型中指定 gorm.Model 匿名字段，即可使用上述的 4 个字段。

① ID：主键自增长。

② CreatedAt：用于存储记录的创建时间。

③ UpdatedAt：用于存储记录的修改时间。

④ DeletedAt：用于存储记录的删除时间。

（4）字段标签设置规则。

声明模型时，标签是可选的，GORM 支持的标签如表 6-1-1 所示。需要注意的是：标签名大小写不敏感，建议使用驼峰命名风格。

表 6-1-1　GORM 支持的标签

标签名	说明
column	指定数据库列名
type	列数据类型，推荐使用兼容性好的通用类型，例如：所有数据库都支持 bool、int、uint、float、string、time、bytes 并且可以和其他标签一起使用，如 not null、size、autoIncrement 等，像 varbinary(8)这样的指定数据库数据类型也是支持的。在使用指定数据库数据类型时，它需要完整的数据库数据类型，如 MEDIUMINT UNSIGNED not NULL AUTO_INCREMENT
size	定义列数据类型的长度，例如 size:256 对应的是数据库中的 varchar(256)
primaryKey	指定列为主键
unique	指定列为唯一列
default	指定列的默认值
precision	指定列的精度
scale	指定列的大小
not null	指定列为 NOT NULL
autoIncrement	指定列为自动增长
autoIncrementIncrement	自动步长，控制连续记录之间的间隔
embedded	嵌套字段
embeddedPrefix	嵌套字段的列名前缀
autoCreateTime	创建时追踪当前时间，对于 int 字段，它会追踪秒级时间戳，可以使用 nano/milli 来追踪纳秒、毫秒级时间戳，例如：autoCreateTime:nano
autoUpdateTime	创建/更新时追踪当前时间，对于 int 字段，它会追踪秒级时间戳，可以使用 nano/milli 来追踪纳秒、毫秒级时间戳，例如：autoUpdateTime:milli
index	根据参数创建索引，多个字段使用相同的名称则创建复合索引
uniqueIndex	与 index 相同，但创建的是唯一索引

续表

标签名	说明
check	创建检查约束，例如 check:age > 13
<-	设置字段写入的权限，<-:create 表示只创建、<-:update 表示只更新、<-:false 表示无写入权限、<-表示创建和更新权限
->	设置字段读的权限，->:false 表示无读权限
-	忽略该字段，-无读写权限
comment	迁移时为字段添加注释

5. 使用 GORM 方式创建数据表

（1）初始化连接。

我们通常采用如下语句调用 gorm.Open()函数打开数据库。

```
db, err = gorm.Open(mysql.Open(dsn), &gorm.Config{})
```

其中 dsn 是指连接数据库所需的参数，dsn 的语法格式如下。

```
"用户:密码@/dbname? charset = utf8&parseTime = True&loc = Local"
```

（2）GORM 创建表。

因为 GORM 支持模型创建，所以支持以数据模型同步的方式创建表。数据模型同步即先创建一个模型，然后使用 GORM 支持的自动迁移功能就可以根据模型直接生成表项。在项目开发中，我们可能会随时调整表内容，比如添加字段和索引。如此一来，我们可以只修改模型，GORM 的自动迁移功能可以始终让我们的数据表保持最新状态。AutoMigrate()函数会创建表、缺少的外键、约束、列和索引，并且会更改现有列的类型（可更改其大小、精度、是否为空）。AutoMigrate()函数按照给定模型进行自动迁移时，不会删除已存在但未使用的列，可以保护数据。具体语法格式如下。

```
db.AutoMigrate(&tablename{})
```

其中 tablename 即创建的模型名称，也就是表名称，生成后可以在 SQL 里查看表是否创建完成。

（3）GORM 删除表。

在 GORM 中，删除数据表有两种方式，第一种是依据表名删除表。其语法格式如下。

```
db.DropTable("TableName")
```

其中 TableName 为数据库中存储的表名。

第二种方式是根据模型信息删除数据表，其语法格式如下。

```
db.DropTable(&tablename{})
```

6.1.3　实操过程

步骤一：以原生方式创建数据表

在本步骤中，我们首先需要保证与数据库是可连接状态，因此需要使用 Ping()函数测试与数据库的连接状态，如例 6-1-1 所示。

程序示例：【例 6-1-1】以原生方式创建数据表

```
1  package main
2  import (
```

以原生方式创建
数据表

```
3        "database/sql"
4        "log"
5        //导入第三方开源 MySQL 库
6        _ "github.com/go-sql-driver/mysql"
7    )
8    func main() {
9        //定义并初始化两个变量
10       db, err := sql.Open("mysql", "root:123456@tcp(127.0.0.1:3306)/Ecommerce_
Platform")
11       //连接数据库时的错误判断
12       if err != nil {
13           log.Fatal(err)
14       }
15       //设置自动关闭数据库
16       defer db.Close()
17       //验证连接的可用性
18       err = db.Ping()
19       if err != nil {
20           log.Fatal("connect to MySQL failed", err)
21       }
22       log.Println("connect to MySQL success")
23       //创建一张数据表
24       createTable := "CREATE TABLE `Ecommerce_Platform`.`Commodity` (" +
25           //创建 Id 条目，数据类型为 int，长度为 11
26           "`Id` INT(11) unsigned NOT NULL AUTO_INCREMENT," +
27           //创建 Name 条目，数据长度固定为 100
28           "`Name` VARCHAR(100) NULL DEFAULT 1," +
29           //创建 Info 条目，数据长度固定为 100
30           "`Info` VARCHAR(100) NULL DEFAULT 1," +
31           //创建 Title 条目，数据长度固定为 100
32           "`Title` VARCHAR(100) NULL DEFAULT 1," +
33           //创建 Price 条目，数据类型为 float，总长度为 6，小数点位为 3
34           "`Price` FLOAT(6,3) NULL DEFAULT NULL," +
35           //设置 Id 为主键
36           "PRIMARY KEY (`Id`)" +
37           ");"
38       //调用 Exec()函数
39       _, err = db.Exec(createTable)
40       //判断如果创建失败则输出创建失败
41       if err != nil {
42           log.Fatal("Data tables creating failed", err)
43       }
44       //否则输出创建成功
45       log.Println("Data tables creating success")
46   }
```

以上程序的运行结果如图 6-1-2 所示。

程序解读：

（1）在上述程序第 2～10 行中，我们首先通过 import 导入本程序中用到的软件包，包括之前下载并安装部署的第三方开源 MySQL 库 "github.com/go-sql-driver/mysql"，如第 6 行所示。随后定义并初始化两个变量，第一个变量 db 用来连接数据库，第二个变量 err 用来做连接数据库的状态判断，如第 10 行所示。Go 语言操作数据的原生方式是通过 Open() 函数打开数据库，在打开数据库时输入连接数据库的各种信息，其中包括连接的数据库类型。这里以 MySQL 为例，其需要输入连接数据库时数据库设置的用户名、密码、地址、端口等信息（这些信息需要在数据库建立时手动设置），最后加上我们所连接的库名 Ecommerce_Platform。因此在开始编写程序前就需要在 MySQL 数据库中预先建立好 Ecommerce_Platform 库，以便于在此程序中使用。

（2）在上述程序第 11～22 行中，我们首先定义了一个 if 语句用于连接数据库时的错误判断，判断的条件就是刚刚定义的变量 err，如果变量 err 不为空，则表示数据库连接异常，接下来使用 log.Fatal() 函数记录异常信息，如第 12～14 行所示。随后在程序第 16 行中我们定义了一个 defer 语句用来自动关闭数据库，保证程序执行完毕后自动关闭数据库连接，及时释放资源。在上述程序第 18 行中，我们使用了 Ping() 函数来验证连接的可用性，因为 Open() 函数只负责打开数据库，具体打开成功与否是没有回应的，所以通过该函数来判断连接是否建立成功。

（3）在上述程序第 24～46 行中，我们定义并初始化了一个名为 createTable 的字符串变量，该字符串变量的值其实是创建数据表的 SQL 命令。在连接数据库成功后我们就可以创建表项，原生方式创建数据库与 SQL 本身创建数据库的方式是相同的，即直接定义表项及表项参数，在建立表时需要输入表所在的库名及设置表名，这里我们设置的表名是 Commodity；在表中设置条目时可以参考通过数据库软件的图形化界面添加参数后的代码，与程序中建立的条目格式是相同的。此处因为演示，只做了简单的表项，包含的内容有条目名称、数据类型、数据长度、是否携带符号、是否允许为空等条件，建立完成后，通过调用 Exec() 函数，根据已创建的 Table 生成表判断。

```
2022/10/22 13:48:11 connect to MySQL success
2022/10/22 13:48:11 Data tables creating success

Process finished with the exit code 0
```

图 6-1-2 例 6-1-1 的程序运行结果

步骤二：以 GORM 方式创建数据表

在本步骤中，我们首先要保证与数据库是连接完成状态，采用 struct 定义商品信息，然后根据已定义信息直接生成表项，生成后可以在 SQL 中进行查看，如例 6-1-2 所示。

以 GORM 方式
创建数据表

程序示例：【例 6-1-2】以 GORM 方式创建数据表

```
1  package main
2  //导入 GORM 核心库及 MySQL 驱动包
3  import (
4      "gorm.io/driver/mysql"
5      "gorm.io/gorm"
6  )
7  //创建商品表的结构体
8  type Commodity1 struct {
9      //调用默认模式
```

```
10      gorm.Model
11      //定义一个字段为名称，长度为 255
12      Name string `gorm:"comment:名称;size:255"`
13      //定义一个字段为品类
14      CategoryID int `gorm:"comment:品类"`
15      //定义一个字段为标题，修改名称为 beast_id
16      Title string `gorm:"comment:标题;column:beast_id"`
17      //定义一个字段为信息，修改默认值为 18
18      Info string `gorm:"comment:信息;default:18"`
19      //定义一个字段为 Img 路径，设置索引
20      ImgPath string `gorm:"comment:Img 路径;index"`
21      //定义一个字段为价格，设置 check 检查，检查子句为 name <> 'jinzhu'
22      Price string `gorm:"comment:价格;check:name <> 'jinzhu'"`
23      //定义一个参数为折扣价格
24      DiscountPrice string `gorm:"comment:折扣价格"`
25  }
26  func main() {
27      //声明一个 err 变量，类型为 error
28      var err error
29      //声明一个名为 db 的数据库
30      var db *gorm.DB
31      //定义数据库连接信息及参数
32      dsn := "root:123456@tcp(127.0.0.1:3306)/Ecommerce_Platform?charset=utf8
&parseTime=True&loc=Local"
33      //直接调用定义好的 dsn 连接数据库
34      db, err = gorm.Open(mysql.Open(dsn), &gorm.Config{})
35      //if 语句判断连接数据库是否成功
36      if err != nil {
37          panic("failed to connect database")
38      }
39      //根据结构体自动生成数据表
40      db.AutoMigrate(&Commodity1{})
41  }
```

以上程序的运行结果如图 6-1-3 所示。

程序解读：

（1）在上述程序第 3~6 行中，我们通过 import 导入事先下载安装部署的 GORM 的核心库及 MySQL 驱动包，以确保接下来的程序中可以使用 GORM 库。

（2）在上述程序第 7~25 行中，我们定义了一个 Commodity1 结构体，该结构体描述了商品的信息，并按照 GORM 支持的约束项对参数进行各种修改或定义，以便程序通过第 40 行的 db.AutoMigrate()生成与结构体内容一致的表。

（3）在上述程序第 26~41 行中，我们定义并初始化了一个 dsn 变量，如第 32 行所示，该变量中"root"为连接数据库的用户名，"123456"为其所对应的密码，"@tcp(127.0.0.1:3306)"表示使用 TCP 连接本地数据库，端口号为 3306。程序第 34 行中，通过 gorm.Open()函数直接调用定义好的 dsn 变量作为参数执行连接数据库。程序第 40 行自动生成了数据表，以上程序执行完成后，我们可以通过安装的 MariaDB 数据库软件查看表项是否生成。

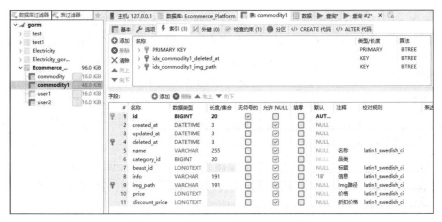

图 6-1-3　例 6-1-2 的程序运行结果

提示

（1）导入包时要注意查看导入的是否为"gorm.io/gorm"及"gorm.io/driver/mysql"，如果不是，那么包的操作方法是不一致的。还有一种包为"github.com/jinzhu/gorm" _"github.com/jinzhu/gorm/dialects/mysql"，是原生方式操作数据库所使用的包，两种包的操作方式不一致，需要特别注意。

（2）定义的结构体中导入的 gorm.Model，包含 ID、CreatedAt、UpdatedAt、DeletedAt 这 4 个字段的 Go 语言结构体，也可以不做导入，自行定义结构体内容。

（3）数据库中的时间类型通常为 DATE、DATETIME，而 Go 语言中的时间类型为 time.Time，因此需要配置 parseTime=ture 选项，实现时间类型字段的自动转换。此外 GORM 还可以用 db.DB() 对象的 SetMaxIdleConns() 方法和 SetMaxOpenConns() 方法设置连接池信息，格式如下。

```
db.DB().SetMaxIdleConns(10)
db.DB().SetMaxOpenConns(100)
```

SetMaxIdleConns() 方法用于设置空闲连接池中的最大连接数，SetMaxOpenConns() 方法用于设置与数据库的最大打开连接数。

（4）GORM 使用结构体名的蛇形命名作为表名。对于结构体 Product，根据约定其表名为 products，所以在查看数据表时，会发现表名为复数。如果想要修改表名，可以使用 TableName() 函数来更改默认表名，如下。

```
func (Product) TableName() string {
    return "profiles"
}
```

6.1.4　进阶技能

进阶一：数据库索引

在数据库中，创建索引的优势如下：

（1）通过创建唯一索引，可以保证数据表中每一行数据的唯一性。

（2）可以大大加快数据的检索速度，这也是创建索引的主要原因。

（3）可以加速表和表之间的连接，在实现数据的参考完整性方面特别有意义。

（4）在使用分组和排序子句进行数据检索时，可以显著减少查询中分组和排序的时间。

（5）通过使用索引，可以在查询的过程中使用优化隐藏器，提高系统的性能。

创建唯一索引

GORM 允许通过 index、uniqueIndex 标签创建索引，这些索引将在使用 GORM 进行自动迁移或建表时创建。GORM 可以接受很多索引设置，例如 class、type、where、comment、expression、sort、collate、option 等。在设置时索引会有很多分类，诸如唯一索引、复合索引、多索引等。其中唯一索引 uniqueIndex 标签的作用与 index 类似，它等效于 index:,unique；复合索引是指两个字段使用同一个索引名，但是在使用复合索引时，复合索引列的顺序会影响其性能，可以使用 priority 指定顺序，默认优先级值是 10，如果优先级相同，则顺序取决于模型结构体字段的顺序；多索引是指当一个字段接收多个 index、uniqueIndex 标签，就可以在一个字段上创建多个索引。编写程序为电商系统业务创建唯一索引，如例 6-1-3 所示。

程序示例：【例 6-1-3】为电商平台业务创建唯一索引

```
1  package main
2  import (
3     "github.com/jinzhu/gorm"
4   _ "github.com/jinzhu/gorm/dialects/mysql"
5  )
6  //声明变量为数据库类型
7  var db *gorm.DB
8  //创建结构体
9  type user1 struct {
10    //创建唯一索引
11    Name1 string `gorm:"uniqueIndex"`
12    //创建唯一索引，并定义索引名，调整顺序为倒序
13    Name2 string `gorm:"uniqueIndex:idx_name,sort:desc"`
14 }
15 func main() {
16    //声明变量，error 类型
17    var err error
18    //连接数据库
19    db, err = gorm.Open("mysql", "root:123456@tcp(127.0.0.1:3306)/Ecommerce_
Platform?charset=utf8&parseTime=True&loc=Local")
20    if err != nil {
21       panic(err)
22    }
23    //设置全局表名禁用复数
24    db.SingularTable(true)
25    //根据结构体直接创建 user1 表
26    if !db.HasTable(&user1{}) {
27       if err := db.Set("gorm:table_options", "ENGINE=InnoDB DEFAULT CHARSET=
utf8").CreateTable(&user1{}).Error; err != nil {
28          panic(err)
29       }
30    }
31 }
```

以上程序的运行结果如图 6-1-4 所示。

程序解读：

在上述程序第 9～14 行中，我们定义了名为 user1 的结构体，里面定义了两个参数，两个

参数都指定为唯一索引，在指定 Name2 为唯一索引时，我们加上了参数 idx_name，以定义索引名称，且定义了排序方式（sort:desc）。在数据库的排序语句中，用 desc 表示按倒序排列（即从大到小排序）——降序排列，用 acs 表示按正序排序（即从小到大排序）——升序排列。所以在 Name2 上加的索引实际是 Name1 的。在图 6-1-4 所示的数据库可视化软件 MariaDB 中查看唯一索引是否生成。

图 6-1-4　例 6-1-3 的程序运行结果

进阶二：复合主键

在数据表中经常有一个列或多列的组合，其值能唯一地标识表中的每一行。这样的一列或多列称为表的主键（PRIMARY KEY）。我们通过 GORM 框架定义数据表的时候可以使用 "primaryKey" 关键字定义表的主键。由于主键约束可确保唯一数据，所以经常用来定义标识列。选取主键的一个基本原则是不使用任何业务相关的字段作为主键。因此，身份证号、手机号、邮箱地址这些看上去唯一的字段，均不可用作主键。在 GORM 中支持通过将多个字段设为主键创建复合主键。下面的示例演示了使用 "ID" 字段以及 "LanguageCode" 字段创建复合主键，如例 6-1-4 所示。

创建复合主键

程序示例：【例 6-1-4】 为电商平台业务创建复合主键

```
1  package main
2  import (
3      "gorm.io/driver/mysql"
4      "gorm.io/gorm"
5  )
6  type User2 struct {
7      //定义 ID 与 LanguageCode 同时作为主键
8      ID           string `gorm:"primaryKey"`
9      LanguageCode string `gorm:"primaryKey"`
10     Code         string
11     Name         string
12 }
13 func main() {
14     //声明一个名为 db 的数据库并连接
15     var db *gorm.DB
16     var err error
17     dsn := "root:123456@tcp(127.0.0.1:3306)/Ecommerce_Platform?charset=utf8
&parseTime=True&loc=Local"
18     db, err = gorm.Open(mysql.Open(dsn), &gorm.Config{})
19     if err != nil {
20         panic("failed to connect database")
```

```
21      }
22      //根据结构体直接创建 user2 表
23      db.AutoMigrate(&User2{})
24  }
```

以上程序的运行结果如图 6-1-5 所示。

程序解读：

（1）在上述程序第 6～12 行中，我们定义了 ID 和 LanguageCode 同时作为主键。这是因为在 GORM 中设置主键时，若已存在主键则不允许再添加主键，因此若要设置复合主键就需要在结构体字段后加上 primaryKey 参数，以此来保证这两个参数被设置为复合主键。

（2）在上述程序第 14～23 行中，我们定义并连接 db 数据库，然后使用 AutoMigrate() 函数根据结构体创建数据表。

提示

默认情况下，整型 PrioritizedPrimaryField 启用了 autoIncrement，要禁用它则需要为整型字段关闭 autoIncrement 选项，语句如下。

```
type user struct {
    CategoryID uint64 `gorm:"primaryKey;autoIncrement:false"`
    TypeID     uint64 `gorm:"primaryKey;autoIncrement:false"`
}
```

图 6-1-5 例 6-1-4 的程序运行结果

任务 6.2 处理电商平台数据表

6.2.1 任务分析

在电商平台上，不管是商品信息的更迭还是价格的浮动，都需要反复确认调整。所以在管理数据时，我们需要对数据进行添加、删除、修改等操作。在使用 Go 语言操作数据库时，我们可以采用原生方式也可以采用 GORM 方式，这两种方式修改数据库都有自己的定义格式。

在本任务中，我们将会学习如何通过原生方式及 GORM 方式对数据库进行 CRUD 操作，通过对商品信息数据的调整来展示这两种方式如何对数据表进行插入、查询、更新、删除，并编写程序通过 GORM 方式执行原生 SQL 语句和创建事务。

CRUD 操作

6.2.2　相关知识

1. 插入数据

（1）原生方式插入数据。

MySQL 中使用 INSERT INTO 语句来插入数据，语法格式如下。

```
INSERT INTO table_name ( field1, field2,...,fieldN )
VALUES ( value1, value2,...,valueN );
```

如果插入的数据是字符形式，必须使用单引号或者双引号，如"value"。

```
INSERT INTO `student`(name,sex,age,Enrollmentdate) VALUES ("Jack",0,"20",
"2022-01-24")
```

如果需要插入多条数据可以采用"，"分隔。

```
INSERT INTO table_name (field1, field2,...,fieldN)
VALUES (valueA1,valueA2,...,valueAN),(valueB1,valueB2,...,value BN)......;
```

如果想在指定位置插入数据，可以写明列的位置，采用如下方式。

```
INSERT INTO `student` VALUES (0,"jack",1,"20","2022-01-24")
```

如果要添加全部数据，并采用自增方式，可以使用 PRIMARY KEY AUTO_INCREMENT，在第一列增加数据时可以将位置参数直接置为"0"或"NULL"。

（2）GORM 方式插入数据。

GORM 中采用 CreateTable()函数来插入数据，可以采用模型方式创建表，具体语法格式如下。

```
db.CreateTable(&User{})
```

其中 User 为创建好的模型。关于模型的定义，我们在任务 6.1 中已经详细介绍过。也可以采用创建表时追加数据的方式将数据添加到表中，具体语法格式如下。

```
db.Set("gorm:table_options", "ENGINE=InnoDB").CreateTable(&User{})
```

当然，这种方式也要求先存在 User 模型或表，如果我们不能判断是否存在模型或表，我们还可以采用 HasTable()方法来进行检测。具体语法格式如下。

```
db.HasTable(&User{})   // 检查模型 User 的表是否存在
db.HasTable("users")   // 检查表 users 是否存在
```

2. 查询数据

（1）原生方式查询数据。

Go 语言中通过 Query()函数来查询数据，与其他语言不同的是，其他语言查询数据库的时候需要创建一个连接，对 Go 而言则需要创建一个数据库对象。连接将会在需要查询的时候由连接池创建并维护；Go 语言使用 sql.Open(driverName，dataSourceName string)函数创建数据库对象，driverName 是数据库驱动名，dataSourceName 是连接字符串。Query()函数的语法格式如下。

```
func (db *DB) Query(query string, args ...interface{}) (*Rows, error)
```

① args 是 Query 中的占位参数。

② Rows 是查询的结果，Query()函数执行一次查询，可以返回多行结果。

如果要查看结果集，要使用 Next()方法来进行遍历。当采用 rows.Next()方法获取到结果时，可以使用 Scan()函数将查询到的结果赋值给目标变量。语法格式如下。

```
func (r *Row) Scan(dest ...interface{}) error
```

使用 Scan()函数会将查询结果分别保存到 dest 参数指定的值中。如果查询结果匹配了多行，Scan()函数会使用第一行结果并丢弃其余各行；如果查询结果没有匹配的行，Scan()函数会返回 ErrNoRows。

（2）GORM 方式查询数据。

GORM 提供了 First()、Take()、Last() 方法，以便从数据库中检索单个对象。当查询数据库时它添加了 limit 1 条件，且没有找到记录时，它会返回 ErrRecordNotFound 错误。

① 获取第一条记录（主键升序）。

```
db.First(&user)
```

② 获取一条记录，没有指定排序字段。

```
db.Take(&user)
```

③ 获取最后一条记录（主键降序）。

```
db.Last(&user)
```

First() 方法和 Last() 方法会根据主键排序，分别查询第一条和最后一条记录。只有在目标结构体是指针或者通过 db.Model() 函数指定模型时，这些方法才有效。此外，如果相关模型没有定义主键，那么将按模型的第一个字段进行排序。如果不适用前面的方法，我们还可以使用 Where() 方法进行查询，从而获得想要的记录。

① 获取第一个匹配记录。

```
db.Where("name = ?","jack").First(&user)
//SELECT * FROM users WHERE name = 'jack' limit 1;
```

② 获取所有匹配记录。

```
db.Where("name = ?","jack").Find(&user)
//SELECT * FROM users WHERE name = 'jack' desc limit 1;
```

3. 更新数据

（1）原生方式更新数据。

在 MySQL 中使用 UPDATE 来对数据进行更新，语法格式如下。

```
UPDATE <表名>
SET 字段 1=值 1 [,字段 2=值 2...]
[WHERE 子句 ]
[ORDER BY 子句]
[LIMIT 子句]
```

在上述语法格式中：

① <表名>指要更新的表名称。

② SET 指表中要修改的列名及列值。

③ WHERE 表示限定表中要修改的行，也可以不指定，不指定则修改表中所有的行。

④ ORDER BY 表示限定表中的行被修改的次序，也可以不做限制。

⑤ LIMIT 表示限定被修改的行数，也可以不做限制，如果要修改一行数据的多个列值，SET 子句的每个值都需要用"，"分隔。

（2）GORM 方式更新数据。

① 更新整个记录。

```
db.First(&user)
user.Name = "jack"
user.Age = 100
db.Save(&user)
```

如果只想更新需要更改的字段，可以使用 Update() 函数。

② 条件更新。

```
db.Model(&User{}).Where("price = ?", 8.8).Update("price", "20")
```

4．删除数据

（1）原生方式删除数据。

在 MySQL 中使用 DELETE 语句从单个表中删除数据，语法格式如下。

```
DELETE FROM <表名>
[WHERE 子句]
[ORDER BY 子句]
[LIMIT 子句]
```

在上述语法格式中：

① <表名>是指定要删除数据的表名称。

② WHERE 子句表示删除操作限定的行条件，如果省略该子句，则代表删除该表中的所有行。

③ ORDER BY 子句表示表中各行将按照子句指定的顺序进行删除，也可以不指定顺序。

④ LIMIT 子句用于告知服务器在控制命令被返回到客户端前被删除行的最大值，也省略该子句。

（2）GORM 方式删除数据。

在 GORM 中删除记录时，需要指定删除对象的主键，否则会触发批量删除，如下所示。

```
db.Delete(&email)   //批量删除 email 表中所有数据
db.Delete(&user{},1)   //指定 user 表中主键为 1 的记录删除
```

若想删除指定的某条记录，可以使用 Where()函数，例如：

```
db.Where("name = ?", "jack").Delete(&email)
```

GORM 允许通过主键（可以是复合主键）和内联条件（查询条件也可以被内联到 First()和 Find()之类的方法中，其用法类似于用 Where()函数）来删除对象，使用数字指定 user 表中 ID 为 10 的数据条目，这里的 "10" 是数字，即指定删除主键 ID 为 10 的数据条目。

```
db.Delete(&user{}, 10)
```

也可以使用字符串指定 user 表中 ID 为"10"的数据条目，正如下面的"10"是字符串，即指定删除主键 ID 为"10"的数据条目。

```
db.Delete(&user{}, "10")
```

6.2.3　实操过程

以原生方式插入
数据

步骤一：以原生方式插入数据

在本步骤中，我们首先要保证数据表已经创建完成，原生方式创建数据表在任务 6.1 中已经介绍，在此基础上我们以原生方式为数据表插入部分数据，如例 6-2-1 所示。

程序示例：【例 6-2-1】以原生方式插入数据

```
1  package main
2  import (
3      "database/sql"
4      "log"
5      //导入第三方数据库
```

```
6       _ "github.com/go-sql-driver/mysql"
7   )
8   //定义错误检查函数
9   func checkErr(err error) {
10      if err != nil {
11          log.Fatal(err)
12      }
13  }
14  func main() {
15      //连接数据库
16      db, err := sql.Open("mysql", "root:123456@tcp(127.0.0.1:3306)/Ecommerce_
Platform")
17      //定义连接数据库的错误检查
18      checkErr(err)
19      //设置自动关闭数据库连接
20      defer db.Close()
21      //验证连接的可用性
22      err = db.Ping()
23      //验证连接可用性的错误检查
24      checkErr(err)
25      //打印连接成功结果
26      log.Println("connect to mysql success")
27      //定义插入语句
28      rs, err := db.Exec("INSERT INTO `Commodity`(Name,Info,Title,Price) VALUES
(?,?,?,?)", "《创业史》", "中国作家柳青创作的长篇小说", "文学", "21.6")
29      //定义插入语句的错误检查
30      checkErr(err)
31      //定义插入行数变量并检查插入行数
32      rowCount, err := rs.RowsAffected()
33      //定义行数错误检查
34      checkErr(err)
35      //打印插入行数的检查结果
36      log.Printf("插入了 %d 行", rowCount)
37  }
```

以上程序的运行结果如图 6-2-1 所示。

程序解读：

（1）在上述程序第 1～27 行中，我们首先采用原生方式连接数据库，此操作已经在任务 6.1 中详细阐述，这里不做解释。

（2）在上述程序中第 28 行中，我们使用原生方式执行插入数据的操作。需要定义并初始化两个变量，其中一个为 rs 用于插入数据，另一个为 err 用于检查错误。原生方式是通过定义 Exec()函数执行插入数据的，然后通过 SQL 语句 INSERT INTO 执行插入动作，插入语句后面要标识表名 Commodity。然后是插入的数据，这里要插入一条记录中的 4 个参数，分别是 Name、Info、Title、Price。插入的参数后面要定义占位符，VALUES 表示插入值，括号里的 "?" 表示占位符，可以有效防止出现 SQL 注入类漏洞，后面紧跟的是插入的具体数据。

（3）在上述程序第 29～36 行中，我们使用 checkErr()定义插入语句的错误检查，checkErr() 函数的作用是进行错误监测，其参数为 err。rowCount 是定义的插入的行数变量，可以通过

rs.RowsAffected()函数来检查插入的行数，并将结果赋值给变量 rowCount，第 36 行可以打印插入行数的检查结果。

（a）

```
2023/01/03 15:35:06 connect to mysql success
2023/01/03 15:35:06 插入了 1 行

Process finished with the exit code 0
```

（b）

图 6-2-1　例 6-2-1 的程序运行结果

✒ 提示

（1）rowCount,err := rs.RowsAffected()表示受影响的行，可以通过定义它来明确我们执行插入操作的影响行数。还可以采用 rs.LastInsertId()函数来获得插入的 ID。

（2）VALUES(?,?,?,?)表示占位符，防止出现 SQL 注入类漏洞。SQL 注入攻击包括通过输入数据从客户端插入或"注入"SQL 查询到应用程序。一个成功的 SQL 注入攻击可以从数据库中获取敏感数据、修改（插入/更新/删除）数据库数据、执行数据库管理操作（如关闭数据库管理系统）、恢复存在于数据库文件系统中的指定文件内容等，在某些情况下甚至能对操作系统发布命令。

（3）defer db.Close()用来强制关闭循环，虽然这不是必需的，但是我们应该养成关闭 rows 的习惯。在任何时候，都不要忘记 Close()函数，哪怕 rows 在循环结束之后已经自动关闭了。为了保证 rows 循环可以正常结束，定义 Close()函数通常是程序处理惯用的做法。

步骤二：以 GORM 方式插入数据

在本步骤中，我们首先要保证数据表已经创建完成，GORM 方式数据表的创建在任务 6.1 中已经介绍，在此基础上我们对数据表执行以 GORM 方式插入数据的操作，如例 6-2-2 所示。

以 GORM 方式
插入数据

程序示例：【例 6-2-2】以 GORM 方式插入数据

```
1   package main
2   import (
3       "gorm.io/driver/mysql"
4       "gorm.io/gorm"
5   )
6   //定义结构体，创建商品信息表
7   type Commodity1 struct {
8       Name        string `gorm:"comment:名称;size:255"`
9       CategoryID  int    `gorm:"comment:品类"`
10      Title       string `gorm:"comment:标题;column:beast_id"`
11      Info        string `gorm:"comment:信息;default:18"`
12      ImgPath     string `gorm:"comment:Img 路径;index"`
```

```
13      Price          string `gorm:"comment:价格;check:name <> 'jinzhu'"`
14      DiscountPrice string `gorm:"comment:折扣价格"`
15  }
16  func main() {
17      //声明一个 err 变量，类型为 error
18      var err error
19      //声明一个名为 db 的数据库
20      var db *gorm.DB
21      //定义数据库连接信息及参数
22      dsn := "root:123456@tcp(127.0.0.1:3306)/Ecommerce_Platform?charset=utf8
&parseTime=True&loc=Local"
23      //直接调用定义好的 dsn 打开数据库
24      db, err = gorm.Open(mysql.Open(dsn), &gorm.Config{})
25      //if 语句判断连接数据库是否成功
26      if err != nil {
27          panic("failed to connect database")
28      }
29      //根据结构体生成表
30      db.AutoMigrate(&Commodity1{})
31      //创建插入数据条目
32      db.Create(&Commodity1{Name: "《徐霞客游记》", Title: "文学", Info: "明代地理学
家徐霞客创作的一部散文游记", Price: "144.3", DiscountPrice: "0.8"})
33      db.Create(&Commodity1{Name: "《天工开物》", Title: "自然科学", Info: "明代著名
科学家宋应星初刊于 1637 年", Price: "28.1", DiscountPrice: "0.8"})
34  }
```

以上程序的运行结果如图 6-2-2 所示。

程序解读：

（1）在上述程序第 1~30 行中，我们首先使用 GORM 方式执行连接数据库及创建数据表操作，此操作已经在任务 6.1 中详细介绍，这里不做解释。

（2）在上述程序第 32~33 行中，我们为了执行 GORM 方式插入数据操作，首先通过 db.Create()函数创建插入动作，&Commodity1 为数据表名称，{}中为详细的插入参数，第 32 行插入了一条商品名称为《徐霞客游记》，分类标题为文学，详情为"明代地理学家徐霞客创作的一部散文游记"，价格为 144.3 元，折扣为 0.8 折的数据。GORM 方式插入数据时可以连续插入多行数据，其方式是直接在后面继续执行 db.Create()函数，如第 33 行所示。需要注意的是在创建数据时要求将插入的参数用""括起来，中间用"，"分隔。

图 6-2-2 例 6-2-2 的程序运行结果

以原生方式查询数据

步骤三：以原生方式查询数据

在本步骤中，我们首先要保证数据条目已经创建完成，原生方式插入数据在例 6-2-1 中已经介绍，在此基础上我们采用原生方式查询数据，如例 6-2-3 所示。

程序示例:【例 6-2-3】以原生方式查询数据

```
1  package main
2  import (
3     "database/sql"
4     "log"
5     //导入第三方开源库
6     _ "github.com/go-sql-driver/mysql"
7  )
8  //创建结构体定义商品信息
9  type Commodity struct {
10     id    int
11     name  string
12     Title string
13     Info  string
14     Price string
15  }
16  //创建错误检查
17  func checkErr(err error) {
18     if err != nil {
19         log.Fatal(err)
20     }
21  }
22  func main() {
23     //连接数据库
24     db, err := sql.Open("mysql", "root:123456@tcp(127.0.0.1:3306)/Ecommerce_
Platform")
25     //连接数据库的错误检查
26     checkErr(err)
27     //设置自动关闭数据库
28     defer db.Close()
29     //验证连接的可用性
30     err = db.Ping()
31     //连接可用性的错误检查
32     checkErr(err)
33     //打印可用性结果
34     log.Println("connect to mysql success")
35     //定义查询语句
36     rows, err := db.Query("select * from `Commodity` where name=?", "《创业史》")
37     //采用 rows.Next()函数遍历数据条目
38     for rows.Next() {
39         //定义商品表变量并将商品结构体赋予变量 commodity
40         commodity := Commodity{}
41         //将遍历结果赋值给 rows.Scan()函数进行查看
42          err := rows.Scan(&commodity.id, &commodity.name, &commodity.Title,
&commodity.Info, &commodity.Price)
43         //定义查询错误检查
44         checkErr(err)
45         //打印查询结果
46         log.Println(commodity)
47     }
```

```
48      //定义自动关闭遍历
49      defer rows.Close()
50  }
```

以上程序的运行结果如图 6-2-3 所示。

程序解读：

（1）在上述程序第 1～34 行中，我们首先采用原生方式连接数据库，此操作已经在任务 6.1 中详细阐述，这里不做解释。

（2）在上述程序第 36 行中，我们使用了原生方式执行查询数据功能，通过 Query()函数来执行查询动作。在程序中首先定义两个变量：rows 通常用来查看结果，err 通常用来检查查询错误。然后使用 db.Query()函数来定义查询语句，查询语句与 MySQL 数据库查询数据的方式相同，采用 select 选择条目，*from 表示从哪里查询。由于我们在前面创建了 Commodity 表，所以是在 Commodity 表内查询数据。查询条件可以采用 where 来限制，本程序中根据 name 来进行查询，如果要按照其他条件进行查询，就修改查询条件，并用""括起来。这里指定查询名称为《创业史》的数据条目，所以采用 where 来定义查询位置。

（3）在上述程序第 37～42 行中，为了查看查询结果，我们使用 rows.Next()函数遍历数据条目，然后将遍历结果赋值给 rows.Scan()函数进行查看，同时要先定义一个 rows.Scan()函数用来存放结果值。这里查看的参数是 id、name、Title、Info、Price。第 43～50 行为检查是否存在查询错误及打印查询结果，执行结束后要记得关闭遍历。

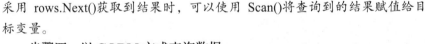

```
2022/10/22 13:12:12 connect to mysql success
2022/10/22 13:12:12 {1 《创业史》 中国作家柳青创作的长篇小说 文学 21.6}

Process finished with the exit code 0
```

图 6-2-3　例 6-2-3 的程序运行结果

提示

在上述程序中，我们定义了一个 for 循环，for rows.Next()是为了查看查询的结果集。当采用 rows.Next()获取到结果时，可以使用 Scan()将查询到的结果赋值给目标变量。

以 GORM 方式
查询数据

步骤四：以 GORM 方式查询数据

在本步骤中，我们首先要保证数据条目已经创建完成，GORM 方式插入数据在例 6-2-2 中已经介绍，在此基础上我们采用 GORM 方式进行数据查询，如例 6-2-4 所示。

程序示例：【例 6-2-4】以 GORM 方式查询数据

```
1   package main
2   import (
3       "fmt"
4       "gorm.io/driver/mysql"
5       "gorm.io/gorm"
6   )
7   //定义结构体，创建商品信息表
8   type Commodity1 struct {
9       Name        string `gorm:"comment:名称;size:255"`
10      CategoryID  int    `gorm:"comment:品类"`
11      Title       string `gorm:"comment:标题;column:beast_id"`
```

```
12      Info         string `gorm:"comment:信息;default:18"`
13      ImgPath      string `gorm:"comment:Img 路径"`
14      Price        string `gorm:"comment:价格;check:name <> 'jinzhu'"`
15      DiscountPrice string `gorm:"comment:折扣价格"`
16 }
17 func main() {
18     //定义错误变量
19     var err error
20     //定义数据库变量
21     var db *gorm.DB
22     //定义商品表变量
23     var commodity1 []Commodity1
24     //连接数据库
25     dsn := "root:123456@tcp(127.0.0.1:3306)/Ecommerce_Platform?charset=utf8
&parseTime=True&loc=Local"
26     //打开数据库的结果的错误判断
27     db, err = gorm.Open(mysql.Open(dsn), &gorm.Config{})
28     //设置 if 语句打印连接数据库失败结果
29     if err != nil {
30         panic("failed to connect database")
31     }
32     //定义查询语句，查询商品表全部条目
33     db.Find(&commodity1)
34     //将查询结果赋值给结果值变量
35     result := db.Find(&commodity1)
36     //打印查询结果的行数
37     fmt.Println(result.RowsAffected)
38     //打印查询结果
39     fmt.Println(&commodity1)
40 }
```

以上程序的运行结果如图 6-2-4 所示。

程序解读：

（1）在上述程序第 1~31 行中，我们首先使用 GORM 方式执行连接数据库及创建数据表操作，此操作已经在任务 6.1 中详细介绍，这里不做描述。

（2）在上述程序第 32~40 行中，我们通过 GORM 方式来执行查询数据操作。查询数据时，因为我们需要查询多个对象，所以首先将数据表名称定义为一个数组类型的变量，如果查询的是单个对象，则不需要定义。在查询时，因为这里查询的是全部数据信息，所以需要使用 Find() 函数加表名。然后我们将查询结果赋值给结果值变量 result，这样就可以通过定义结果集的方式查看数据的具体行数，result.RowsAffected 表示通过查询找到的数据行。

```
2
&[{《徐霞客游记》 0 文学 明代地理学家徐霞客创作的一部散文游记  144.3 0.8}
{《天工开物》 0 自然科学 明代著名科学家宋应星初刊于1637年  28.1 0.8}]

Process finished with the exit code 0
```

图 6-2-4　例 6-2-4 的程序运行结果

✍提示

（1）在使用 GORM 方式查询数据条目时，如果查找的对象是单个对象，我们在定义变量时可以不用指定特殊类型；但是如果查找的对象是多个对象，我们在查询时需要定义一个数组类型的变量，这是 GORM 的条件限制。

（2）result.RowsAffected 指操作影响的数据行。在我们查询数据或者插入数据时可以定义这个参数来确认我们插入和查询的数据条目是否符合要求。

（3）使用 First(&Commodity1)可查询第一条匹配记录。

（4）使用 db.Where("name = ?", "《徐霞客游记》").First(&Commodity1)可以查看指定数据内容。其中 Where 用于指定具体查询条件，First 表示查看第一条匹配信息，即在 Commodity1 表中查询名称为《徐霞客游记》的第一条匹配信息。

以原生方式更新数据

（5）db.Where("name <> ?", "《徐霞客游记》").Find(&Commodity1)表示在 Commodity1 表中查询名称为《徐霞客游记》的全部匹配信息。

步骤五：以原生方式更新数据

在本步骤中，我们首先要保证数据条目已经创建完成，原生方式插入数据在例 6-2-1 中已经介绍，在此基础上我们对数据进行更新，如例 6-2-5 所示。

程序示例：【例 6-2-5】以原生方式更新数据

```
1  package main
2  import (
3     "database/sql"
4     "log"
5     //导入第三方数据库
6     _ "github.com/go-sql-driver/mysql"
7  )
8  //定义错误检查函数
9  func checkErr(err error) {
10     if err != nil {
11        log.Fatal(err)
12     }
13  }
14  //定义主函数
15  func main() {
16     //连接数据库
17     db, err := sql.Open("mysql", "root:123456@tcp(127.0.0.1:3306)/Ecommerce_
Platform")
18     //数据库的连接检查
19     checkErr(err)
20     //设置自动关闭数据库
21     defer db.Close()
22     //验证连接的可用性
23     err = db.Ping()
24     //连接可用性检查
25     checkErr(err)
26     //打印连接数据库成功结果
27     log.Println("connect to mysql success")
28     //定义更新函数，更新名称为《创业史》的价格为 20.20
29     rs, err := db.Exec("update `Commodity` set price=? where name= ?", "20.20",
```

```
"《创业史》")
30      //检查更新
31      checkErr(err)
32      //定义受影响的行数
33      rowCount, err := rs.RowsAffected()
34      //检查受影响行数
35      checkErr(err)
36      //判断更新是否成功
37      if rowCount > 0 {
38          //如果有匹配，受影响行数就大于 0，则表示更新成功！
39          log.Println("Update success!")
40      }
41 }
```

以上程序的运行结果如图 6-2-5 所示。

程序解读：

（1）在上述程序第 1～27 行中，我们首先采用原生方式连接数据库，此操作已经在任务 6.1 中详细阐述，这里不做解释。

（2）在上述程序第 29 行中，我们使用原生方式执行更新数据表操作，原生方式的数据更新也采用 Exec() 函数。更新用的是 update 加指定表名 Commodity，意思是更新 Commodity 表中的数据。set 表示更新的指定字段是 price，加 where 可以筛选出名称为《创业史》的一条记录进行更新，不加 where 则表示更新所有 price 字段值。这里是更新《创业史》的价格为 20.20 元。

（3）在上述程序第 30～41 行中，为了检查更新是否成功，通过定义受影响的行数来查看是否完成更新，如果检查到受影响的行数大于 0，则表示更新成功。

```
2022/10/22 13:32:27 connect to mysql success
2022/10/22 13:32:27 Update success!

Process finished with the exit code 0
```

图 6-2-5　例 6-2-5 的程序运行结果

步骤六：以 GORM 方式更新数据

在本步骤中，我们首先要保证数据条目已经创建完成，GORM 方式插入数据在例 6-2-2 中已经介绍，在此基础上我们对数据进行更新，如例 6-2-6 所示。

程序示例：【例 6-2-6】以 GORM 方式更新数据

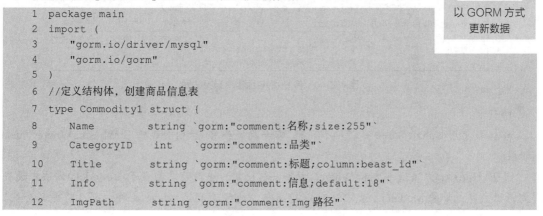

以 GORM 方式
更新数据

```
1  package main
2  import (
3      "gorm.io/driver/mysql"
4      "gorm.io/gorm"
5  )
6  //定义结构体，创建商品信息表
7  type Commodity1 struct {
8      Name        string `gorm:"comment:名称;size:255"`
9      CategoryID   int    `gorm:"comment:品类"`
10     Title       string `gorm:"comment:标题;column:beast_id"`
11     Info        string `gorm:"comment:信息;default:18"`
12     ImgPath     string `gorm:"comment:Img 路径"`
```

```
13        Price        string `gorm:"comment:价格;check:name <> 'jinzhu'"`
14        DiscountPrice string `gorm:"comment:折扣价格"`
15    }
16    func main() {
17        //定义错误变量
18        var err error
19        //定义数据库变量
20        var db *gorm.DB
21        //定义商品信息表变量
22        var commodity1 Commodity1
23        //连接数据库
24        dsn := "root:123456@tcp(127.0.0.1:3306)/Ecommerce_Platform?charset=utf8
&parseTime=True&loc=Local"
25        //连接数据库的错误检查
26        db, err = gorm.Open(mysql.Open(dsn), &gorm.Config{})
27        //如果连接数据库失败则打印连接失败结果
28        if err != nil {
29            panic("failed to connect database")
30        }
31        //创建商品信息表
32        db.AutoMigrate(&Commodity1{})
33        //商品信息表指定条目更新
34        db.Model(&commodity1).Where("Price = ?", "144.3").Update("Price", 134.5)
35    }
```

以上程序的运行结果如图 6-2-6 所示。

程序解读：

（1）在上述程序第 1～30 行中，我们首先使用 GORM 方式执行连接数据库及创建数据表操作，此操作已经在任务 6.1 中详细介绍，这里不做描述。

（2）在上述程序第 31～35 行中，我们使用 GORM 方式来执行更新数据表条目操作。GORM 方式更新数据使用的是 db.Model 加表名，这是因为使用 Model() 方法时，会自动定义一个 updated_at 参数，如果不定义这个参数，则会自动指定为当前时间。这里 Model() 方法必须和 Update() 方法配合使用。所以一般我们在定义更新语句时，为了确保时间是当前时间，会直接定义为 db.Model，然后通过 Where() 函数指定更新的条件，这里指定的条件是将 Price=144.3 的数据更新为 Price=134.5。

图 6-2-6   例 6-2-6 的程序运行结果

📝 提示

（1）当使用 Update() 方法更新单个列时，需要指定条件，否则会返回 ErrMissingWhereClause 错误。

（2）Update() 方法通常要和 Where() 方法一起使用，使用效果相当于在 Model() 方法中设置更新的主键；如果 Model() 方法中没有指定 id 值，也没有指定 where 条件，那么将更新全表。

（3）Update()方法支持 struct 和 map[string]interface{}参数。当使用 struct 更新时，默认情况下，GORM 只会更新非零值的字段。

步骤七：以原生方式删除数据

在本步骤中，我们首先要保证数据条目已经创建完成，原生方式插入数据在例 6-2-1 中已经介绍，在此基础上我们采用原生方式对数据进行删除，如例 6-2-7 所示。

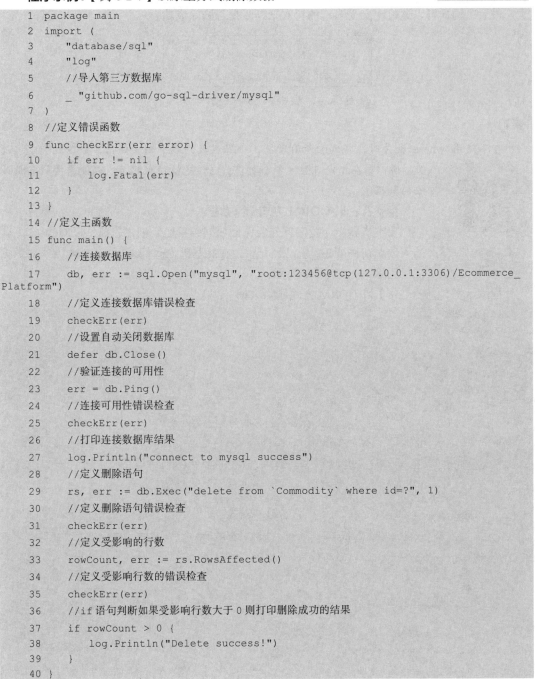

以原生方式删除数据

程序示例：【例 6-2-7】以原生方式删除数据

```
1  package main
2  import (
3      "database/sql"
4      "log"
5      //导入第三方数据库
6      _ "github.com/go-sql-driver/mysql"
7  )
8  //定义错误函数
9  func checkErr(err error) {
10     if err != nil {
11         log.Fatal(err)
12     }
13 }
14 //定义主函数
15 func main() {
16     //连接数据库
17     db, err := sql.Open("mysql", "root:123456@tcp(127.0.0.1:3306)/Ecommerce_
Platform")
18     //定义连接数据库错误检查
19     checkErr(err)
20     //设置自动关闭数据库
21     defer db.Close()
22     //验证连接的可用性
23     err = db.Ping()
24     //连接可用性错误检查
25     checkErr(err)
26     //打印连接数据库结果
27     log.Println("connect to mysql success")
28     //定义删除语句
29     rs, err := db.Exec("delete from `Commodity` where id=?", 1)
30     //定义删除语句错误检查
31     checkErr(err)
32     //定义受影响的行数
33     rowCount, err := rs.RowsAffected()
34     //定义受影响行数的错误检查
35     checkErr(err)
36     //if 语句判断如果受影响行数大于 0 则打印删除成功的结果
37     if rowCount > 0 {
38         log.Println("Delete success!")
39     }
40 }
```

以上程序的运行结果如图 6-2-7 所示。

程序解读：

（1）在上述程序第 1～27 行中，我们首先采用原生方式连接数据库，此操作已经在任务 6.1 中详细阐述，这里不做解释。

（2）在上述程序第 28～40 行中，我们使用原生方式来执行删除数据操作。原生方式删除数据用的是 Exec()函数，然后通过 delete 命令执行删除动作，通过 from 指定删除的表名为 Commodity，通过条件限制删除的指定数据为 id=1，如果不做条件限制，就会删除表内所有数据。最后，同样可以通过定义受影响的行数来判断是否删除成功。

```
2022/10/22 13:40:28 connect to mysql success
2022/10/22 13:40:28 Delete success!

Process finished with the exit code 0
```

图 6-2-7　例 6-2-7 的程序运行结果

📌 提示

以 GORM 方式
删除数据

在不使用 where 条件时，将删除所有数据，一旦在数据库中删除数据，数据就会永远消失。所以，在指定 delete 命令之前，应该先备份数据库，以便需要找回被删除的数据。

步骤八：以 GORM 方式删除数据

在本步骤中，我们首先要保证数据条目已经创建完成，以 GORM 方式插入数据在例 6-2-2 中已经介绍，在此基础上我们采用 GORM 方式对数据进行删除，如例 6-2-8 所示。

程序示例：【例 6-2-8】以 GORM 方式删除数据

```
1  package main
2  import (
3      "gorm.io/driver/mysql"
4      "gorm.io/gorm"
5  )
6  //定义结构体，创建商品信息表
7  type Commodity1 struct {
8      Name          string `gorm:"comment:名称;size:255"`
9      CategoryID    int    `gorm:"comment:品类"`
10     Title         string `gorm:"comment:标题;column:beast_id"`
11     Info          string `gorm:"comment:信息;default:18"`
12     ImgPath       string `gorm:"comment:Img 路径"`
13     Price         string `gorm:"comment:价格;check:name <> 'jinzhu'"`
14     DiscountPrice string `gorm:"comment:折扣价格"`
15  }
16  //定义主函数
17  func main() {
18      //定义错误变量
19      var err error
20      //定义数据库变量
21      var db *gorm.DB
22      //定义商品信息表变量
```

```
23      var commodity1 Commodity1
24      //连接数据库
25      dsn := "root:123456@tcp(127.0.0.1:3306)/Ecommerce_Platform?charset=utf8
&parseTime=True&loc=Local"
26      //连接数据库的错误检查
27      db, err = gorm.Open(mysql.Open(dsn), &gorm.Config{})
28      //连接数据库的判断，如果连接出错则输出 panic
29      if err != nil {
30          panic("failed to connect database")
31      }
32      //定义删除语句
33      db.Where("name = ?", "《天工开物》").Delete(&commodity1)
34  }
```

以上程序的运行结果如图 6-2-8 所示。

程序解读：

（1）在上述程序第 1～31 行中，我们首先使用 GORM 方式执行连接数据库及创建数据表操作，此操作已经在任务 6.1 中详细介绍，这里不做描述。

（2）在上述程序第 32～34 行中，我们使用 GORM 方式来执行删除数据操作。这里采用携带条件的方式删除数据，通过 Where() 函数指定对名称为《天工开物》的数据进行删除；如果不指定条件，GORM 中会根据主键进行删除；如果不存在主键，则会删除所有数据。

图 6-2-8 例 6-2-8 的程序运行结果

📢提示

（1）删除一条记录时，删除对象需要指定主键，否则会触发批量删除。

（2）GORM 允许通过主键（可以是复合主键）和内联条件来删除对象，它可以使用数字，如：db.Delete(&Commodity1{},10) 指定删除 id 为 10 的数据。

（3）GORM 允许删除指定批量数据，如：db.Delete(&Commodity1{}, "id > ?",11) 删除 id>10 的所有数据。通常在没有任何条件限制的情况下则执行批量删除，但 GORM 不会执行该操作，会返回 ErrMissingWhereClause 错误。

6.2.4 进阶技能

进阶一：使用 GORM 执行原生 SQL 语句

SQL 语句分为原生 SQL 语句和非原生 SQL 语句。原生 SQL 语句是指能够直接在数据库（MySQL、Oracle、MsSQL 等）中执行的 SQL 语句。非原生 SQL 语句是指根据指定规则自动生成的 SQL 语句。通常在使用 GORM 方式执行 CRUD 操作时，程序首先会识别当前连接的数据库类型，然后根据当前所连接的数据库类型去生成对应的非原生 SQL 语句。例如含有"db.Offset(10).Limit(5).Find(&users)"语句的程序在连接到 SQL Server 数据库时生成的非原生 SQL

使用 GORM 执行
原生 SQL 语句

语句是"SELECT * FROM "users" OFFSET 10 ROW FETCH NEXT 5 ROWS ONLY"，在连接到 MySQL 数据库时生成的非原生 SQL 语句是"SELECT * FROM `users` LIMIT 5 OFFSET 10"。

GORM 支持直接执行原生 SQL 语句。在本步骤中，我们将使用 GROM 直接执行原生 SQL 语句实现对数据表的插入、修改、查询和删除数据操作。如例 6-2-9 所示。

程序示例:【例 6-2-9】使用 GORM 方式执行原生 SQL 语句

```
1   package main
2   import (
3       "fmt"
4       "gorm.io/driver/mysql"
5       "gorm.io/gorm"
6   )
7   //定义结构体创建商品信息表
8   type Commodity1 struct {
9       Name          string `gorm:"comment:名称;size:255"`
10      CategoryID    int    `gorm:"comment:品类"`
11      Title         string `gorm:"comment:标题;column:beast_id"`
12      Info          string `gorm:"comment:信息;default:18"`
13      ImgPath       string `gorm:"comment:Img 路径"`
14      Price         string `gorm:"comment:价格;check:name <> 'jinzhu'"`
15      DiscountPrice string `gorm:"comment:折扣价格"`
16  }
17  func main() {
18      //定义错误变量
19      var err error
20      //定义数据库变量
21      var db *gorm.DB
22      //连接数据库
23      dsn := "root:123456@tcp(127.0.0.1:3306)/Ecommerce_Platform?charset=utf8
&parseTime=True&loc=Local"
24      //连接数据库的错误检查
25      db, err = gorm.Open(mysql.Open(dsn), &gorm.Config{})
26      //连接数据库的判断，如果连接出错则输出 panic
27      if err != nil {
28          panic("failed to connect database")
29      }
30      //执行原生 SQL 语句插入数据
31      insertResult := db.Exec(`insert into Commodity1 (Name,Category_ID,beast_id,
Info,Img_Path,Price,Discount_Price)
32          values ("《宋词选》",0,"文学","《宋词选》是 1978 年上海古籍出版社出版的图书，作者
是胡云翼。","",30.0,0.9)`)
33      fmt.Println("insert 语句对数据库影响的行数为: ",insertResult.RowsAffected)
34      //执行原生 SQL 语句修改数据
35      updateResult := db.Exec(`update Commodity1 set Price = 30.0 where Name = "
《宋词选》"`)
36      fmt.Println("update 语句对数据库影响的行数为: ",updateResult.RowsAffected)
37      //执行原生 SQL 语句查询数据
38      row := db.Raw(`select * from Commodity1 where name = "《宋词选》"`)
39      //定义 Commodity1 类型变量用于保存查询结果
```

```
40    var selectResult Commodity1
41    //将查询到的结果保存到 selectResult
42    row.Scan(&selectResult)
43    fmt.Println("select 语句执行结果: ",selectResult)
44    //执行原生 SQL 语句删除数据
45    deleteResult := db.Exec(`delete from Commodity1 where name = "《宋词选》"`)
46    fmt.Println("delete 语句对数据库影响的行数为: ",deleteResult.RowsAffected)
47 }
```

以上程序的运行结果如图 6-2-9 所示。

程序解读:

（1）在上述程序第 1～29 行中，使用 GORM 方式执行连接数据库操作，此操作已经在任务 6.1 的内容中详细介绍，这里不做详细描述。

（2）在上述程序第 30～46 行中，我们使用 GORM 方式执行原生 SQL 语句。其中原生 SQL 语句使用反单引号进行包裹；插入、修改和删除的原生 SQL 语句通过 Exec()方法执行；查询的原生 SQL 语句通过 Raw()方法执行，查询的结果使用 Scan()方法保存到结构体 Commodity1 类型变量 selectResult 中。

```
insert语句对数据库影响的行数为: 1
update语句对数据库影响的行数为: 1
select语句执行结果: {《宋词选》 0 文学 《宋词选》是1978年上海古籍出版社出版的图书，作者是胡云翼。  30.0 0.9}
delete语句对数据库影响的行数为: 1

Process finished with the exit code 0
```

图 6-2-9　例 6-2-9 的程序运行结果

进阶二: 使用 GORM 创建事务

事务（Transaction）是一种机制、一个操作序列，包含了一组数据库操作命令。事务把所有的命令（数据库操作）作为一个逻辑上的整体，一起向系统提交或撤销操作请求。构成逻辑整体的这些命令，要么全部执行成功，要么全部不执行，因此事务是一个不可分割的工作逻辑单元。

事务具有 ACID 特性，分别是原子性（Atomicity）、一致性（Consistency）、隔离性（Isolation）和持久性（Durability）。

（1）原子性: 事务是一个完整的操作。事务的各元素是不可分的（原子的）。事务中的所有元素必须作为一个整体提交或回滚。如果事务中的任何元素失败，则整个事务失败。

（2）一致性: 事务在开始之前，数据库中存储的数据处于一致状态；事务在进行中时，数据可能处于不一致的状态（例如部分数据被修改）；事务在完成时，数据必须再次回到已知的一致状态。

（3）隔离性: 对数据进行修改的所有并发事务是彼此隔离的，每一个事务都是独立的，它们不会以任何方式依赖或影响其他事务。修改数据的事务可以在另一个使用相同数据的事务开始之前访问这些数据，或者在另一个使用相同数据的事务结束之后访问这些数据。

（4）持久性: 事务成功完成之后，它对数据库所作的改变是永久性的，即使系统出现故障也是如此。因为事务一旦被提交，事务对数据所做的任何变动都会被永久地保留在数据库中。

使用 GORM 事务
上架图书

在本步骤中，我们将使用 GORM 创建事务。通过事务上架图书《家》，并修改《家》的品类 ID 为 3，最终实现仅在成功修改品类 ID 为 3 的情况下上架图书《家》，否则不会上架图书《家》，如例 6-2-10 所示。

程序示例：【例 6-2-10】使用 GORM 事务上架图书

```
1  package main
2  import (
3      "fmt"
4      "gorm.io/driver/mysql"
5      "gorm.io/gorm"
6  )
7  //定义结构体创建商品信息表
8  type Commodity1 struct {
9      Name          string `gorm:"comment:名称;size:255"`
10     CategoryID    int    `gorm:"comment:品类"`
11     Title         string `gorm:"comment:标题;column:beast_id"`
12     Info          string `gorm:"comment:信息;default:18"`
13     ImgPath       string `gorm:"comment:Img 路径;index"`
14     Price         string `gorm:"comment:价格;check:name <> 'jinzhu'"`
15     DiscountPrice string `gorm:"comment:折扣价格"`
16  }
17  func main() {
18      //定义错误变量
19      var err error
20      //定义数据库变量
21      var db *gorm.DB
22      //连接数据库
23      dsn := "root:root@tcp(127.0.0.1:3306)/Ecommerce_Platform?charset=utf8&parseTime=True&loc=Local"
24      //连接数据库的错误检查
25      db, err = gorm.Open(mysql.Open(dsn), &gorm.Config{})
26      //连接数据库的判断，如果连接出错则输出 panic
27      if err != nil {
28          panic("failed to connect database")
29      }
30      //刷新数据库中的表格
31      db.AutoMigrate(&Commodity1{})
32      var commodity1 []Commodity1
33      //创建事务。使用事务上架图书《家》，将《家》的品类 ID 改为 3（如果 ID 修改失败，则不上架图书）。
34      db.Transaction(func(tx *gorm.DB) error {
35          //在事务中执行 CRUD 操作，应当使用'tx'而不是'db'
36          if err := tx.Create(&Commodity1{Name: "《家》", Title: "文学", Info: "《家》是中国作家巴金的长篇小说。", Price: "25.6", DiscountPrice: "0.85"}).Error; err != nil {
37              //返回任何错误都会回滚事务
38              return err
39          }
40          if err := tx.Model(&commodity1).Where("Name = ?", "《家》").Update("CategoryID", "三").Error; err != nil {
```

```
41          return err
42      }
43      // 返回 nil 提交事务
44      return nil
45  })
46  db.Find(&commodity1)
47  fmt.Println("数据表 Commodity1 内容为: ",&commodity1)
48 }
```

运行上述程序后，我们发现如图 6-2-10 的报错信息。

```
2023/01/09 08:04:22 E:/go/task6.3/6-2-10.go:40 Error 1366 (HY000): Incorrect integer value: '三' for
 column 'category_id' at row 2
[0.516ms] [rows:0] UPDATE `commodity1` SET `category_id`='三' WHERE Name = '《家》'
数据表Commodity1内容为: &[{《徐霞客游记》 0 文学 明代地理学家徐霞客创作的一部散文游记  134.5 0.8}]

Process finished with the exit code 0
```

图 6-2-10 出现错误时会回滚事务

这是因为数据表中的 category_id 列是 int 类型，而在上述程序第 40 行传入的是字符型的"三"，所以导致了图书品类 ID 修改失败，引发事务回滚，故而在查询结果中没有图书《家》的信息。将字符型的"三"修改为 int 类型的"3"，修改后的代码如下所示。

```
40 if err := tx.Model(&commodity1).Where("Name = ?", "《家》").Update
("CategoryID", "3").Error; err != nil {
```

运行修改后的程序，因为事务中的数据库操作没有发生报错，所以事务被成功提交。程序的运行结果如图 6-2-11 所示。

```
数据表Commodity1内容为: &[{《徐霞客游记》 0 文学 明代地理学家徐霞客创作的一部散
文游记  134.5 0.8} {《家》 3 文学 《家》是中国作家巴金的长篇小说。  25.6 0.85}]

Process finished with the exit code 0
```

图 6-2-11 使用事务上架图书

程序解读:

（1）在上述程序第 1~29 行中，使用 GORM 方式执行连接数据库操作，此操作已经在任务 6.1 的内容中详细介绍，这里不做详细描述。

（2）在上述程序第 30~47 行中，首先使用 AutoMigrate()方法刷新 commodity1 数据表，其次是创建事务。在事务中，首先使用 Create()方法向数据表插入图书《家》，其次使用 Update()方法对图书品类 ID 进行更新。当事务运行结束后，程序执行 Find()方法对数据表进行查询，将查询到的结果保存到 Commodity1 类型的数组变量 commodity1 中。

【项目小结】

本项目通过电商系统中的数据库操作，带领大家学习了通过 Go 语言使用原生方式和 GORM 方式操作数据库。本项目知识点归纳如下:

（1）通过原生方式和 GORM 方式连接数据库。

（2）通过 GORM 方式创建索引和复合主键。

（3）通过原生方式和 GORM 方式对数据表执行 CRUD 操作。

（4）通过 GORM 方式执行原生 SQL 语句。

（5）通过 GORM 方式创建事务。

【巩固练习】

一、选择题

1. 使用 GORM 创建数据表时，需要先引入（　　）包。

　　A. "github.com/jinzhu/gorm"_"github.com/jinzhu/gorm/dialects/mysql"

　　B. "gorm.io/gorm"和"gorm.io/driver/mysql"

　　C. "gorm.io/gorm"

　　D. "gorm.io/driver/mysql"

2. db.Last(&user)（　　）。

　　A. 可以获取第一条记录　　　　　　　B. 可以获取最后一条记录

　　C. 可以获取全部记录　　　　　　　　D. 获取不到任何记录

3. SELECT 语句中的 WHERE 子句的作用是（　　）。

　　A. 指定查询的数据来源　　　　　　　B. 指定对记录进行筛选的条件

　　C. 指定查询的输出结果　　　　　　　D. 指定对组进行筛选的条件

4. 原生方式中更新数据时，使用的 SET 是指（　　）。

　　A. 要修改的列名及列值　　　　　　　B. 表示限定要修改的行数

　　C. 设置指定内容　　　　　　　　　　D. 更新指定内容

5. db.Where("name <> ?", "《徐霞客游记》").Find(&Commodity1)表示为在 Commodity1 表中查询名称为《徐霞客游记》的（　　）。

　　A. 第一条匹配信息　　　　　　　　　B. 全部匹配信息

　　C. 部分匹配信息　　　　　　　　　　D. 最后一条匹配信息

6. 当使用 Update()方法更新单个列时，ErrMissingWhereClause 错误会出现在（　　）情况下。

　　A. 没有指定更新条件　　　　　　　　B. 指定更新条件

　　C. 更新全部内容　　　　　　　　　　D. 跟新部分内容

7. 删除一条记录时，删除对象需要指定（　　），否则会触发批量删除。

　　A. 主键　　　　　　B. 索引　　　　　　C. 外键　　　　　　D. 视图

8. GORM 允许通过_____和_____来删除对象，它可以使用数字，如：db.Delete (&Commodity1{},10)指定删除 id=10 的数据条目。（　　）

　　A. 主键和内联条件　　　　　　　　　B. 索引和内联条件

　　C. 外键和内联条件　　　　　　　　　D. 视图和内联条件

9. 在 GORM 中，以下哪条语句可以检测与数据库的连通性。（　　）

　　A. db.DB().Ping()　　B. db.Ping()　　　C. db.panic()　　　D. db.DB().panic()

10．原生方式中查询数据时定义的 Rows 是指（　　　）。

  A．查询的结果   B．查询的行数

  C．数据表的总行数   D．数据表的总列数

二、填空题

1．关于 gorm.Model，里面包含_____这 4 个字段的 Go 语言结构体。

2．数据库中常见的 CRUD 是指_____。

3．使用复合索引时，复合索引的_____会影响性能，可以通过_____指定顺序，默认优先级值是_____，如果优先级相同，则顺序决定于模型结构体字段顺序。

4．默认情况下，GO 语言会将程序中的_____视作主键。

5．在 GORM 方式中，如果只想更新需要更改的字段，可以使用_____。

6．在 GORM 方式中，如果想删除指定记录，可以使用_____。

7．rowCount, err := rs.RowsAffected()表示_____。

8．VALUES(?,?,?,?)表示为_____。

9．循环语句中定义的 defer db.Close()指_____。

10．在使用 GORM 方式查询数据条目时，如果查询的对象是单个对象，我们在定义变量时可以_____，但是如果查询的对象是多个对象，我们在查询时需要_____，这是 GORM 的条件限制。

三、简答题

1．简述 GORM 各个字母的含义。

2．"Go 语言查询数据库时候需要创建的是一个数据库连接"这句话对吗？如果错误，错在哪里？

四、程序改错题

1．修正以下程序，实现通过原生方式创建一张数据表，表名为 user，表条目分别为 uid、username、gender、password、created，类型不限。

```
package main
import (
    "database/sql"
    "log"
)
func main() {
    db, err := sql.Open("mysql", "root@tcp(127.0.0.1:3306)")
    if err != nil {
        log.Fatal(err)
    }
    defer db.Close()
    // 验证连接的可用性
    if err != nil {
        log.Fatal("数据库连接失败: ", err)
    }
    log.Println("数据库连接成功! ")
    // 创建一张数据表
    createTable := "CREATE TABLE `test`.`user` (" +
        "`uid` INT(10) NOT NULL AUTO_INCREMENT," +
```

```
        "`username` VARCHAR(64) NULL DEFAULT 1," +
        "`gender` TINYINT(1) NULL DEFAULT NULL," +
        "`password` VARCHAR(64) NULL DEFAULT NULL," +
        "`created` DATE NULL DEFAULT NULL," +
        "PRIMARY KEY (`uid`)" +
        ");"
    _, err = (createTable)
    if err != nil {
        log.Fatal("数据表创建失败! ", err)
    }
    log.Println("数据表创建成功! ")
}
```

2. 修正以下程序，实现插入一条数据，uid 为 1，username 为 john，gender 为 1，password 为 123456。

```
package main
import (
    "log"
    "time"
)
func checkErr(err error) {
    if err != nil {
        log.Fatal(err)
    }
}
func main() {
    db, err := sql.Open("mysql", "root:123456@tcp(127.0.0.1:3306)")
    checkErr(err)
    defer db.Close()
    // 验证连接的可用性
    err = db.Ping()
    checkErr(err)
    log.Println("数据库连接成功! ")
    rs, err := db.Exec("INSERT INTO(username,gender,password,created) ", "john", 1, "123456", time.Now())
    checkErr(err)
    rowCount, err := rs.RowsAffected()
    checkErr(err)
    log.Printf("插入了 %d 行", rowCount)
}
```

3. 修正以下程序，实现在上述插入数据的程序中，查询刚刚插入的数据并打印。

```
package main
import (
    "database/sql"
    "log"
    _ "github.com/go-sql-driver/mysql"
)
type User struct {
    Uid      int
    Username string
    Gender   bool
    Password string
```

```
        Created  string
}
func checkErr(err error) {
    if err != nil {
        log.Fatal(err)
    }
}
func main() {
    db, err := sql.Open("mysql", "root:123456@tcp(127.0.0.1:3306)/test")
    checkErr(err)
    defer db.Close()
    // 验证连接的可用性
    err = db.Ping()
    checkErr(err)
    log.Println("数据库连接成功! ")
    rows, err := db.exec("select  from `user`  username=?", "john")

    for rows.Next() {
        user := User{}
        err := rows.Scan(&user.Uid, &user.Username, &user.
            Gender, &user.Password, &user.Created)
        checkErr(err)
        log.Println(user)
    }
}
```

五、编程题

1. 基于"四、程序改错题"中以原生方式创建的表项及数据，更新数据 john 的密码为 123123。

2. 通过 GORM 方式练习 CRUD。

（1）创建数据表，表名为 user_infos，表条目分别为 id、name、gender、hobby，类型不限。

（2）插入数据，第一条数据为{id:1;name:枯藤;gender:男;hobby:篮球}，第二条数据为 {id:2;name:topgoer.com;gender:女;hobby:足球}。

（3）查询数据，创建两个变量，u 变量用于查询第一条记录，uu 变量用于查询最后一条记录，并输出查询结果。

（4）更新数据，更新第一条记录的 hobby 为"排球"。

（5）删除数据，删除第一条记录。

项目 7

进阶 Go 语言 Web 框架技术

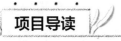
项目导读

本项目共 3 个任务，在这 3 个任务中，我们将一同学习 Go 语言 net/http 包的使用，Gin 框架的基本概况，Gin 框架的安装，路由的定义和使用，Gin 框架对互联网常用文件格式的转换与渲染，中间件的定义与使用，Next()、Abort()、Get()和 Set()方法的使用，Cookie 和 Session 会话控制以及文件上传的实现，等等。我们会通过搭建电商平台来充分学习 Gin 框架中的相关知识。

本项目所要达成的目标如下表所示。

任务 7.1	电商平台基础路由设计	
知识目标	1. 掌握 HTTP 基础知识； 2. 掌握 RESTful API 的资源动作； 3. 理解 Go 语言 net/http 包和 Gin 框架的特点； 4. 理解 Gin 框架对参数的处理方式	
技能目标	1. 能够使用 Go 语言的 net/http 包搭建 Web 服务器； 2. 能够独立安装 Gin 模块； 3. 能够使用 Gin 框架启动 Web 服务器； 4. 能够使用 Gin 框架实现用户的登录； 5. 能够说出 Gin 框架的表单参数的获取方式	
素质目标	1. 具备自主学习、举一反三的能力； 2. 具备一丝不苟的代码编写风格及编程习惯	
教学建议	本任务建议教学 2 个学时，其中 1 个学时完成理论教学，另 1 个学时完成实践内容讲授以及实操。教师可以结合配套的多媒体资源以及本书配套的习题实施线上线下混合式教学	
任务 7.2	电商平台高级路由设计	
知识目标	1. 掌握 Gin 框架的分组路由实现原理； 2. 掌握 Gin 框架的路由拆分与注册； 3. 掌握 Gin 框架的多数据格式渲染	
技能目标	1. 能够使用 Gin 框架实现路由分组； 2. 能够使用 Gin 框架实现路由拆分； 3. 能够使用 Gin 框架实现 URL 重定向； 4. 能够使用 Gin 框架实现 JSON 格式渲染	

续表

素质目标	1. 具备自主学习、举一反三的能力； 2. 具备一丝不苟的代码编写风格及编程习惯
教学建议	本任务建议教学 3 个学时，其中 1 个学时完成理论教学，另 2 个学时完成实践内容讲授以及实操。教师可以结合配套的多媒体资源以及本书配套的习题实施线上线下混合式教学。

任务 7.3　电商平台登录认证设计

知识目标	1. 掌握 Gin 框架中间件的使用； 2. 理解 Gin 框架中间件方法的主要功能； 3. 理解 Gin 框架 Cookie 和 Session 会话控制的区别
技能目标	1. 能够使用 Go 语言的 Gin 框架定义中间件并调用； 2. 能够使用 Go 语言的 Gin 框架中的中间件方法对流程进行控制； 3. 能够使用 Go 语言的 Gin 框架中的 Cookie 和 Session 会话控制； 4. 能够使用 Go 语言的 Gin 框架实现文件上传
素质目标	具备严谨的程序员逻辑思维能力
教学建议	本任务建议教学 3 个学时，其中 1 个学时完成理论教学，另 2 个学时完成实践内容讲授以及实操。教师可以结合配套的多媒体资源以及本书配套的习题实施线上线下混合式教学

任务 7.1　电商平台基础路由设计

7.1.1　任务分析

在电商平台中的每一个 URL（Uniform Resource Locator，统一资源定位符）都对应着不同的资源，商品的上架、售出、下架都离不开资源设计。基于 Go 语言实现电商平台基础路由设计的过程中，我们将使用 Gin 框架，例如通过 gin.Default 创建基础路由绑定规则来表达资源动作。

在本任务中，我们将通过程序实现电商平台基础路由设计，涉及的知识点主要包括 HTTP 基础知识、RESTful API 资源设计、Gin 框架基础路由、Gin 参数处理。通过多个案例围绕知识点编写程序实现 HTTP 服务器搭建，通过路由规则绑定实现资源动作设计，通过不同参数获取实现前后端资源交互。

7.1.2　相关知识

1. HTTP 基础知识

HTTP 是一种用于分布式、协作式和超媒体信息系统的应用协议，采用请求/响应模型实现客户端到服务器的请求，让服务器能够把特定的 Web 页面传送给客户端。Go 语言中内置了 net/http 包，通过它我们可以快速搭建简单的 Web 服务器，其格式如下。

初识 Gin

```
func main() {
    http.HandleFunc("/", func)
    http.ListenAndServe(":port", nil)
}
```

在上述的语法格式中，http.HandleFunc()调用 func()函数设置路由路径，http.ListenAndServe()指定监听地址，启动 HTTP 服务端。

HTTP 请求/响应的步骤如下。

（1）客户端连接 Web 服务器，与 Web 服务器的端口建立 TCP 套接字连接。

（2）客户端向 Web 服务器发送一个 HTTP 文本的请求报文。

（3）Web 服务器处理请求报文并返回 HTTP 响应报文。

（4）释放 TCP 套接字连接。

（5）客户端浏览器解析 HTML（Hypertext Markup Language，超文本标记语言）文本内容。

HTTP 请求/响应的流程如图 7-1-1 所示。

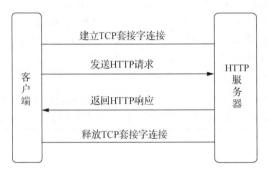

图 7-1-1　HTTP 请求/响应的流程

2. RESTful API 资源设计

REST 是一种软件架构风格，它包含一组架构约束条件和原则，满足这些约束条件和原则的应用程序或设计就是 RESTful。同理，具有 REST 风格的 API 便是 RESTful API。Gin 框架支持 RESTful API，RESTful API 的资源动作如表 7-1-1 所示。

表 7-1-1　RESTful API 的资源动作

请求方法	含义
GET	获取资源
POST	创建资源
PUT	更新资源
PATCH	更新资源属性
DELETE	删除资源
HEAD	获取资源元数据
OPTIONS	获取信息

3. Gin 框架基础路由

Go 语言中内置的 net/http 包具备实现 HTTP 服务端的功能，其中默认的 DefaultServeMux()函数提供基础的路由功能。但在请求/响应过程中，会伴随着烦琐的编解码、mutex 性能较差、时间复杂度大、中间件与监控缺失、不友好的内存管理等问题。此时，内置的 net/http 包无法满足 Web 服务灵活、多变性的需求。Gin 框架弥补了 net/http 包的不足，并提供了动态路由，其路由库基于 httprouter 实现，性能高且内存消耗低。

（1）net/http 包的不足之处。

① 不能单独对请求方法注册特定的处理函数。

② 不支持路由变量参数。

③ 无法自动校准路径。

④ 性能不高。

⑤ 扩展性不足。

（2）Gin 框架基础路由便利之处。

① 支持精确匹配。

② 不需要关注 URL 末尾的斜线。

③ 路径自动归一化与矫正。

④ 高性能且内存消耗较低。

Gin 初始化语法格式如下。

```
r := gin.Default()
```

在上述的语法格式中，r 为基础路由赋值的变量，gin 为导入的第三方模块。Default()函数返回一个附加了 Logger(日志记录器)和 Recovery(恢复中间件)的路由引擎实例(gin.Engine)，其中 Engine 是一个结构体。结构体 Engine 内嵌了 RouterGroup 结构体用于内部配置路由，此外还包括了中间件、配置（例如是否启动自动重定向）等信息。

4. Gin 参数处理

在 RESTful API 中，每一个网址代表一种资源，客户端（浏览器）通过访问不同的 URL 参数实现资源获取。

（1）Path 参数。

```
r := gin.Default()
r.GET("/login/:username/*password", func(c *gin.Context) {
    username := c.Param("username")
    password := c.Param("password")
    c.String(http.StatusOK, username+"欢迎进入电商平台")
})
```

在上述的语法格式中，GET 是一种请求方式。/login/:username/*password 代表请求的路径，其中的 username 和 password 是 URL 路径参数（请求参数）。URL 路径参数值通过 gin.Context 的 Param()方法来获取，当获取不到时则会返回空字符串。http.StatusOK 代表 HttpStatus 状态码为 200，表示服务器响应成功。

Path 参数获取的流程如图 7-1-2 所示。

图 7-1-2　Path 参数获取的流程

（2）Query 参数。

Query 是专门用于查询的参数类，其内封装了查询条件、分页、排序等诸多功能。Query 参数是指一个请求后面所携带的参数，例如 API?username="中国"&password="yes"中的"中国"和 "yes" 就是 Query 参数。获取请求 Query 参数语法格式如下。

```
r.GET("/login ", func(c *gin.Context) {
```

```
username := c.DefaultQuery("username","Go 语言")
password := c.Query("password")
c.String(http.StatusOK, username+"欢迎进入电商平台")
})
```

在上述的语法格式中，DefaultQuery()函数在参数不存在时会返回默认值，Query()函数查询的内容若不存在时则会返回空字符串。

Query 参数获取的流程如图 7-1-3 所示。

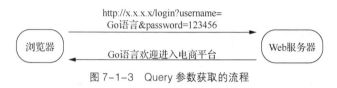

图 7-1-3　Query 参数获取的流程

（3）表单参数。

表单用于收集用户输入的信息，相比 URL 查询参数可以承载更多的数据，带来的用户体验更好。在 Gin 框架中，设置指定的参数可以将表单中的数据使用指定的请求方式（GET 或 POST）提交到指定的服务器地址。以请求方式为 POST 的表单为例，可以通过 PostForm()函数获取表单参数，具体如下。

```
r.POST("/login ", func(c *gin.Context) {
    username := c.DefaultPostForm("username", "Go 语言")
    password := c.PostForm("password")
    c.String(http.StatusOK, username+"欢迎进入电商平台")
})
```

在上述的语法格式中，DefaultPostForm()函数在参数不存在时会返回默认值，PostForm()函数在表单内容不存在时会返回空字符串。

表单参数获取的流程如图 7-1-4 所示。

图 7-1-4　表单参数获取的流程

电商平台首页设计
（HTTP 基础路由）

7.1.3　实操过程

步骤一：通过 HTTP 基础路由搭建电商平台 Web 服务器

在本步骤中，我们编写程序实现电商平台首页的设计，通过 HTTP 基础路由搭建电商平台 Web 服务器，涉及的知识点主要包括 HTTP 基础路由、http.HandleFunc()函数，如例 7-1-1 所示。

程序示例：【例 7-1-1】电商平台首页设计（HTTP 基础路由）

```
1  package main
2  import (
3      "net/http"
4  )
5  //传入 http.ResponseWriter 类型的响应参数和 http.Request 类型的请求参数
```

```
6  func IndexHandler(w http.ResponseWriter, r *http.Request) {
7      // 写入数据
8      w.Write([]byte("欢迎访问电商平台!"))
9  }
10 func main() {
11     // 使用 http.HandleFunc() 函数设置访问路由，并添加 IndexHandler() 函数
12     http.HandleFunc("/", IndexHandler)
13     //启动 HTTP 服务端，监听端口 8080
14     http.ListenAndServe(":8080", nil)
15 }
```

以上程序的运行结果如图 7-1-5 所示。

程序解读：

（1）在上述程序第 6～9 行中，我们定义了 IndexHandler()函数，传入 http.ResponseWriter 类型的响应参数和 http.Request 类型的请求参数，然后调用 Write()函数向浏览器返回 byte 类型的"欢迎访问电商平台!"。

（2）在上述程序第 10～15 行中，我们定义了 main()函数，调用 http.HandleFunc()函数设置访问路由，并添加 IndexHandler()方法，通过 http.ListenAndServe()方法启动 HTTP 服务端，监听端口 8080。

图 7-1-5　例 7-1-1 电商平台首页设计

步骤二：通过 Gin 框架基础路由搭建电商平台 Web 服务器

在本步骤中，我们编写程序实现电商平台首页的设计，通过 Gin 框架基础路由搭建电商平台 Web 服务器。涉及的知识点主要包括 Gin 模块的安装、gin.Context 参数、gin.Default()函数，如例 7-1-2 所示。

Gin 框架的安装。

电商平台首页设计
（Gin 框架基础路由）

```
go get -u github.com/gin-gonic/gin
```

程序示例：【例 7-1-2】电商平台首页设计（Gin 框架基础路由）

```
1  package main
2  import (
3      "net/http"
4      "github.com/gin-gonic/gin"
5  )
6  //定义 IndexHandler()函数，通过 gin.Context 对 Request 和 Response 进行封装
7  func IndexHandler(c *gin.Context) {
8      //返回字符串型数据
9      c.String(http.StatusOK,"欢迎访问电商平台")
10 }
11 func main() {
12     //创建默认路由引擎，赋值给变量 r
13     r := gin.Default()
```

```
14    //绑定路由规则，添加 IndexHandler()函数
15    r.GET("/", IndexHandler)
16    //调用 Run()函数，监听端口 8080
17    r.Run(":8080")
18 }
```

以上程序的运行结果如图 7-1-6 所示。

程序解读：

（1）在上述程序第 6～10 行中，我们定义了 IndexHandler()函数，传入 gin.Context 参数以封装 Request/Response 请求/响应信息，通过 c.String()方法使用字符串型数据响应 Web 浏览器。

（2）在上述程序第 11～18 行中，我们定义了 main()函数，使用 gin.Default()函数创建默认路由引擎，赋值给变量 r，并调用 GET()函数绑定路由规则，添加 IndexHandler()函数，最后通过 Run()函数启动 HTTP 服务端，监听端口 8080。

图 7-1-6　例 7-1-2 的程序运行结果

步骤三：通过 Path 参数实现电商平台用户登录

通过 Path 参数实现电商平台用户登录

在本步骤中，我们编写程序实现电商平台用户登录的设计，通过 Context 的 Param()方法来获取 Path 参数实现电商平台用户登录。主要涉及 gin.Default()、context.Param()、context.JSON()的使用，如例 7-1-3 所示。

程序示例：【例 7-1-3】通过 Path 参数实现电商平台用户登录

```
1  package main
2  import (
3     "github.com/gin-gonic/gin"
4     "net/http"
5  )
6  func LoginHandler(c *gin.Context) {
7     //通过 Context 的 Param()方法获取 Path 参数
8     username := c.Param("username")
9     password := c.Param("password")
10    date := c.Param("date")
11    //通过 if 语句判断，若未获取到 date 路径参数，则赋值变量"日期未录入"
12    if date == "/"{
13       date="日期未录入"
14    }
15    //返回 JSON 格式数据给 Web 浏览器
16    c.JSON(http.StatusOK, gin.H{
17       "message":  "欢迎进入电商平台",
18       "username": username,
19       "password": password,
20       "date": date,
21    })
22 }
```

```
23 func main() {
24     //创建默认路由引擎并赋值给变量 r
25     r := gin.Default()
26     //GET 表示请求方式；/login 表示请求的路径
27     r.GET("/login/:username/:password/*date", LoginHandler)
28     // 启动 HTTP 服务端
29     r.Run(":8080")
30 }
```

以上程序的运行结果如图 7-1-7 所示。

程序解读：

（1）在上述程序第 6～22 行中，我们定义了 LoginHandler()函数，传入 gin.Context 参数以封装 Request/Response 请求/响应信息。通过 c.Param()方法获取 Path 参数，如果不存在则重新定义变量 date，最后调用 c.JSON()函数返回 JSON 格式数据给 Web 浏览器。

（2）在上述程序第 23～30 行中，我们定义了 main()函数。使用 gin.Default()函数创建默认路由引擎并赋值给变量 r，并调用 GET()函数绑定路由规则，设置 Path 路径，添加 LoginHandler()函数。最后通过 Run()函数启动 HTTP 服务端，监听端口 8080。

图 7-1-7　例 7-1-3 的程序运行结果

💡**提示**

（1）在 Gin 框架的 Path 参数中，:号表示必填路径，*号表示可选路径。

（2）如果要定义两个类似的请求路由，可以加入版本号进行路径划分。

通过 URL 参数实现
电商平台用户登录

在例 7-1-3 中，我们通过 Context 的 Param()方法来获取 Path 参数实现电商平台用户登录，我们还可以通过 DefaultQuery()或 Query()函数获取 URL 参数实现登录，如例 7-1-4 所示。

程序示例：【例 7-1-4】通过 URL 参数实现电商平台用户登录

```
1  package main
2  import (
3      "github.com/gin-gonic/gin"
4      "net/http"
5  )
6  func LoginHandler(c *gin.Context) {
7      //通过 Context 的 Query()函数获取 URL 参数 username、password，若不存在则返回空字符串
8      username := c.Query("username")
9      password := c.Query("password")
10     //通过 DefaultQuery()函数获取 date 参数，若不存在则返回默认值
11     date := c.DefaultQuery("date","日期未录入")
12     //返回 JSON 格式数据给 Web 浏览器
13     c.JSON(http.StatusOK, gin.H{
14         "message":  "欢迎进入电商平台",
15         "username": username,
```

```
16          "password": password,
17          "date": date,
18      })
19  }
20  func main() {
21      //创建默认路由引擎并赋值给变量 r
22      r := gin.Default()
23      //GET 表示请求方式；/login 表示请求的路径
24      r.GET("/login", LoginHandler)
25      // 启动 HTTP 服务端
26      r.Run(":8080")
27  }
```

以上程序的运行结果如图 7-1-8 所示。

程序解读：

（1）在上述程序第 6～19 行中，我们定义了 LoginHandler()函数，传入 gin.Context 参数以封装 Request/Response 请求/响应信息，通过 c.Query()函数获取 URL 参数，通过 DefaultQuery()函数获取 date 参数，如果不存在则返回默认值，最后调用 c.JSON()函数返回 JSON 格式数据给 Web 浏览器。

（2）在上述程序第 20～27 行中，我们定义了 main()函数，通过 gin.Default()函数创建默认路由引擎并赋值给变量 r。调用 GET()函数绑定路由规则，设置 Path 路径，添加 LoginHandler()函数。最后通过 Run()函数启动 HTTP 服务端，监听端口 8080。

图 7-1-8   例 7-1-4 的程序运行结果

7.1.4   进阶技能

进阶：通过表单参数实现电商平台登录

编写 login.html 文件，内容如下所示。

```
1  <!DOCTYPE html>
2  <html lang="en">
3  <head>
4      <meta charset="UTF-8">
5      <meta name="viewport" content="width=device-width, initial-scale=1.0">
6      <meta http-equiv="X-UA-Compatible" content="ie=edge">
7      <title>Document</title>
8  </head>
9  <body>
10      <form action="http://127.0.0.1:8080/login" method="post" action="application/
x-www-form-urlencoded">
11          用户名: <input type="text" name="username" placeholder="请输入你的用户名">
<br>
12              密     码: <input type="password" name="password"
placeholder="请输入你的密码"> <br>
```

```
13        <input type="submit" value="提交">
14    </form>
15 </body>
16 </html>
```

右击 login.html 文件，选择使用浏览器打开，界面如图 7-1-9 所示。

```
←  →  C  ⊘ file:///C:/Users/Desktop/login.html
用户名：admin
密　码：••••••
提交
```

图 7-1-9　电商平台用户登录界面

在上述 HTML 文件中我们可以看到，第 10 行有"form action"标签处理的 URL，为 http://127.0.0.1:8080/login，因此后面使用 Gin 框架创建基础路由的时候会对该 URL 进行监听。

在本进阶中，我们将编写程序实现电商平台用户登录的设计，通过 PostForm()函数获取表单参数实现电商平台用户登录。涉及的方法主要包括 DefaultPostForm()函数和 PostForm()函数，如例 7-1-5 所示。

通过表单参数实现
电商平台用户登录

程序示例：【例 7-1-5】通过表单参数实现电商平台用户登录

```
1  package main
2  import (
3      "github.com/gin-gonic/gin"
4      "net/http"
5  )
6  func LoginHandler(c *gin.Context) {
7      //通过 Context 的 PostForm()函数获取表单参数 username、password，若不存在则返回空字
符串
8      username := c.PostForm("username")
9      password := c.PostForm("password")
10     //通过 DefaultPostForm()函数获取表单参数 date，若不存在则返回默认值
11     date := c.DefaultPostForm("date","日期未录入")
12     //返回 JSON 格式数据给 Web 浏览器
13     c.JSON(http.StatusOK, gin.H{
14         "message":  "欢迎进入电商平台",
15         "username": username,
16         "password": password,
17         "date": date,
18     })
19 }
20 func main() {
21     //创建默认路由引擎并赋值给变量 r
22     r := gin.Default()
23     //POST 表示请求方式；/login 表示请求的路径
24     r.POST("/login", LoginHandler)
25     // 启动 HTTP 服务端
26     r.Run(":8080")
27 }
```

以上程序运行结果如图 7-1-10 所示。

程序解读：

（1）在上述程序第 6～19 行中，我们定义了 LoginHandler()函数，传入 gin.Context 参数以封装 Request/Response 请求/响应信息。通过 c.PostForm()函数获取表单参数，通过 DefaultPostForm()函数获取表单参数 date，如果不存在则返回默认值。最后调用 c.JSON()函数返回 JSON 格式数据给 Web 浏览器。

（2）在上述程序第 20～27 行中，我们定义了 main()函数，通过 gin.Default()函数创建默认路由引擎并赋值给变量 r。调用 POST()函数绑定路由规则，设置 Path 路径，添加 LoginHandler()函数。最后通过 Run()函数启动 HTTP 服务端，监听端口 8080。

图 7-1-10　例 7-1-5 的程序运行结果

任务 7.2　电商平台高级路由设计

7.2.1　任务分析

用户和商家都通过 Web 页面与电商平台进行交互，但用户和商家各自有着不同的需求，因此他们对页面的需求也是不同的。由于用户和商家会在特定的时间内进行频繁访问平台，这会导致平台负载在访问的高峰期变得很大。我们可以让平台根据用户和商家提交的需求去处理并反馈相关信息，并对同一类型的功能需求进行分组拆分，以此来减轻平台的压力。

在本任务中，我们将学习 Go 语言 Gin 框架中的路由部分，主要包括路由分组、路由拆分与注册、路由的多种数据格式响应等内容。

7.2.2　相关知识

1. 路由分组

路由

（1）路由分组的定义。

路由分组就是将具有同类功能的路由放到一起，通常还会将不同版本的路由分成一个组。

（2）路由分组的使用。

当项目比较大的时候，就需要对我们使用的路由进行分组，比如首页路由组、用户路由组、后端管理路由组等。

比如设置首页路由组为/，组内包含首页、登录、登出、商品分类，相关路由分组示例代码如下。

```
1  homePageRouters := r.Group("/")
2  {
3      homePageRouters.GET("/", func(c *gin.Context)){
```

```
4      c.string(200,"首页")
5      }
6      homePageRouters.GET("/login", func(c *gin.Context)){
7      c.string(200,"登录")
8      }
9      homePageRouters.GET("/logout", func(c *gin.Context)){
10     c.string(200,"登出")
11     }
12     homePageRouters.GET("/Commodityclassification", func(c *gin.Context)){
13     c.string(200,"商品分类")
14     }
15 }
```

2. 路由拆分与注册

（1）路由拆分。

① 路由拆分的定义。路由拆分就是把路由拆分成单独的文件或包。

② 路由拆分的使用。当项目规模增大后，为避免 main.go 文件的代码规模过于庞大，就需要将 main.go 文件中路由部分的代码拆分出来，形成单独的文件或包。

路由拆分示例如表 7-2-1 所示。

表 7-2-1　路由拆分示例

原目录结构	路由拆分后目录结构
gin_demo ├── go.mod ├── go.sum ├── main.go └── routers.go	gin_demo ├── go.mod ├── go.sum ├── main.go └── routers 　　　└── routers.go

（2）路由注册。

不管是拆分的路由还是没拆分的路由，路由注册的方式都是一样的，拆分的路由需要在文件中注册路由，供 main.go 文件调用。

3. 路由的多种数据格式响应

（1）JSON 格式渲染。

① map 转 JSON。

RESTful API 输出的大多是 JSON 格式的内容，与 XML 格式相比，JSON 格式轻便、简洁、易于传输。Gin 对 API JSON 的支持非常友好，提供了一个名为 c.JSON()的函数来输出 JSON 信息。这里以输出一个 key 为"message"，value 为"hello student"的信息为例，代码如下。

```
c.JSON(200, gin.H{"message": "hello student"})
```

当上述语句被执行之后，在浏览器中访问 http://localhost:8080/hello 可以看到如下内容。

```
{"message":"hello student"}
```

我们可以看到，其结果是一个 JSON 格式的字符串。此时第三方应用的函数就可以获得这个 JSON 内容，并把它转换为一个 JSON 对象，然后就可以通过"message"字段获取"hello student"字段。

在上述的语法中，我们在 c.JSON()函数里面使用了 gin.H 类型来构建了一个 key/value 对象。其中的 gin.H 是 map[string]interface{}。

```
// H 是对 map[string]interface{}定义的新类型
type H map[string]interface{}
```

gin.H 不仅可以用于 c.JSON()函数，也可以用于其他场景。

② 结构体转 JSON。

c.JSON()函数非常强大，不仅可以用于 map 的输出，还可以把我们自定义的结构体对象转为 JSON 格式输出。这里以创建一个名为 user，内含 ID、Name、Age 这 3 个字段的结构体为例来讲解结构体转 JSON。

```
type user struct{
    ID     int
    Name   string
    Age    int
}
func main() {
    r := gin.Default()
    r.GET("/users", func(c *gin.Context) {
        c.JSON(200, user{ID: 123, Name: "张三", Age: 20})
    })
    r.Run(":8080")
}
```

在上述例子中，我们首先定义了一个结构体 user 用来表示用户信息，然后我们绑定一个 users 的路由，用于输出具体的用户信息。实际上，结构体转 JSON 只需要把结构体对象作为参数直接传给 c.JSON()函数即可。

当上述代码被运行之后，在浏览器里访问 http://localhost:8080/users，便可以看到如下信息。

```
{"ID":123,"Name":"张三","Age":20}
```

此时结构体就已经转换成 JSON 格式。但在上述示例中，我们在定义结构体的时候使用的是驼峰命名法，这与 JSON 的命名格式是不符的，因为在 JSON 中的字段都是以小写字母开头的。为此，Gin 对此设计了字段重命名的功能，我们只需要在定义结构体 user 的时候为各个字段添加 JSON 标签即可。

```
type user struct {
    ID   int    `json:"id"`
    Name string `json:"name"`
    Age  int    `json:"age"`
}
```

当上述代码被运行后，在浏览器里访问 http://localhost:8080/users，就会得到标准的 JSON 格式输出。

```
{"id":123,"name":"张三","age":20}
```

（2）XML 格式渲染。

虽然当前基于 XML 格式的 API 应用不多，但是 Gin 也提供了便捷的 XML 格式生成支持，可以用于需要 XML 格式的地方，比如网站的 Sitemap 和 RSS 订阅等。

① map 转 XML。

```
c.XML(200, gin.H{"wechat": "teacher", "blog": "student"})
```

在 Gin 中，要生成 XML 格式只需要使用 c.XML()方法即可。上述程序运行后，访问 http://localhost:8080/xml，可以看到如下信息。

```
<map>
    <wechat>teacher</wechat>
```

```
    <blog>student</blog>
</map>
```

其中根节点是 map，这是因为 gin.H{}其实就是一个 map，map 的 key 成为 XML 节点的名称，而 map 的 value 成为 XML 节点的值。

② 结构体转 XML。

对于自定义的结构体，Gin 同样可以很方便地将其转为 XML 格式。

```
c.XML(200, User{ID: 123, Name: "张三", Age: 20})
type User struct {
    ID   int
    Name string
    Age  int
}
```

当上述代码运行后，结构体就会被转为 XML 格式。

```
<User>
    <ID>123</ID>
    <Name>张三</Name>
    <Age>20</Age>
</User>
```

此时根节点已经变成了 User，而根节点下的节点就是 User 的字段。

③ 自定义字段名。

和 JSON 格式一样，我们也可以通过字段的 XML 标签来自定义对应字段的别名。

```
type User struct {
    ID   int    `xml:"id"`
    Name string `xml:"name"`
    Age  int    `xml:"age"`
}
c.XML(200, User{ID: 123, Name: "张三", Age: 20})
```

当上述代码运行后，结构体就会被转为 XML 格式。

```
<User>
    <id>123</id>
    <name>张三</name>
    <age>20</age>
</User>
```

此时结果已经变成我们重新定义好的别名了。Gin 的 XML 格式生成，使用的是 Go 语言内置的 encoding/xml，所以可以像使用 encoding/xml 一样，来自定义 XML 格式。

④ XML 数组。

XML 数组和 JSON 的不一样，因为 XML 数组必须有一个根节点，所以我们必须有一个对象来存放我们的结构体数组，比如 map。这里以创建 allUsers 数组为例进行讲解。

```
allUsers := []User{{ID: 123, Name: "张三", Age: 20}, {ID: 456, Name: "李四", Age: 25}}
c.XML(200, gin.H{"user": allUsers})
type User struct {
    ID   int    `xml:"id"`
    Name string `xml:"name"`
    Age  int    `xml:"age"`
}
```

gin.H{}的参数类型是 map[string]any，因此可以将 allUsers 作为 value 传入到 gin.H{}中。

当运行上述代码后，value 会被转为 XML 格式。

```
<map>
    <user>
        <id>123</id>
        <name>张三</name>
        <age>20</age>
    </user>
    <user>
        <id>456</id>
        <name>李四</name>
        <age>25</age>
    </user>
</map>
```

在日常开发过程中，XML 格式使用得较少，YAML 格式则使用得更少。虽然 Gin 对 JSON、XML、YAML 等格式都支持，且使用方法基本一致，但建议优先使用 JSON 格式。

（3）HTML 渲染。

在 Web 开发过程中，我们需要完成 API 设计和网页开发。在网页开发方面，Gin 提供了很多方便的操作。

在学习 Gin 的 HTML 渲染之前，要先了解 Go 语言内置的 html/template，因为 Gin 的 HTML 渲染就是基于 html/template 实现的。

① Gin 实现。

Gin 的优势为便于封装。我们可以先创建一个 index.html 模板文件放在 html 文件夹下。

```
html/index.html
```

通过 r.LoadHTMLFiles("html/index.html")可以加载这个模板文件，这样就能使用 c.HTML()函数调用它。

```
c.HTML(200, "index.html", "flysnow_org")
```

② 加载目录文件。

r.LoadHTMLFiles()函数还可以加载多个模板文件。然而，当有大量模板文件的时候，r.LoadHTMLFiles()函数就显得略为不足。Gin 针对此问题提供了 LoadHTMLGlob()函数，该函数可以高效地加载整个目录下的所有模板文件。

```
r.LoadHTMLGlob("html/*")
```

LoadHTMLGlob()函数保留了对子目录的读取，即模板文件夹下存在子文件夹的时候，可以用**号来读取。

```
r.LoadHTMLGlob("html/**/*")
```

上述代码表示加载 html 目录下所有子目录中的模板文件。

对电商平台的首页
及后端路由进行
分组

7.2.3 实操过程

步骤一：对电商平台的首页及后端路由进行分组

在电商平台中，为了方便对代码和版本进行维护，开发者会把具有同类功能的路由分到同一个路由组中，如例 7-2-1 所示。

程序示例：【例 7-2-1】对电商平台的首页及后端路由进行分组

```
1  package main
2  import "github.com/gin-gonic/gin"
```

```
3  func main() {
4    r := gin.Default()
5    homePageRoutersGroup := r.Group("/homePageRouters")
6    homePageRoutersGroup.GET("/home", func(c *gin.Context) {
7        c.JSON(200, "OK")
8    })
9    homePageRoutersGroup.GET("/login", func(c *gin.Context) {
10        c.JSON(200, "OK")
11    })
12    homePageRoutersGroup.GET("/logout", func(c *gin.Context) {
13        c.JSON(200, "OK")
14    })
15    adminGroup := r.Group("/admin")
16    adminGroup.GET("/userlist", func(c *gin.Context) {
17        c.JSON(200, "OK")
18    })
19    adminGroup.GET("/userinfo", func(c *gin.Context) {
20        c.JSON(200, "OK")
21    })
22    r.Run(":8080")
23  }
```

程序解读：

在上述程序中，我们通过 Gin 框架设计了一个路由分组。上述程序第 4 行中，创建一个默认的路由引擎；第 5 行中，设定了第一个路由组 homePageRouters；第 6~14 行中，设置了路由组 homePageRouters 的组内信息，访问的方式分别为 http://127.0.0.1:8080/homePageRouters/home、http://127.0.0.1:8080/homePageRouters/login、http://127.0.0.1:8080/homePageRouters/logout。上述程序第 15 行中，设定了路由组 admin；第 16~21 行中，设置了路由组 admin 的组内信息，访问的方式分别为 http://127.0.0.1:8080/admin/userlist、http://127.0.0.1:8080/admin/userinfo。

以上程序的运行结果如图 7-2-1 所示。

（a）

```
[GIN-debug] GET    /homePageRouters/home    --> main.main.func1 (3 handlers)
[GIN-debug] GET    /homePageRouters/login   --> main.main.func2 (3 handlers)
[GIN-debug] GET    /homePageRouters/logout  --> main.main.func3 (3 handlers)
[GIN-debug] GET    /admin/userlist          --> main.main.func4 (3 handlers)
[GIN-debug] GET    /admin/userinfo          --> main.main.func5 (3 handlers)
[GIN-debug] [WARNING] You trusted all proxies, this is NOT safe. We recommend you to set a value.
Please check ▓▓▓▓▓▓▓▓▓▓▓▓▓▓▓▓▓▓▓▓▓▓▓▓▓▓▓▓▓▓▓▓▓▓▓▓ for details.
[GIN-debug] Listening and serving HTTP on :8080
[GIN] 2022/09/23 - 09:02:57 | 200 |      520µs |     127.0.0.1 | GET     "/homePageRouters/home"
[GIN] 2022/09/23 - 09:03:04 | 200 |         0s |     127.0.0.1 | GET     "/homePageRouters/login"
[GIN] 2022/09/23 - 09:03:08 | 200 |         0s |     127.0.0.1 | GET     "/homePageRouters/logout"
[GIN] 2022/09/23 - 09:03:12 | 200 |         0s |     127.0.0.1 | GET     "/admin/userlist"
[GIN] 2022/09/23 - 09:03:18 | 200 |         0s |     127.0.0.1 | GET     "/admin/userinfo"
```

（b）

图 7-2-1 例 7-2-1 的程序运行结果

对电商平台的首页
及后端路由进行
拆分

步骤二：对电商平台的首页及后端路由进行拆分

在电商平台中，当用户量增大以后，我们可以对路由进行拆分以便供 main.go 文件调用，设计程序如例 7-2-2 所示。

程序示例：【例 7-2-2】对电商平台的首页及后端路由进行拆分 routers.go 文件内容。

```
1  package routers
2  import (
3      "net/http"
4      "github.com/gin-gonic/gin"
5  )
6  func homePageRoutersHandler(c *gin.Context) {
7      c.JSON(http.StatusOK, gin.H{
8          "message": "欢迎登录电商平台首页！",
9      })
10 }
11 func adminHandler(c *gin.Context) {
12     c.JSON(http.StatusOK, gin.H{
13         "message": "电商平台后台管理页面！",
14     })
15 }
16 func SetupRouter() *gin.Engine {
17     r := gin.Default()
18     r.GET("/home", homePageRoutersHandler)
19     r.GET("/admin", adminHandler)
20     return r
21 }
```

main.go 文件内容。

```
1  package main
2  import (
3      "src/go_gin/routers"
4  )
5  func main() {
6      r := routers.SetupRouter()
7      r.Run()
8  }
```

程序解读：

在上述程序中，我们通过 Gin 框架设计了一个路由拆分。在上述 routers.go 程序中，第 6～15 行定义了 homePageRoutersHandler()和 adminHandler()函数，分别用于显示电商平台首页和电商平台后台管理页面。第 16～21 行中，定义了 SetupRouter()函数，函数内先创建一个默认的路由引擎，然后将指定的请求和函数进行绑定。

在上述 main.go 程序中，首先导入 routers.go 文件，然后在 main()函数内调用 SetupRouter()函数，最后使用 Run()函数运行程序。

以上程序的运行结果如图 7-2-2 所示。

（a）

（b）

```
[GIN-debug] GET    /home            --> main.homePageRoutersHandler (3 handlers)
[GIN-debug] GET    /admin           --> main.adminHandler (3 handlers)
[GIN-debug] [WARNING] You trusted all proxies, this is NOT safe. We recommend you to set a value.
Please check                                                           for details.
[GIN-debug] Environment variable PORT is undefined. Using port :8080 by default
[GIN-debug] Listening and serving HTTP on :8080
[GIN] 2022/09/23 - 09:26:18 | 200 |          0s |    127.0.0.1 | GET      "/home"
[GIN] 2022/09/23 - 09:26:24 | 200 |     479.6µs |    127.0.0.1 | GET      "/admin"
```

（c）

图 7-2-2　例 7-2-2 的程序运行结果

7.2.4　进阶技能

进阶一：URL 重定向的使用

在电商平台中，我们经常会根据业务需求去访问相应的页面，此时会伴随着各式各样的页面跳转。我们可以使用 URL 重定向的方法来实现页面跳转，为此设计程序如例 7-2-3 所示。

URL 重定向的使用

程序示例：【例 7-2-3】URL 重定向的使用

```
1  package main
2  import (
3      "net/http"
4      "github.com/gin-gonic/gin"
5  )
6  func main() {
7      r := gin.Default()
8      homePageRoutersGroup := r.Group("/homePageRouters")
9      homePageRoutersGroup.GET("/home", func(c *gin.Context) {
10         c.JSON(200, "OK")
11     })
12     adminGroup := r.Group("/admin")
13     adminGroup.GET("/return", func(c *gin.Context) {
14         c.Redirect(http.StatusMovedPermanently,
           "http://127.0.0.1:8080/homePageRouters/home")
15     })
16     r.Run(":8080")
17 }
```

程序解读：

在上述程序中，我们通过 Gin 框架设计了一个 URL 的重定向。在上述程序第 7 行中，我们创建了一个默认的路由引擎。第 8 行中设定了第一个路由组 homePageRouters。第 9～11 行中，设置了路由组 homePageRouters 的组内信息，访问的方式为 http://127.0.0.1:8080/home PageRouters/home。在上述程序第 12 行中，我们设定了第二个路由组 admin。第 13～15 行中，设置了路由组 admin 的组内信息，其中第 14 行配置了路由的 URL 重定向，访问的方式为 http://127.0.0.1:8080/admin/return，重定向后的地址为 http://127.0.0.1:8080/homePageRouters/home。

以上程序的运行结果如图 7-2-3 所示。

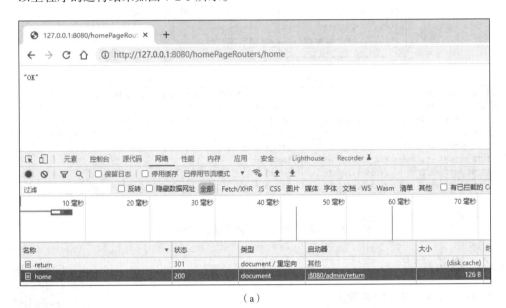

图 7-2-3　例 7-2-3 的程序运行结果

进阶二：JSON 格式渲染

JSON 格式渲染

在电商平台中进行页面跳转时，会面临数据格式转换的问题，我们通常会把数据转换成 JSON 格式以便其他功能代码调用。为此设计程序如例 7-2-4 所示。

程序示例：【例 7-2-4】JSON 格式渲染的使用

```
1  package main
2  import (
3      "github.com/gin-gonic/gin"
4  )
5  type user struct {
6      ID   int   `json:"id"`
```

```
 7      Role string `json:"role"`
 8      Num  int    `json:"num"`
 9   }
10 func main() {
11    r := gin.Default()
12    r.GET("/Json", func(c *gin.Context) {
13       users := []user{{ID: 123, Role: "Buyers", Num: 19}, {ID: 124, Role: "seller",
Num: 33}}
14       c.IndentedJSON(200, users)
15    })
16    r.Run()
17 }
```

程序解读：

在上述程序中，我们首先定义了一个结构体 user，结构体内的每一个字段都含有一个 JSON 标签。第 11 行中，使用 gin.Default() 函数创建了一个默认的路由引擎。第 12～15 行中，设置了请求方式，定义了一个名为 users 的 user 类型数组，并使用 c.IndentedJSON() 函数将 struct 转换为 JSON 格式。

以上程序的运行结果如图 7-2-4 所示。

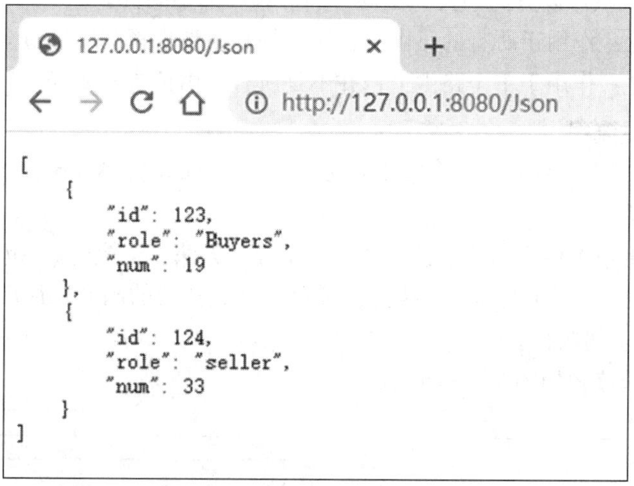

图 7-2-4　例 7-2-4 的程序运行结果

任务 7.3　电商平台登录认证设计

7.3.1　任务分析

电商平台 Web 系统中的数据交互频繁，用户和商家更新数据的次数多。用户通常会根据自己的需求去寻找商品，或者更改自己账号的一些信息，包括但不限于商品信息、个人信息等。

在本任务中，我们将学习 Gin 框架中的中间件部分，使用全局中间件进行全局控制，使用局部中间件进行局部控制；并学习 Next() 方法在中间件中的使用；学习使用文件上传功能，以此来完善平台的功能。

中间件

7.3.2　相关知识

1. Gin 框架中间件

（1）中间件的定义。

　　Gin 框架允许开发者在处理请求的过程中，加入用户自己的函数，这个函数就叫中间件。中间件适合处理一些公共的业务逻辑，比如登录认证、权限校验、数据分页、记录日志、耗时统计等。例如，我们可以设置让用户访问一个网页的时候，不管访问什么路径都需要先进行登录，这就需要为所有路径的处理函数设置一个统一的中间件。Gin 框架的中间件必须是 gin.HandlerFunc 类型。

　　（2）中间件的分类。

　　Gin 框架本身提供了一些基础的中间件，使用 router := gin.Default()创建默认路由引擎实例时，引擎实例默认带了 Logger()中间件和 Recovery()中间件。我们可以使用 BasicAuth()中间件做一些简单的用户权限认证，但是当我们使用自定义的 Session 时，Gin 框架自带的中间件已经不能满足需求。这时我们可以编写自定义的中间件并且将自定义的中间件加入全局中间件队列中。每一个路由的请求同样会加入自定义的中间件中，实现自定义的认证等。因此，Gin 框架的中间件大致可以分为两类：全局中间件和局部中间件。

　　① 全局中间件：作用于所有的路由上，所有的路由请求都需要经过全局中间件。

　　② 局部中间件：作用于单个路由上，并不是所有路由请求都要经过局部中间件。

2. 中间件开发流程

　　在开发中间件过程中主要有 4 个常用方法，分别为 Next()、Abort()、Set()、Get()。

　　（1）Next()方法。

　　Next()方法会将请求传递给请求链中的下一个处理方法。当执行 Next()方法的时候，程序会挂起当前执行的操作，并继续向下执行，等执行完成其后的函数，最后再反过来执行该中间件，完成完整请求的执行。

　　Next()方法工作流程如图 7-3-1 所示。

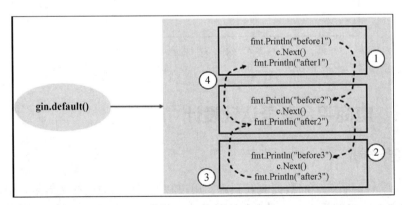

图 7-3-1　Next()方法工作流程

　　（2）Abort()方法。

　　在当前中间件（被调用函数）中出现 Abort()方法时，程序会继续执行完当前中间件的剩余内容，并阻止下一中间件的执行。需要注意的是，Abort()方法会继续执行当前中间件，不会停止当前中间件的执行；而 return 语句是直接返回上一级，不再执行当前中间件的剩余内容。

Abort()方法工作流程如图 7-3-2 所示。

（3）Get()与 Set()方法。

Set()与 Get()方法用于在中间件和最终的业务处理方法中传递数据。在认证中间件中获取当前请求的相关信息时，通过 Set()方法存入信息，在后续处理业务逻辑的函数中通过 Get()方法来获取当前请求信息。

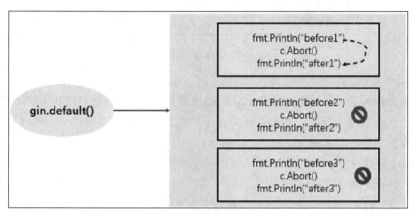

图 7-3-2   Abort()方法工作流程

Set()与 Get()方法工作流程如图 7-3-3 所示。

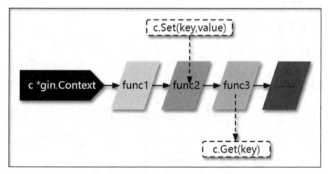

图 7-3-3   Set()与 Get()方法工作流程

3. 会话控制

由于 HTTP 无状态，服务器不能通过记录浏览器的访问状态来确定不同时刻的请求是否来自同一个客户端。为了解决 HTTP 无状态的问题，Gin 框架通过 Cookie、Session 实现会话状态持久化。

（1）Cookie。

Cookie 是服务器保存在浏览器上的一段信息。当浏览器有了 Cookie，向服务器发送请求时会同时将该信息发送给服务器，服务器收到请求后，可以根据该信息处理请求。Cookie 由服务器创建，并发送给浏览器，最终由浏览器保存。

① Cookie 参数设置。

```
c.SetCookie(name, value string, maxAge int, path, domain string, secure, httpOnly
bool)
```

在上述的语法格式中，name、value 为 Cookie 会话的 key/value，maxAge 表示过期时间，path 表示 Cookie 路径，domain 表示作用域，secure 为 true 时 Cookie 只在 HTTPS 中生效，httpOnly 为设置 httpOnly 的属性防止程序受到跨站脚本攻击（Cross Site Scripting，XSS）。

② Cookie 参数获取。

```
c.Cookie(key)
```

Cookie 会话过程如图 7-3-4 所示。

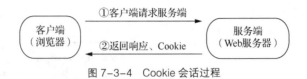

图 7-3-4　Cookie 会话过程

（2）Session。

党的二十大强调"增强全民国家安全意识和素养"，Session 则是 HTTP 无状态基础上实现的一种对用户状态管理的技术，使会话保持在服务端，更加安全。Session 依赖于 Cookie，并且需要创建存储引擎、设置密钥。

① Session 参数设置。

```
session := sessions.Default(c)
session.Set(key, value)
session.Save()
```

② Session 参数获取。

```
session := sessions.Default(c)
session.Get(key)
```

Session 会话过程如图 7-3-5 所示。

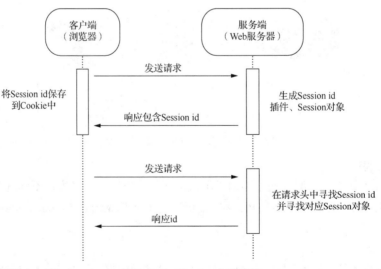

图 7-3-5　Session 会话过程

7.3.3　实操过程

步骤一：全局中间件的使用

在电商平台中，需要对路由进行一些操作和处理，这种情况下就需要

全局中间件的使用

使用中间件，为此设计程序如例 7-3-1 所示。

程序示例:【例 7-3-1】全局中间件的使用

```
1  package main
2  import (
3      "fmt"
4      "time"
5      "github.com/gin-gonic/gin"
6  )
7  func MiddleWare() gin.HandlerFunc {
8      return func(c *gin.Context) {
9          t := time.Now()
10         c.Set("request", "中间件")
11         status := c.Writer.Status()
12         fmt.Println(status)
13         t2 := time.Since(t)
14         fmt.Println("time:", t2)
15     }
16 }
17 func main() {
18     r := gin.Default()
19     r.Use(MiddleWare())
20     {
21         r.GET("/home", func(c *gin.Context) {
22             req, _ := c.Get("request")
23             fmt.Println("request:", req)
24             c.JSON(200, gin.H{"request": req})
25         })
26     }
27     r.Run()
28 }
```

程序解读:

在上述程序中，我们通过设计全局中间件，让所有的请求都经过此中间件。在上述程序第 7～16 行中，我们定义了一个中间件，在这个中间件中使用 time.Now() 获取当前时间（算作开始时间，用于后续计算中间件的响应时间），使用 c.Writer.Status() 获取当前状态，使用 time.Since(t) 计算运行时间，最后输出状态、运行时间。在上述程序第 17～28 行中，首先创建一个默认的路由引擎，然后对中间件进行注册，并指定路由的请求方式，第 22～24 行中，通过路由注册中间件、取值并打印结果，页面访问地址为 http://127.0.0.1:8080/home。

以上程序的运行结果如图 7-3-6 所示。

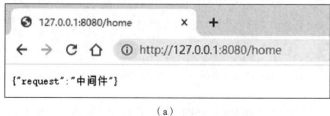

（a）

图 7-3-6　例 7-3-1 的程序运行结果

```
[GIN-debug] [WARNING] Running in "debug" mode. Switch to "release" mode in production.
 - using env:   export GIN_MODE=release
 - using code:  gin.SetMode(gin.ReleaseMode)

[GIN-debug] GET    /home                    --> main.main.func1 (4 handlers)
[GIN-debug] [WARNING] You trusted all proxies, this is NOT safe. We recommend you to set a value.
Please check                                                              for details.
[GIN-debug] Environment variable PORT is undefined. Using port :8080 by default
[GIN-debug] Listening and serving HTTP on :8080
200
time: 519.7µs
request: 中间件
[GIN] 2022/09/23 - 09:36:17 | 200 |       519.7µs |    127.0.0.1 | GET      "/home"
```

（b）

图 7-3-6　例 7-3-1 的程序运行结果（续）

中间件的开发流程

步骤二：中间件的开发流程

在一个大型的电商平台中，往往会存在多个中间件，此时我们可以使用 Next() 来控制中间件开发流程，为此设计程序如例 7-3-2 所示。

程序示例：【例 7-3-2】中间件的开发流程

```
 1  package main
 2  import (
 3      "fmt"
 4      "net/http"
 5      "github.com/gin-gonic/gin"
 6  )
 7  func main() {
 8      r := gin.Default()
 9      test1 := func(c *gin.Context) {
10          fmt.Println("test1 start")
11          c.Next()
12          fmt.Println("test1 end")
13      }
14      test2 := func(c *gin.Context) {
15          fmt.Println("test2 start")
16          fmt.Println("test2 end")
17      }
18      r.Use(test1, test2)
19      r.GET("/home", func(context *gin.Context) {
20          context.Next()
21          context.JSON(http.StatusOK, gin.H{
22              "message": "demo",
23          })
24          fmt.Println("欢迎访问电商平台首页!")
25      })
26      r.Run()
27  }
```

程序解读：

在上述程序中，我们设计了两个中间件并增加了 Next() 的使用。在上述程序第 8 行中，我们创建了一个默认的路由引擎。第 9～13 行中，定义了第一个中间件，中间件的开始和结束之间添加了 Next()。第 14～17 行中，定义了第二个中间件，注意这里没有使用 Next()。第 18

行中，对这两个中间件进行注册。在上述程序第 19～26 行中，指定了路由的请求方式并打印路由访问过程，页面访问地址为 http://127.0.01:8080/home。

以上程序的运行结果如图 7-3-7 所示。

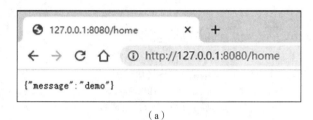

（a）

```
[GIN-debug] GET    /home                    --> main.main.func3 (5 handlers)
[GIN-debug] [WARNING] You trusted all proxies, this is NOT safe. We recommend you to set a value.
Please check ▓▓▓▓▓▓▓▓▓▓▓▓▓▓▓▓▓▓▓▓▓▓▓▓▓▓▓▓▓▓▓▓▓▓▓▓▓▓ for details.
[GIN-debug] Environment variable PORT is undefined. Using port :8080 by default
[GIN-debug] Listening and serving HTTP on :8080
test1 start
test2 start
test2 end
欢迎访问电商平台首页！
test1 end
[GIN] 2022/09/23 - 09:41:12 | 200 |      1.1924ms |       127.0.0.1 | GET      "/home"
```

（b）

图 7-3-7　例 7-3-2 的程序运行结果

步骤三：Cookie 会话控制

在本步骤中，我们将编写程序实现电商平台用户登录会话保持的设计，在一定时间内通过缓存实现同一个客户端重复请求，涉及的知识点主要包括 Cookie、Session、中间件方法和表单。其中前端登录页面代码使用 7.1.4 进阶技能中的 login.html 代码，后端程序如例 7-3-3 所示。

Cookie 会话控制

程序示例：【例 7-3-3】Cookie 会话控制

```
1   package main
2   import (
3       "net/http"
4    _  "fmt"
5       "github.com/gin-gonic/gin"
6   )
7   func LoginAuthMiddlewareware() gin.HandlerFunc {
8       return func(c *gin.Context) {
9           //c.Cookie()方法获取客户端 cookie 并使用 if 语句校验
10          if cookie, err := c.Cookie("username"); err == nil {
11              if cookie == "admin" {
12                  //调用 Next()方法临时挂起当前函数, 后面函数执行完成后返回执行 return
13                  c.Next()
14                  return
15              }
16          }
17          //Cookie 获取失败, 返回错误信息
18          c.JSON(http.StatusUnauthorized, gin.H{"error": "已超时"})
```

```
19          // 若验证不通过，不再调用后续的函数处理
20          c.Abort()
21          return
22       }
23 }
24 func main() {
25    //创建默认路由引擎，赋值给变量 router
26    router := gin.Default()
27    //添加需要携带 Cookie 可访问的/users 路径
28    router.GET("/users", LoginAuthMiddlewareware(), func(c *gin.Context) {
29       c.String(http.StatusOK, "成功获取 Cookie")
30    })
31    //添加/login 路径，获取表单 username、password 变量元素
32    router.POST("/login", func(c *gin.Context) {
33       username := c.PostForm("username")
34       password := c.PostForm("password")
35       if username == "admin" && password == "123456" {
36          //使用 c.SetCookie()方法设置 Cookie 参数
37          c.SetCookie("username", "admin", 60, "/users", "127.0.0.1", false,
false)
38          //使用 c.JSON()方法返回登录成功信息
39          c.JSON(http.StatusOK, gin.H{
40             "code": http.StatusOK,
41             "msg": "登录成功",
42          })
43       } else {
44          //使用 c.JSON()方法返回登录失败信息
45          c.JSON(http.StatusOK, gin.H{
46             "code": http.StatusUnauthorized,
47             "msg": "登录失败",
48          })
49       }
50    })
51    router.Run()
52 }
```

以上程序的运行结果如图 7-3-8 所示。

程序解读：

（1）在上述程序第 7～23 行中，定义 LoginAuthMiddlewareware()函数，使用 c.Cookie()
方法获取 username 变量值并使用 if 语句检验。当 username 等于"admin"时，调用 c.Next()
方法临时挂起当前函数，继续执行完其他函数后调用 return 返回。Cookie 缓存信息失效或错
误时，通过 c.JSON()输出错误信息并调用 Abort()方法阻止后续函数运行。

（2）在上述程序第 26～51 行中，使用 gin.Default()函数创建默认路由 router。router.GET()
添加需要携带 Cookie 可访问的/users 路径，router.POST()添加/login 路径，获取表单 username、
password 变量元素。使用 if 语句，当 username 等于"admin"、password 等于"123456"时调
用 c.SetCookie()方法设置 Cookie 参数，包括 key 为 username、value 为 admin、超时时间为 60s、
访问路径为/users、域名为本地域名、使用 HTTP 访问、不设置 httpOnly 属性，如果条件不满
足则调用 c.JSON()返回登录失败信息，最后通过 router.Run()实现程序运行。

（a）　　　　　　　　　　　　　　　　（b）

```
[GIN-debug] GET    /users              --> main.main.func1 (4 handlers)
[GIN-debug] POST   /login              --> main.main.func2 (3 handlers)
[GIN-debug] [WARNING] You trusted all proxies, this is NOT safe. We recommend you to set a value.
Please check ▓▓▓▓▓▓▓▓▓▓▓▓▓▓▓▓▓▓▓▓▓▓▓▓▓▓▓▓▓▓▓▓▓▓▓▓▓▓▓▓▓▓▓▓▓▓▓▓ for details.
[GIN-debug] Environment variable PORT is undefined. Using port :8080 by default
[GIN-debug] Listening and serving HTTP on :8080
[GIN] 2022/09/23 - 09:46:18 | 200 |      816.5µs |       127.0.0.1 | POST     "/login"
[GIN] 2022/09/23 - 09:47:05 | 200 |          0s |       127.0.0.1 | GET      "/users"
```

（c）

图 7-3-8　例 7-3-3 的程序运行结果

Cookie 数据存放在客户的浏览器上，Session 数据存放在服务器上。攻击者通过分析存放在本地的 Cookie 并进行 Cookie 欺骗，增加电商平台 Web 应用的风险性，Session 的安全性则较高，如例 7-3-4 所示。

Session 会话保持

程序示例：【例 7-3-4】Session 会话保持

```go
1  package main
2  import (
3      "github.com/gin-contrib/sessions"
4      "github.com/gin-contrib/sessions/cookie"
5      "github.com/gin-gonic/gin"
6      "net/http"
7  )
8  func LoginAuthMiddlewareware4() gin.HandlerFunc {
9      return func(c *gin.Context) {
10         //定义会话变量 session
11         session := sessions.Default(c)
12         //使用 session.Get()方法获取客户端 Session 中的 key
13         username := session.Get("username")
14         if username == "admin" {
15             //调用 Next()方法临时挂起当前函数，后面函数执行完成后返回执行 return
16             c.Next()
17             return
18         }
19         // 返回错误
20         c.JSON(http.StatusUnauthorized, gin.H{"error": "已超时"})
21         // 若验证不通过，不再调用后续的函数
22         c.Abort()
```

```
23          return
24      }
25  }
26  func main() {
27      //创建默认路由引擎并赋值给变量 router
28      router := gin.Default()
29      //创建基于 Cookie 的存储引擎 store，设置密钥为 golang
30      store := cookie.NewStore([]byte("golang"))
31      //配置 Session 中间件
32      session := sessions.Sessions("SESSION", store)
33      //路由使用 Session 中间件
34      router.Use(session)
35      //添加需要携带 Session 可访问的/users 路径
36      router.GET("/users", LoginAuthMiddlewareware4(), func(c *gin.Context) {
37          c.String(http.StatusOK, "成功获取 Session")
38      })
39      //添加/login 路径，获取表单 username、password 变量元素
40      router.POST("/login", func(c *gin.Context) {
41          username := c.PostForm("username")
42          password := c.PostForm("password")
43          if username == "admin" && password == "123456" {
44              //设置 Session 会话
45              session := sessions.Default(c)
46              //设置过期时间，单位是 s
47              session.Options(sessions.Options{
48                  MaxAge: 1200,
49              })
50              //添加 Session 的 key 与 value
51              session.Set("username", username)
52              //保存 Session
53              session.Save()
54              //使用 c.JSON()方法返回登录成功信息
55              c.JSON(http.StatusOK, gin.H{
56                  "code": http.StatusOK,
57                  "msg":  "登录成功",
58              })
59          } else {
60              //使用 c.JSON()方法返回登录失败信息
61              c.JSON(http.StatusOK, gin.H{
62                  "code": http.StatusUnauthorized,
63                  "msg":  "登录失败",
64              })
65          }
66      })
67      router.Run()
68  }
```

以上程序的运行结果如图 7-3-9 所示。

程序解读：

（1）在上述程序第 8～25 行中，定义 LoginAuthMiddlewareware4()函数，使用 sessions.Default()
函数定义会话变量 session，通过 session.Get()获取客户端 Session 中的 key。使用 if 语句，当

username 等于"admin"时,调用 c.Next()方法临时挂起当前函数,继续执行其他函数后调用 return 返回,Session 缓存信息失效或错误时,通过 c.JSON()打印错误信息并调用 Abort()方法 阻止后续函数运行。

(2)在上述程序第 28~34 行中,使用 gin.Default()函数创建默认路由 router,cookie.New Store([]byte("golang"))创建基于 Cookie 的存储引擎 store,设置密钥为 golang。sessions.Sessions ("SESSION",store)配置 Session 中间件,router.Use(session)实现路由使用 Session 中间件。

(3)在上述程序第 36~63 行中,router.GET()添加需要携带 Session 可访问的/users 路径, router.POST()添加/login 路径,获取表单 username、password 变量元素。使用 if 语句,当 username 等于"admin"、password 等于"123456"时调用 sessions.Default(c)设置 Session 会话,使用 session.Set()方法将 username 保存到 Session 会话缓存中并通过 session.Save()保存到服务器端, 如果条件不满足则调用 c.JSON()返回登录失败信息,最后通过 router.Run()实现程序运行。

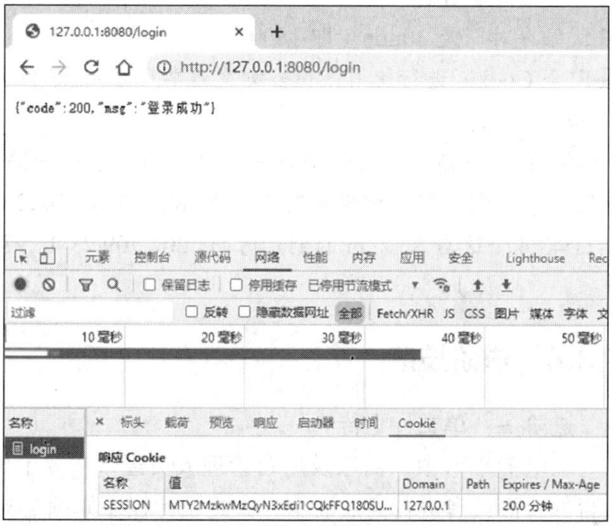

(a)

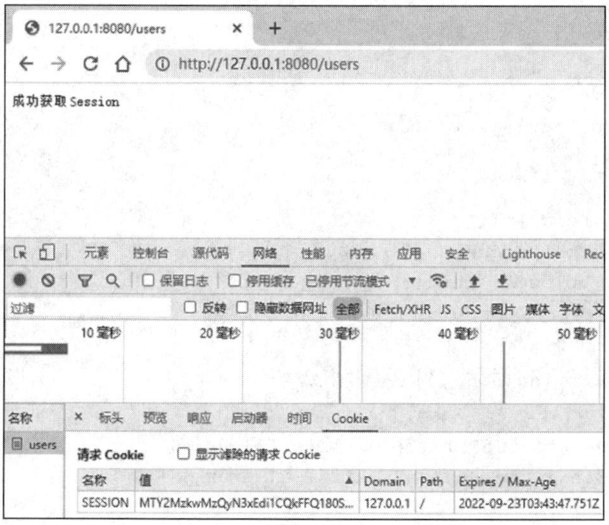

(b)

图 7-3-9　例 7-3-4 的程序运行结果

```
[GIN-debug] GET    /users                    --> main.main.func1 (5 handlers)
[GIN-debug] POST   /login                    --> main.main.func2 (4 handlers)
[GIN-debug] [WARNING] You trusted all proxies, this is NOT safe. We recommend you to set a value.
Please check                                                                    for details.
[GIN-debug] Environment variable PORT is undefined. Using port :8080 by default
[GIN-debug] Listening and serving HTTP on :8080
[GIN] 2022/09/23 - 11:23:47 | 200 |     27.7749ms |       127.0.0.1 | POST     "/login"
[GIN] 2022/09/23 - 11:25:01 | 200 |      28.3μs |       127.0.0.1 | GET      "/users"
```

（c）

图 7-3-9　例 7-3-4 的程序运行结果（续）

🖋提示

（1）浏览器自带的开发者工具可以帮助前端以及测试人员快速定位、调试以分析问题、解决问题。

（2）Session 保存的位置是服务器端。

（3）Session 的默认保存时间是 30min（即 1800s）。

（4）Session 需要配合 Cookie 进行使用，但当浏览器禁用 Cookie 功能时，只能使用 URL 重写来实现 Session 存储的功能。

（5）图 7-3-9 所示的 "Expires/Max-Age" 时间中所包含的 T 表示分隔符、Z 表示协调世界时。北京时间（东八区时间）需要在协调世界时上加上 8h。所以 2022-09-23T03:43:47.751Z 就对应着 2022/09/23-11:43:47，这与 Session 的创建时间（2022/09/23-11:23:47）正好相差 1200s（即 20min）。

文件上传

7.3.4　进阶技能

进阶一：单文件上传

在电商平台中，商家及后台管理人员经常需要上传一些图片，以作为平台的封面或者进行商品展示，为此设计程序如例 7-3-5 所示。

程序示例：【例 7-3-5】单个图片上传

```go
1  package main
2  import (
3      "net/http"
4      "github.com/gin-gonic/gin"
5  )
6  func main() {
7      r := gin.Default()
8      r.MaxMultipartMemory = 8 << 20
9      r.POST("/upload", func(c *gin.Context) {
10         file, err := c.FormFile("file")
11         if err != nil {
12             c.String(500, "上传图片出错")
13         }
14         c.SaveUploadedFile(file, file.Filename)
15         c.String(http.StatusOK, file.Filename)
16     })
17     r.Run()
18 }
```

index.html 文件内容如下：

```
1  <!DOCTYPE html>
2  <html lang="en">
3  <head>
4      <meta charset="UTF-8">
5      <meta name="viewport" content="width=device-width, initial-scale=1.0">
6      <meta http-equiv="X-UA-Compatible" content="ie=edge">
7      <title>Document</title>
8  </head>
9  <body>
10     <form action="http://localhost:8080/upload" method="post" enctype="multipart/
form-data">
11          上传文件:<input type="file" name="file" >
12          <input type="submit" value="提交">
13     </form>
14 </body>
15 </html>
```

程序解读：

在上述程序中，我们通过 Gin 框架设计了图片上传功能。第 7 行中，创建了一个默认的路由引擎，第 8 行中，指定了上传图片的大小范围。第 9～16 行指定了路由的访问方式、上传的状态及保存操作，页面访问地址为 http://localhost:8080/upload。

使用浏览器打开 index.html，按提示上传任意一张图片，单击提交后，系统会上传图片到服务器；服务器会按照默认方式将图片保存在项目根目录下，并在浏览器中打印出上传结果。以上程序的运行结果如图 7-3-10 所示。

（a）

（b）

图 7-3-10　例 7-3-5 的程序运行结果

进阶二：多文件上传

随着业务的开展，用户的量级一直提升，单个文件上传不能满足平台的使用需求。此时就需要对文件上传功能进行优化，使其能够同时上传多个文件，为此设计程序如例 7-3-6 所示。

程序示例：【例 7-3-6】多个文件上传

上传多个文件

```
1  package main
```

```
 2  import (
 3      "fmt"
 4      "net/http"
 5      "github.com/gin-gonic/gin"
 6  )
 7  func main() {
 8      r := gin.Default()
 9      r.MaxMultipartMemory = 8 << 20
10      r.POST("/upload", func(c *gin.Context) {
11          form, err := c.MultipartForm()
12          if err != nil {
13              c.String(http.StatusBadRequest, fmt.Sprintf("get err %s", err.Error()))
14          }
15          files := form.File["files"]
16          for _, file := range files {
17              if err := c.SaveUploadedFile(file, file.Filename); err != nil {
18                  c.String(http.StatusBadRequest, fmt.Sprintf("upload err %s",
err.Error()))
19                  return
20              }
21          }
22          c.String(200, fmt.Sprintf("upload ok %d files", len(files)))
23      })
24      r.Run()
25  }
```

index.html 文件的内容如下：

```
 1  <!DOCTYPE html>
 2  <html lang="en">
 3  <head>
 4      <meta charset="UTF-8">
 5      <meta name="viewport" content="width=device-width, initial-scale=1.0">
 6      <meta http-equiv="X-UA-Compatible" content="ie=edge">
 7      <title>Document</title>
 8  </head>
 9  <body>
10      <form action="http://localhost:8080/upload" method="post" enctype=
"multipart/form-data">
11          上传文件:<input type="file" name="files" multiple>
12          <input type="submit" value="提交">
13      </form>
14  </body>
15  </html>
```

程序解读：

在上述程序第 8 行中，我们创建了一个默认的路由引擎，第 9 行中，指定了上传图片的大小范围。第 10～23 行指定了路由的访问方式，并在上传图片时获取所有图片以进行遍历，然后将图片逐个保存，页面的访问地址为 http://localhost:8080/upload。

使用浏览器打开 index.html，按提示上传任意一张图片，单击提交后，系统会上传图片到服务器；服务器会按照默认方式将图片保存在项目根目录下，并在浏览器中打印出上传结果。以上程序的运行结果如图 7-3-11 所示。

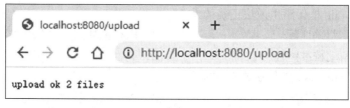

（a）

```
[GIN-debug] POST   /upload                  --> main.main.func1 (3 handlers)
[GIN-debug] [WARNING] You trusted all proxies, this is NOT safe. We recommend you to set a value.
Please check                                                                for details.
[GIN-debug] Environment variable PORT is undefined. Using port :8080 by default
[GIN-debug] Listening and serving HTTP on :8080
[GIN] 2022/09/23 - 11:54:24 | 200 |       4.5593ms |             ::1 | POST     "/upload"
```

（b）

图 7-3-11　例 7-3-6 的程序运行结果

【项目小结】

本项目通过搭建电商平台，带领大家学习了 HTTP 基础知识、RESTful API、路由和 Gin 框架。本项目知识点归纳如下：

（1）HTTP 基础知识。

（2）Gin 的概念以及 Gin 组成部分。

（3）Gin 框架中的路由原理。

（4）Gin 框架路由的拆分与注册。

（5）Gin 数据格式渲染。

（6）URL 重定向。

（7）Gin 中间件开发流程。

（8）Gin 会话控制。

【巩固练习】

一、选择题

1. 下面关于 HTTP 说法错误的是（　　　）。

   A.　HTTP 是一种用于分布式、协作式和超媒体信息系统的应用协议

   B.　客户端与服务端的 HTTP 建立的是 UDP 套接字连接

   C.　HTTP 采用的是请求/响应模型

   D.　以上说法均正确

2. 下面不是 RESTful API 资源动作的是（　　　）。

   A.　GET　　　　　　B.　POST　　　　　　C.　UPDATE　　　　　D.　PATCH

3. 下面关于 Gin 框架路由说法正确的是（ ）。

    A. 不支持精确匹配   B. 内存消耗高

    C. 无法自动校准路径   D. 高性能

4. 下面关于 Gin 参数获取方式正确的是（ ）。

    A. 表单获取参数   B. Path 获取参数

    C. Query 获取参数   D. 以上方式均正确

5. 下面关于路由组说法正确的是（ ）。

    A. 拥有共同 URL 前缀的路由划分为一个路由组

    B. 路由组支持嵌套

    C. 路由组通常使用在业务逻辑或 API 版本划分

    D. 使用{}包裹的路由组性能低

6. 下面关于中间件说法正确的是（ ）。

    A. 处理请求过程中加入用户自己 Hook 的函数叫作中间件

    B. 中间件设置完成后，所有路由都会生效

    C. 任意路由都可以添加中间件

    D. 中间件不可以嵌套使用

7. 下面属于中间件流程方法的是（ ）。

    A. Next()   B. Abort()   C. Put()   D. Get()

8. 下面关于 Cookie 说法正确的是（ ）。

    A. 带宽消耗高

    B. 安全性不高、明文

    C. Cookie 由浏览器创建，最终保存在服务器中

    D. Cookie 没有上限

9. 下面关于 Session 说法正确的是（ ）。

    A. 存储在服务器中

    B. 内置的后端可将 Session 存储在 Cookie 中

    C. 安全性高于 Cookie

    D. 性能不受访问量影响

二、填空题

1. 默认的 HTTP 请求方法是＿＿＿＿＿＿，使用＿＿＿＿＿＿参数可以支持其他方法。

2. 发送表单信息有＿＿＿＿＿＿和＿＿＿＿＿＿两种方法。

3. 有时需要在 HTTP 的 Request 之中自行增加一个头信息，＿＿＿＿＿＿参数就可以起到这个作用。

4. Gin 的路由引擎内嵌了＿＿＿＿＿＿结构体，定义了 GET、POST 等路由注册方法。

5. Gin 框架中采用的路由库是基于＿＿＿＿＿＿做的。

6. URL 参数可以通过＿＿＿＿＿＿或＿＿＿＿＿＿方法获取。

7. 表单参数可以通过＿＿＿＿＿＿方法获取，该方法默认解析的是 x-www-form-urlencoded 或 from-data 格式的参数。

8. Gin 框架默认中间件为＿＿＿＿＿＿和＿＿＿＿＿＿＿＿＿。

9. Gin 框架中间件开发流程方法有_____、_____、_____、_____。

10. Cookie 存放在_____，Session 存放在_____。

三、简答题

1. 简要叙述什么是 Gin 框架。

2. Gin 有哪些特性?

3. 简要叙述 Cookie 在 Web 应用中的作用。

4. 简要叙述 Cookie 与 Session 的区别。

四、编程题

1. 搭建一个简单的文件系统服务器。

2. 创建一个 Handler()函数相关的 demo。

3. 使用 Cookie 会话模拟实现权限验证中间件，分别为路由添加 GET()方法、login 路径和 home 路径。login 路径设置 Cookie，key 为 name、value 为 golang、超时时间为 60s。home 路由查看 Cookie 信息并打印。请求 home 之前，先执行中间件代码，检验是否存在 Cookie，不存在则打印报错。

4. 使用 Session 会话模拟实现权限验证中间件，分别为路由添加 GET()方法、login 路径和 home 路径。login 路径设置 Session 参数，key 为 name、value 为 golang，home 路由查看 session id 信息并打印 name 值。请求 home 之前，先执行中间件代码，检验是否存在 session id，不存在则打印报错。

参考文献

[1] 多诺万，柯尼汉. Go 程序设计语言[M]. 李道兵，高博，庞向才，等，译. 北京：机械工业出版社，2017.

[2] 肯尼迪，克特森，圣马丁（Erik St.Martin）. Go 语言实战[M]. 李兆海，译. 北京：人民邮电出版社，2017.

[3] 零壹快学. 零基础 Go 语言从入门到精通[M]. 广州：广东人民出版社，2020.

[4] COX-BUDAY KATHERINE. Go 语言并发之道[M]. 于畅，马鑫，赵晨光，译. 北京：中国电力出版社，2018.

[5] 雨痕. Go 语言学习笔记[M]. 北京：电子工业出版社，2016.

[6] 陈剑煜，徐新华. Go 语言编程之旅：一起用 Go 做项目[M]. 北京：电子工业出版社，2020.

[7] CHANG Sau S.Go Web 编程[M]. 黄健宏，译. 北京：人民邮电出版社，2017.